航天科工出版基金资助出版

导弹水下发射技术

朱　坤　著

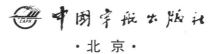

中国宇航出版社

·北京·

图书在版编目（CIP）数据

导弹水下发射技术 / 朱坤著 . --北京 : 中国宇航
出版社，2018.6

ISBN 978 - 7 - 5159 - 1324 - 7

Ⅰ．①导… Ⅱ．①朱… Ⅲ．①导弹－水下发射－研究
Ⅳ．①TJ762.4

中国版本图书馆 CIP 数据核字（2017）第 122753 号

责任编辑　舒承东		**封面设计**　宇星文化	

出　版 发　行	**中国宇航出版社**		
社　址	北京市阜成路 8 号	邮　编	100830
	（010）60286808		（010）68768548
网　址	www.caphbook.com		
经　销	新华书店		
发行部	（010）60286888		（010）68371900
	（010）60286887		（010）60286804（传真）
零售店	读者服务部		
	（010）68371105		
承　印	河北画中画印刷科技有限公司		
版　次	2018 年 6 月第 1 版		2018 年 6 月第 1 次印刷
规　格	880×1230	开　本	1/32
印　张	9.25	字　数	263 千字
书　号	ISBN 978 - 7 - 5159 - 1324 - 7		
定　价	78.00 元		

前　言

　　导弹具有射程远、命中精度高、毁伤威力大等优点，是现代战争的主要攻击手段之一，潜艇具有隐蔽性好、机动性强等突出优点，是海军主要突击兵力之一。二者通过导弹水下发射技术相结合，在潜艇平台上实现导弹的水下隐蔽发射，具有十分重大的意义：分布到世界大洋的各个海区，既可从不同地点实施隐蔽突袭，又可提高发射平台的生存率。因而各海洋大国均将载有潜射导弹的潜艇视作战略突击力量，高度重视，竞相研制和装备潜射导弹。然而导弹水下发射技术非常复杂，技术含量高、难度大且涉及学科范围广，除需解决武器与发射平台的匹配技术外，还需解决导弹水环境适应技术、水动力、水弹道控制技术、发射控制技术、水下发射试验与测试技术等关键技术，因此世界上只有少数国家掌握了导弹的水下发射技术。

　　本书作者从事导弹水下发射技术研究二十多年，积累了丰富的理论和工程经验，同时搜集了大量国内外文献，在此基础上完成了本书编写，全面系统地总结了导弹水下发射技术所涉及的各个方面，包括导弹水下发射技术现状、导弹水下发射总体技术、各种导弹水下发射方式、水动力、水下控制、水下发射载荷与导弹结构、水下发射动力、水下发射装置、水下发射试验技术等。本书共分 10 章，由朱坤负责主要编写，王旭、刘乐华、杨晓光、姚琰、王亚东、王海斌、张纪华、张明中、全艳丽、苗佩云、蒋太飞等共同参与完成写作。侯晓艳、王一琳负责编辑，在此一并表示衷心感谢。

　　本书可用于相关设计、科研和教学。由于作者水平有限，书中不足或不妥之处难以避免，敬请读者批评指正。

目　录

第1章　导弹水下发射的意义及发展现状

1.1　导弹水下发射的意义

　　导弹自第二次世界大战后期开始投入战争使用以来，历经了半个多世纪的飞速发展，已经成为各种战略、战术的进攻和防御的主要武器装备。作为现代化新式武器，导弹具有射程远、杀伤威力大、命中精度高、可多平台发射等优点[1]。

　　潜艇作为海军的一种战斗舰艇，具有隐蔽性好、机动性大、突击能力强，可以不需要岸基兵力和其他舰艇的支援长期在远洋独立活动的特点。海洋面积占全球面积的3/4，如此广阔的水域为潜艇机动提供了非常宽广的机动范围。常规动力潜艇的潜水深度可达200 m以上，核动力潜艇的下潜最深可达 900 m，厚厚的海水形成了潜艇隐蔽的天然屏障。特别是核动力潜艇，可长时间在水下巡航，续航力达十几万海里，水下机动时间可长达 2～3 个月，具有非常好的隐蔽性能，难以被发现和受到攻击[3]。潜艇的环境条件较好，保障导弹发射的全套设施可以时刻处于准备状态，随时进行导弹发射准备，在接到发射命令后，在短时间内就可将导弹迅速发射出去。

　　核动力潜艇的排水量大（一般水下排水量达 4 000 t 以上），运载能力强。一艘核动力潜艇可运载十几到二十几枚导弹（甚至更多）[2]，同时还运载贮存、发射导弹的全部设备，并备有鱼雷等其他自卫兵器，所以一般核动力导弹潜艇实际上是一个水下机动的导弹发射平台。由于潜射导弹具有隐蔽性能好、生存能力高的突出优点，潜射弹道核导弹成为了各核大国"三位一体"的核战略中重要的组成部分，潜射巡航导弹则成为隐蔽打击的重要手段。

水下发射的导弹可以将导弹远程精确打击与潜艇的隐蔽性和机动性完美结合，是海上大国的利器，各军事大国竞相发展。由于导弹水下发射技术难度大，目前仅有美国、俄罗斯、法国、中国等少数国家研制和装备了水下发射的导弹。

通过导弹水下发射技术，在潜艇平台上实现导弹的水下隐蔽发射，具有十分重大的意义：

首先，导弹水下发射技术使得导弹和潜艇紧密结合起来，大幅提升了导弹和潜艇在作战装备体系中的地位。战略以及战术导弹系统可以借助潜艇平台，分布到世界大洋的各个海区，既可从不同地点实施隐蔽突袭，又可提高发射平台的生存率，具有隐蔽性好、机动灵活、威慑力大和生命力强等特点。

第二，导弹水下发射推动了潜艇打击和作战能力的大幅提升。早期潜艇的进攻武器主要是鱼雷，仅能对海上的舰艇、潜艇实施近距离的打击。导弹水下发射技术的出现，使潜艇的打击能力大幅提升，由于导弹具有射程远、飞行速度快、命中精度高等特点，从而使潜艇可从远海、水下纵深攻击敌方海上和陆地各种军事、经济等目标，大幅提高了潜艇的作战能力。

第三，导弹水下发射技术的不断进步和更新换代，推动了导弹结构、动力、载荷、流体动力、发射装置、水下试验等多个学科和技术领域的持续发展。

基于以上原因，各军事强国争相研究导弹水下发射技术，发展能够在潜艇平台上发射的导弹武器系统。然而，导弹水下发射技术非常复杂、技术含量高、难度大且涉及学科范围广，除需解决武器与发射平台的匹配技术外，还需解决导弹水环境适应技术、水动力、水弹道控制技术、发射控制技术、水下发射试验与测试技术等关键技术，世界上只有少数国家掌握了导弹的水下发射技术。

1.2　国外发展现状

水下发射的导弹按照导弹种类可以分为潜射弹道导弹与潜射巡航（飞航）导弹两类，在技术难点、关键技术、发射原理、环境条件、试验验证等方面两类导弹有诸多相似之处，而在实现途径、作战使用、日常维护等方面又有所不同，下面就俄罗斯/苏联、美国、法国的潜射弹道、巡航导弹水下发射技术进行综述。

1.2.1　俄罗斯/苏联

（1）潜射弹道导弹

苏联是最早研制、装备潜射导弹的国家，由于技术难度大，在潜射弹道导弹发展的初期，主要采用水面发射方式（见图 1 - 1），即潜艇处于水面航行状态时导弹直接从发射筒内点火发射，如 Д - 1（Р - 11）、Д - 2（Р - 14）[SS - N - 4/萨克] 导弹[2]，未实现真正意义上的水下发射。

图 1 - 1　潜载弹道导弹水面发射

第一型真正水下发射的潜射弹道导弹是马克耶夫设计局负责研制的 Р-21（SS-N-5），这是一种单级液体火箭推进的导弹，采用发射前向发射筒内注满水，然后直接点燃导弹的液体火箭发动机，将导弹推出发射筒，垂直穿过海水进入空中，没有排流通道。这种发射方式称作"湿式"发射，又称"乌拉尔"发射法[2]。

苏联的液体导弹，如 3M20（SS-N-6）、4K75（SS-N-8）、3M40（SS-N-18）、轻舟（SS-N-23）均采用了"湿式"发射。其特点是潜艇发射筒内注水，导弹液体发动机筒内点火，利用导弹自身推力出水。采用"乌拉尔"水下发射方式能够弥补液体火箭发动机相对固体发动机点火起控时间较长的不足，使液体导弹满足水下发射要求，导弹在水中获得较稳定的姿态，以减小穿过不同介质界面时的冲击载荷，对导弹的稳定飞行极为有利，但同时带来了发射系统复杂、发射准备时间较长等问题。

俄罗斯现有 100 余枚轻舟（SS-N-23）导弹服役，并发展了改进型 SS-N-23（Ⅰ、Ⅱ、Ⅲ），是其目前国家战略核力量的重要支柱。

苏联固体潜射弹道导弹的研制从 20 世纪 70 年代初开始，先后发展了 SS-N-17、SS-N-20、Р-30（SS-N-30）等导弹，其固体潜射导弹均采用"干式"发射方式。其特点是发射筒内不再注水，依靠艇上或弹上燃气动力弹射出筒；导弹头部通过空泡发生器产生主动空泡，避免自然空泡的不确定性，减小空泡溃灭载荷。俄罗斯新研制的布拉瓦（SS-N-30）潜射弹道导弹未再采用主动空泡技术。布拉瓦导弹发射水深约为 26～40 m，出水速度 15 m/s 左右，导弹尾部出水 5 m 后一级发动机点火[4]。俄罗斯的潜射弹道导弹见图 1-2。

苏联根据自身的技术特长，潜射弹道导弹以液体导弹为主，固体和液体导弹兼备，液体和固体导弹采用了不同的水下发射技术途径：液体导弹采用"湿式"发射方式，而固体导弹采用"干式"发射方式，见表 1-1。

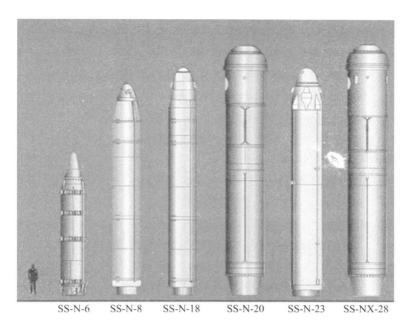

图 1 - 2　俄罗斯的潜射弹道导弹

表 1 - 1　俄罗斯/苏联潜射弹道导弹典型发射技术[4]

潜艇	导弹型号	水下发射方式	水下发射主要性能
D 级 Ⅲ 型核潜艇	舡（SS－N－18），液体	发射筒内注水，热发射	水下发射深度：40～50 m 海况：小于 5 级 艇速：小于 4 kn
D 级 Ⅳ 型核潜艇	轻舟（SS－N－23），液体	发射筒内注水，热发射	水下发射深度：40～50 m 海况：小于 5 级 艇速：小于 4 kn
Y 级 Ⅱ 型核潜艇	鹬（SS－N－17），固体	燃气弹射＋主动空泡，水面点火	水下发射深度：40～50 m 海况：小于 5 级 艇速：小于 4 kn
台风级核潜艇	鲟（SS－N－20），固体	燃气弹射＋主动空泡，水面点火	水下发射深度：40～50 m 海况：小于 5 级 艇速：小于 4 kn

续表

潜艇	导弹型号	水下发射方式	水下发射主要性能
台风、北风级核潜艇	布拉瓦（SS‑N‑30），固体	燃气弹射，水面点火	水下发射深度：40～50 m 海况：小于 5 级 艇速：小于 4 kn

（2）潜射巡航（飞航）导弹

苏联是世界上最早研制潜射巡航（飞航）导弹的国家，先后研制了紫晶 П‑20Л、花岗岩 П‑700、白蛉 П‑270、石榴石 РК‑55、俱乐部 3М‑54з/3М‑54з1、宝石 3М‑55 等多型潜射巡航（飞航）导弹。

第一型真正水下发射的潜射巡航（飞航）导弹是中央机械设计局负责研制的紫晶 П‑20Л（SS‑N‑7），该型导弹采用专用发射箱，60°仰角固定在潜艇甲板下，水下 30 m 发射，助推器在水下点火的有动力发射方式[2]。图 1‑3 为花岗岩 П‑700 导弹的倾斜发射装置。

图 1‑3　花岗岩导弹的倾斜发射装置

　　石榴石 PK - 55、俱乐部 3M - 54з/3M - 54зl 采用从潜艇鱼雷管发射方式，导弹由鱼雷发射管推出，离开潜艇一定距离后助推器点火，推力矢量控制导弹水下转弯倾斜出水。水下发射深度30～40 m，海况小于 5 级，发射时艇速不超过 5 kn。

　　俄罗斯/苏联潜射巡航（飞航）导弹主要有专用发射装置和鱼雷发射管两种，均采用助推器水下点火，即水下有动力发射方式。

1. 2. 2　美国

（1）潜射弹道导弹

　　美国先后研制了北极星、海神、三叉戟等多型潜射弹道导弹，其潜射弹道导弹一直是水下垂直发射的固体导弹，采用弹射出艇、水面点火的发射方式，均由西屋电气公司负责弹射装置，先后研制了压缩空气弹射和燃气-蒸汽弹射两种发射装置，在潜望深度发射，导弹弹出水面后固体火箭发动机点火。美国的潜射弹道导弹见图 1 - 4。

图 1-4　美国的潜射弹道导弹

美国潜射弹道导弹的发射技术见表 1 - 2。

表 1 - 2　　美国潜射弹道导弹发射方式[4]

潜艇	弹道导弹型号	发射方式
华盛顿级	北极星 A - 1	压缩空气发射,水面点火
608 级、616 级	北极星 A - 2	压缩空气发射,水面点火
608 级、616 级、598 级	北极星 A - 3	燃气-蒸汽弹射发射,水面点火
616 级	海神 C - 3 潜地弹道导弹	燃气-蒸汽弹射发射,水面点火
627 级、640 级、726 级	三叉戟 I(C - 4)潜地弹道导弹	燃气-蒸汽弹射发射,水面点火
726 级、俄亥俄级	三叉戟 II(D - 5)潜地弹道导弹	燃气-蒸汽弹射发射,水面点火

压缩空气弹射由于存在能量小、占用艇内空间大等缺点,很快被淘汰。燃气-蒸汽弹射是艇内以固体燃料作为动力源的燃气发生器产生高温高压燃气,经海水混合降温并产生大量蒸汽,进入发射筒底部,推动导弹离开发射筒。

(2)潜射巡航(飞航)导弹

美国主要研制了捕鲸叉潜射反舰导弹、战斧潜射巡航导弹两个系列。

UGM - 84A 捕鲸叉潜射反舰导弹于 1972 年开始研制,1981 年服役。先后有 UGM - 84B、C 等多个发展型。潜射捕鲸叉系列导弹均采用潜艇标准鱼雷管水下发射,导弹装在无动力运载器内,离开鱼雷管后运载器尾翼展开,并偏转一个预置舵偏角,使导弹由水平运动转向倾斜出水,出水压力传感器感知出水后头、尾罩分离指令,并点燃导弹助推器,推动导弹离开运载器并加速飞向空中。这是一种无动力无控的水下发射方式。

UGM - 109 战斧巡航导弹于 20 世纪 80 年代中期开始服役,包括核对陆攻击型 UGM - 109A、反舰型 UGM - 109B、常规对陆攻击型 UGM - 109C 等系列。

早期装备在鲟鱼级攻击型核潜艇(18 艘)和洛杉矶级攻击型核潜艇(前 31 艘)的潜载战斧巡航导弹是通过 4 具 533 mm Mk63 型鱼雷发射管水平发射的。从第 32 艘开始的其余 26 艘由专门设置在舱部耐压壳外压载水舱区的 12 个导弹垂直发射筒发射[5]，后续的弗吉尼亚级核潜艇也装备该垂直发射系统，用于发射战斧导弹。洛杉矶级核潜艇的战斧导弹"水下垂直发射装置"见图 1-5。

图 1-5　洛杉矶级核潜艇的战斧导弹"水下垂直发射装置"

俄亥俄级是美国装备巡航导弹垂直发射系统的第三种核潜艇。该型潜艇本来是弹道导弹核潜艇，用于装备三叉戟战略核导弹。受美俄削减战略核武器条约的限制，4 艘早期的俄亥俄级弹道导弹核潜艇被改装为巡航导弹核潜艇。改装内容主要是将艇上的 24 个发射筒中的 22 个发射筒改装为巡航导弹多弹发射舱，每个发射舱容装 7 枚战斧或战术战斧导弹，共可装备 154 枚导弹[4]。在三叉戟发射筒基础上改装的战斧导弹垂直发射装置见图 1-6。

图 1-6　在三叉戟发射筒基础上改装的战斧导弹垂直发射装置

美国弗吉尼亚级攻击型核潜艇的最新发展型为 Block Ⅲ，于

2009 年 3 月开始建造。该艇用艏部的两个大口径发射筒（见图 1 -7）取代原来的 12 个垂直发射管，每个大口径发射筒可容纳 6 枚战斧巡航导弹，该大口径发射筒与俄亥俄级潜艇的类似。

多弹发射舱的单个发射管和艏部 12 个垂直发射筒 MK36 基本相同，考虑了发射横向载荷和减振等性能。

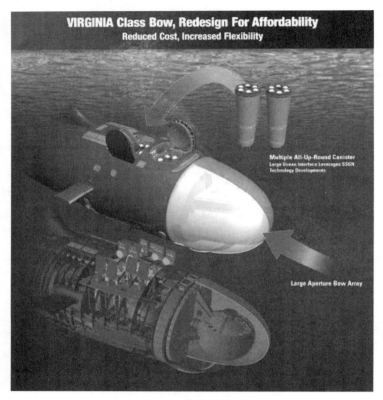

图 1 - 7　弗吉尼亚 Block Ⅲ 的大口径发射筒

潜射战斧有两种水下发射方式：鱼雷管水平发射和垂直发射筒垂直发射。

潜射战斧导弹采用鱼雷管水下发射时，导弹装在密封的保护筒内，在转运过程中和鱼雷管内均由密封的保护筒保护并与盐雾、海水等隔离；发射时保护筒打开，鱼雷发射装置内加压，水流推动导弹与保护筒分离，并将导弹推出鱼雷发射管，离管后弹上助推器水下点火，推力矢量起控，控制导弹由水下水平运动转向倾斜运动，导弹在助推器推动下加速冲出水面，转入空中飞行。鱼雷发射装置再次工作，将留在管内的保护筒发射出管抛弃。

潜射战斧导弹垂直发射筒垂直发射时，单筒和大口径多筒发射的发射方式基本相同，导弹在发射筒内采用燃气自弹射出筒后，弹上助推器水下点火，推力矢量起控，稳定导弹水中垂直弹道，并在助推器作用下加速垂直冲出水面，转入空中飞行。

两种水下发射方式只是离开鱼雷管或发射筒时不同，入水后均是裸弹有动力有控水下发射方式。

1. 2. 3　法国

（1）潜射弹道导弹

法国第一种潜地弹道导弹 M - 1 导弹于 1965 年 5 月开始研制，1971 年 12 月服役，装备于可畏号、可怖号潜艇，1975 年被 M - 2 导弹取代。法国研制 M - 1 导弹过程中遇到的关键问题之一是水下发射问题。历经 6 年，水下发射试验才取得完全成功，从而结束了研制飞行试验。该导弹的发射方式与美国北极星导弹相似。发射时深度约为 20 m，借助压缩空气从发射筒中弹射出水，出水速度约为 27.8 m/s，导弹冲出水面一定高度后第一级发动机点火。

M - 2 导弹是 M - 1 导弹的改进型，射程增加到 3 000 km，1969 年开始研制，1974 年开始服役。其技术性能相当于美国北极星 A - 2 导弹，装备于闪电号潜艇，此外还取代 M - 1 导弹，装备于可畏号、可怖号潜艇。1976 年开始退役，逐步被性能更好的 M - 20 导弹完全取代。

M - 20 导弹是 M - 2 导弹的改进型，于 1971 年开始研制，1976 年 3 月开始装备于闪电号、可畏号、可怖号、雷鸣号、无敌号核潜艇，发射过程也类似。M - 20 导弹已于 1991 年全部退役，被 M - 4

导弹取代。M-4导弹是法国研制的第一种有6个子弹头的三级固体潜地弹道导弹，总体布局与美国的三叉戟Ⅰ潜地弹道导弹相似，较前三种潜地导弹有较大的改进和提高。水下垂直发射技术也有了显著的提高：能在更深的水下（40 m水深）发射[6]，水下发射采用近筒口点火方式，导弹采用火药燃气弹射出筒，离筒后一级发动机立即点火，提高了导弹的发射速度。由于导弹水下发动机点火工作后采用推力矢量控制技术，大大提高了水下弹道的稳定性和精度，有利于导弹克服海水流、浪、涌等干扰，提高出水稳定性。

M-51导弹是法国在研的最新潜地洲际弹道导弹，原代号为M-5导弹，后来由于取消了陆基井下发射导弹装备计划，只研制潜射型，故更名为M-51导弹。M-51导弹于1993年开始全尺寸研制，是一种三级固体远程弹道导弹，射程为6 000～11 000 km，大大扩展了潜艇的巡航范围[4]。M-51导弹于2010年开始服役，水下发射方式仍为燃气弹射出筒后近筒口点火。

法国的潜射弹道导弹见图1-8。

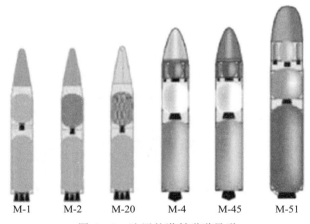

　M-1　　　M-2　　　M-20　　　M-4　　　M-45　　　M-51

图1-8　法国的潜射弹道导弹

法国潜射弹道导弹发射方式见表1-3。

表 1 - 3　　法国潜射弹道导弹发射方式[4]

装备的潜艇	导弹名称	发射深度	发射方式
可畏号、可怖号	M - 1	20 m	压缩空气发射,出水后点火
闪电号、可畏号、可怖号	M - 2	20 m	压缩空气发射,出水后点火
闪电号、可畏号、可怖号、雷鸣号、无敌号	M - 20	20 m	压缩空气发射,出水后点火
刚毅号、可怖号、雷鸣号、闪电号、无敌号	M - 4、M - 45	40 m	燃气弹射发射,水中点火
凯旋级核潜艇	M - 51	40 m	燃气弹射发射,水中点火

（2）潜射巡航（飞航）导弹

法国主要研制了飞鱼 SM39 潜射反舰导弹和潜射 SCALP 对陆攻击巡航导弹两个系列。

飞鱼 SM39 导弹是潜艇用标准 533 mm 鱼雷发射管在水下发射的导弹,导弹装在运载器内。

运载器离开鱼雷发射管后惯性向前运动,运行到离潜艇 10～12 m 处,运载器发动机点火。随后运载器进入有控运行状态。发射深度不同,运载器在水下运行的轨道就不同。在最大允许深度发射时,发动机点火后立即转向 45° 倾角轨道爬升,发射深度较小时,发动机点火后先下潜一小段,然后再转为 45° 爬升。深度越浅,下潜段越长,但出水角都保证为 45°。发动机水下工作时间均为 10～12 s 之间。当目标不在正前方时,运载器在转入 45° 爬升之前,可在 ±90° 的范围内侧向转弯,使导弹转向目标方向,然后以 45° 的爬升角爬升。由于发动机的加速,运载器的水下运行速度可达 20 m/s[2]。

出水时,弹上控制系统根据出水传感器发出的信息,通过燃气舵操纵运载器向水平方向转弯。出水后约 1.5 s 运载器离水面高度已达 20 m,与水平面的角度达 12° 时,定时机构发出分离指令。运载器头罩被抛掉,主燃气发生器产生燃气驱动活塞,活塞将导弹加速推出运载器。运载器在燃气发生器反向推力作用下落入水中，然后沉到海底。飞鱼 SM39 导弹的飞行弹道见图 1 - 9[2]。

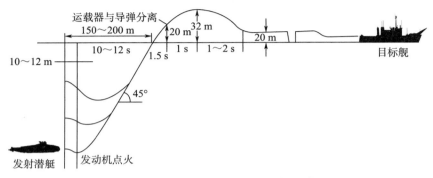

图 1 - 9　飞鱼 SM39 导弹的飞行弹道

潜射 SCALP 对陆攻击巡航导弹也是由潜艇用标准鱼雷管水下发射，导弹在水下由密封舱保护与海水隔离，导弹离开鱼雷发射管后，弹上助推器水下点火，推力矢量起控，控制导弹由水下转倾斜出水，密封舱前盖被抛掉，密封舱在火工品作用下与导弹滑动分离，导弹在助推器作用下加速飞行。

1.2.4　小结

通过对国外潜射弹道导弹、潜射巡航导弹发射现状分析可知，现役的潜射弹道导弹均采用垂直发射方式，主要有燃气-蒸汽弹射＋水面点火、弹射＋水下点火和直接自动力发射三种发射方式。美国现役潜射弹道导弹采用了燃气-蒸汽弹射和水面点火的无动力无控发射方式，法国现役潜射弹道导弹采用了燃气-蒸汽弹射和水下点火的有动力有控发射方式，而俄罗斯的潜射弹道导弹则分别采用了燃气弹射和水面点火的无动力无控发射方式、直接自动力发射的有动力有控发射方式两种水下发射方式。

对于潜射巡航（飞航）导弹而言，水平发射通常采用与鱼雷共用的雷弹发射装置发射；倾斜发射方式常见于俄罗斯/苏联的超声速巡航导弹；能够从潜艇垂直发射的巡航弹还较少，目前较多报道的是美国的战斧导弹，其发射方式明显不同于潜射弹道导弹的发射方式，采用的是燃气自动力发射方式。概括来说，潜射巡航（飞航）导弹主要有鱼雷管＋无动力无控、鱼雷管＋有动力有控、倾斜或垂直专用发射管＋有动力有控三种发射方式。

参 考 文 献

［1］ 黄瑞松．飞航导弹工程［M］．北京：中国宇航出版社，2004.

［2］ 魏毅寅．世界导弹大全（第三版）［M］．北京：军事科学出版社，2011.

［3］ 谢建．导弹发射技术［M］．西安：西北工业大学出版社，2015.

［4］ 马溢清，李欣．潜射导弹水下垂直发射方式综述［J］．战术导弹技术，2010（3）．

［5］ 倪火才．潜载巡航导弹及其水下发射技术的发展［J］．舰载武器，1999（3）．

［6］ 蔡廷湘．水下点火与水下发射［J］．舰载武器，1999，（4）．

第 2 章　导弹在水下与空气中发射的异同

导弹发射过程是一个流体力学、环境、载荷、弹道、控制等多学科耦合的问题，潜射导弹水下发射时，由于水的密度是空气密度的 800 倍，力学环境性质与空气中相比差异很大，流体的浮力、压力、黏性力都呈现水下独有的特点，因此，水下发射过程所涉及的基础科学和工程技术问题更加复杂。

导弹水下发射过程主要分为出筒、水下航行和出水过程三个主要阶段。导弹水下发射出筒阶段，艇体绕流、发射筒筒盖等潜艇附属结构绕流对导弹出筒内弹道及出筒过程流体动力会产生干扰，潜艇自身的操艇运动对导弹出筒过程运动姿态也会形成影响。如果采用燃气-蒸汽弹射，或者采用发动机筒内点火的自推力发射方式，发射筒内喷射出的气体在筒口与海水剧烈掺混，形成复杂的气水掺混多相流力学环境，与导弹出筒过程运动耦合后形成复杂的流体动力和动载荷问题，需要重点考虑[1]。

导弹在水下航行阶段，在水动力特性方面，水的附加质量力不可忽视。水在重力作用下形成静压梯度，并进而产生浮力效应，在导弹水下航行动力学建模时需要考虑浮力的作用。水在压力小于饱和蒸气压力时会发生汽化现象，从而形成空泡。当导弹在水下航行速度较快时，导弹肩部和尾部的低压区会产生空泡区域，不同的空泡形态会对水动力特性产生不同的影响，进而影响导弹运动稳定性。空泡的溃灭也会带来较大的溃灭冲击载荷，对导弹局部结构形成冲击。如果导弹助推器在水下点火，将带来复杂的气水两相射流问题。随着水深的变化，尾喷管的背压不断变化，从而使推力量值也不断变化，尾喷管的流态有可能在短时间内经历从过膨胀到欠膨胀的变化，发动机的推力损失需要在工程设计时考虑。推力矢量控制也同样受发动机和水环境的影响而更加复杂。水下运动时，导弹受各种海流、艇速、发射方式的影响，水下弹道不易控制。

导弹出水过程，受到自由液面的影响，同时受波浪、涌、海流的干扰作用，其弹道会发生偏离，偏转角受波浪的各种参数，如波速、波高、相位、波的传播方向等影响而有较大的随机性。尤其是出水过程，导弹一部分处于空气中，一部分处于水中，涉及两相交界气、液掺混效应，导弹所受的力及力矩发生强烈的变化，其作用力呈现出强的非定常、非线性效应。如果水下弹道和出水弹道设计不好，潜射导弹有可能会在出水后超出允许的速度、角速度或偏转角，直接导致发射失败。

水下发射过程从导弹出筒到出水虽然时间历程很短，却是整个飞行弹道的关键环节，直接影响潜射导弹研制的成败。因此，潜射导弹水下发射技术的研究具有十分重要的科学应用价值和工程意义。

2.1　多相流环境

水下发射与空中发射相比，气水掺混的多相流环境是水下发射特有的现象。

2.1.1　出筒过程多相流环境

从导弹发射出筒到导弹尾部离开筒口的阶段为出筒段，该阶段的流动特征为：头部刚出筒时，筒内气体、海水与导弹头部相互作用产生流体力；部分弹体出筒进入海水后受到流体力的作用；对于弹射发射方式，导弹尾部离开发射筒时，高压发射气体在冲出筒口的过程中对流场产生巨大扰动，形成"筒口"效应，这一阶段的流场同时存在潜艇表面等固体边界及两相流体介质边界，是非定常的两相流动。

对于燃气-蒸汽弹射、发动机筒内点火的自推力发射导弹，在导弹发射出筒过程中会有部分发射气体从筒内喷入水中形成气泡，包覆在导弹弹体的局部区域。如果导弹出筒速度较高，肩部产生自然空化，发射气体有可能会进入肩部产生的自然空泡，并直至出水。如果导弹水下航行速度较低，发射气体形成的空泡会逐渐脱落。

　　发射出筒过程的气水掺混多相流，会在艇速、横流的综合作用下产生不对称的偏转，在背流侧形成漩涡脱落流动，这种不对称的复杂多相流场造成了导弹出筒过程载荷的不对称外激励，发射气泡的形态直接影响导弹出筒过程的载荷。

　　鱼雷管水平发射时出筒过程主要是管内流场推动导弹出管，同时导弹出管部分承受艇首流场的综合作用。

2.1.2　水中航行多相流环境

　　从弹尾离开发射筒口到弹头到达水面的阶段称为水中段。在该阶段导弹主要受重力及水动力作用，也受到筒口气团运动及其他因素的影响。导弹在水中运动时相对角速度较大，必须考虑由它所引起的附加力和附加力矩的作用；弹射导弹出筒后，高温高压发射气流在海水中形成发射气团，直接影响导弹的发射流场。

　　导弹水下航行速度较高时，导弹肩部产生空化现象，形成空化多相流。如果导弹水下采用有动力航行，导弹助推器点火会产生水下射流气水多相流环境。

　　（1）自然空泡

　　随着水下航行体速度提高，航行体表面压力将逐渐下降，当航行体表面某一部位压力低于水的饱和蒸气压时，水将发生汽化，该局部区域将不再由水覆盖，而由一个压力为饱和蒸气压的自然空泡所覆盖。

　　（2）空泡形态

　　空泡形态与导弹头部外形关系密切，不同的头部外形存在不同的起始空化数，可分别对空泡的产生形成抑制或促进作用。对于既定的头部外形，自然空泡的尺度取决于导弹所处的水深静压及导弹运动速度。水深静压越低，导弹的运动速度越高，空泡尺度越大。

由于导弹在水下航行过程中所处的水深不断变化，空泡的尺度也是不断变化的。当导弹有攻角运动或有海流等干扰时，空泡将不再对称，形成一面空泡短，一面空泡长的形态。空泡的不对称会引起附加的力矩。

（3）水下点火多相流

火箭发动机在水下点火，从燃烧室喷出的高温、高压燃气流经喷管直接喷入水中，并在喷管外形成燃气泡，气与水之间不但发生传热、传质、相变等复杂现象，而且存在着激烈的流体动力干扰和复杂波系的传递。

水下高速射流会对导弹底部的水流场形成抽吸作用，加快导弹底部的水向下游流动，减小导弹底部的压力，从而有可能导致导弹的阻力增加。

水下发射时需要经历从发射水深到出水的过程，发动机喷管的背压在不断变化，推力也会因此而发生变化，在导弹设计时需要考虑推力损失随水深的变化规律。

2.1.3　出水过程多相流环境

从导弹头部出水到全弹完全出水是出水段，在此期间，导弹穿越海水的自由表面，受力情况复杂，姿态变化大，主要的流动现象有：

（1）自由液面

导弹穿越水面时，导弹一部分处于空气中，一部分处于水中，由于介质的突变，其力学环境急剧变化，附加质量、浮力、阻力迅速下降，力及力矩发生快速的变化，导弹姿态不易控制。

（2）波浪力的影响

波浪的存在诱导海面附近的水介质作圆周运动，并产生附加的压力场与速度场，对穿越水面导弹产生附加流体动力。波浪力的影响更多地表现为一种随机干扰影响，由于波浪的影响，即使对于轴对称旋成体也会造成非对称流动，并且由于不同的浪级、出水相位、波浪传播方向会对导弹的俯仰、偏航、滚动造成不同的影响，因此很难简单描述波浪力的影响及其作用效果，在工程设计中需多组实验或计算来最终确定波浪的干扰作用。

（3）空泡溃灭冲击

导弹出水时，如果肩部有空泡存在，在导弹出水过程中，空泡会发生溃灭现象。在很短的时间内，空泡的尺度和界面迅速变化，并在溃灭时产生瞬态的高压，模型试验与数值分析都很困难。例如自然空泡，在最后溃灭阶段的时间约为 $1\mu s$，空泡溃灭的增压可达 10^8 Pa[2]。

2.1.4　流体动力

潜射导弹需要在水和空气两种介质中飞行，海水的密度为空气密度的 800 倍左右，水和空气两种流体的动力黏性系数相差大约两个数量级，从而为潜射导弹水下和空中两个阶段的飞行流体动力设计带来了不同的问题，而流体动力的主要差异体现在水下附加质量、密度、黏性等方面。

航行体作变速运动时，由于物体要改变自身速度的同时必须改变流体的速度，而流体具有惯性，这种由于流体的惯性而引起的力称为附加惯性力。附加质量只与航行体的外形和流体密度相关。

空中飞行时，由于空气的密度很小，飞行器的附加质量与自身质量相比是小量，因此，导弹气动力特性一般不考虑附加质量。而由于水下密度较大，水下航行体的附加质量与航行体自身质量量级相当，水下的附加质量不可忽略。

潜射导弹水下航行时如果产生局部空化，以及导弹在出水过程时，导弹一部分在气体中，一部分在水中，其附加质量的处理将更加复杂。

2.2　控制

导弹水下发射按有无控制系统分为有控航行和无控航行两种。

水下无控航行，一般要求导弹（或运载器）水下航行时具有正浮力，且浮心在质心之前，以确保出水弹道稳定。导弹发射后保持惯性速度水下航行，对于垂直发射方式，导弹在惯性速度和浮力、重力的综合作用下垂直出水。对于鱼雷管水平发射方式，导弹水下无控航行时，需要依靠预置舵角进行导弹姿态调整，以倾斜方式出水。但由于水下航行时无控制，导弹出水姿态角散布较大，抗扰动能力差，不能适应高海情发射。

水下有控航行，一般采用水动力舵或推力矢量的方式进行控制，水下推力矢量一般分为摆动喷管、扰流片、燃气舵等方式。采用水下有控航行后，导弹可提高对水下海流、波浪等复杂环境的适应能力，导弹出水姿态可控，因此，可适应更高海情的作战需要。由于水中附加质量影响以及水的密度大，导致水动力远大于空中相关气动力，再加上海水中存在流、浪、涌的影响，同时空泡发展、溃灭是非定常过程，因此，相对空中飞行，水中控制所需的力矩以及对控制的快速性要求是有明显差别的。

2.3　动力

当采用有动力发射方式时，潜射导弹水下动力一般采用火箭发动机。由于不同深度及海水压力变化，导致火箭发动机在不同工作深度推力也是随水压而变化的，海水压力严重影响高温高压燃气在喷管及海水中膨胀过程。兼顾考虑不同工作深度发动机效率，发动机深水工作时燃气流在喷管中一般处于过膨胀状态。

考虑到海水影响，一般有两种水下发动机方案：专用于水中工作和出水的发动机，出水后迅速分离，发动机水下工作效率较高但导弹本身复杂了（空中加速还需要火箭发动机），法国飞鱼潜射反舰导弹就是这种配置方式，一般只适合于近程潜射导弹；还有一种就是固体火箭发动机兼顾水下工作、出水、空中加速到巡航速度，即水下发动机与加速用助推器合二为一，固体火箭发动机变复杂但导弹本身得到简化，美国的战斧、俄罗斯的克拉布等潜射导弹均采用此方式，这是水下有动力发射的主要动力配置方式。

2.4　载荷与结构

导弹水下发射时，由于高速穿过高密度海水，并受弹射或发动机点火燃气扰动、海流、海浪及水噪声等干扰，使弹体结构及电子设备受到很大的载荷。水下发射与空中发射相比，导弹所受的水下载荷比空中载荷大而复杂，主要特点是：

（1）轴向载荷大、影响因素多

导弹在发射出筒过程中，对于弹射方式，弹射动力将其加速度推到 $10g$ 以上[3]，而对于发动机筒内点火的发射方式，在点火启动瞬间导弹在推力和筒内憋压增推力作用下同样达到数倍重力加速度，加之动压力要比空中大一个数量级，所以在导弹尾部出筒瞬间，轴向力达到最大值，远比空中轴压大得多。

在发射出筒约 1 s 时间内，由于头部动压较大，弹体底部压力变化会导致轴向载荷由最大正压突降到负压，然后又很快变为正压载荷。这一快速大幅度变化过程，将对弹体结构零部件及电子元器件产生不同程度的影响[3]。另外，出水过程是导弹从高密度海水介质冲向稀疏空气介质的变换过程，并遇到海浪的冲击，这一突变给弹体形成一种卸载冲击作用。

此外，弹体横向载荷取决于轴向速度以及由海流或艇速影响形成攻角的大小[3]。

（2）轴力、外压联合作用

对于弹射发射方式，导弹出筒后，由于弹射燃气的后效作用，将使导弹继续增速一段时间。在这一过程中，一是轴压将随之增加；二是海水将对弹体表面产生静压。另外，发射出筒附带的高压燃气向水中迅速膨胀或出筒速度高时产生的自然空泡的溃灭等，将在弹体表面形成爆震波。这种波压近似脉冲压力，虽然作用时间很短，但峰值较高，大大超过水的静压，它与轴压同时作用，对弹体结构稳定性影响甚大，且对轴力、外压联合加载试验及理论分析造成一定难度[3]。

对于自动力发射方式，发动机燃气与发射筒口相互激烈作用，反喷射流影响到导弹上，形成振荡压力场，并与海水静压、发动机推力等共同作用到导弹上，使弹上载荷分析十分困难。

而采用鱼雷管水平发射时，由于出管速度相对垂直发射大幅降低，因而出管载荷也大幅下降。

（3）流-固耦合动力学特性

由于导弹水下发射过程中受水介质的影响，弹体固有特性与空气中存在较大差别。首先，弹体在沾湿条件下固有频率会有较大变化，其次，导弹运动过程中附加质量对弹体结构响应也将产生较大影响[4]。

另外，对于水下垂直发射方式，在发射出筒过程中，由于受到筒口不对称高温燃气和艇速引起的横流作用，弹体将受到一个较大时变横向载荷作用，同时引起筒弹接触碰撞或者弹体与适配器的接触作用，随着出筒距离的增大约束作用逐渐减弱，弹体时变动响应效应逐渐加强，因此，整个出筒过程是一个流-固耦合的时变动力学响应问题。

（4）结构设计上的其他考虑

对于水下发射的导弹在结构设计上也与空中发射的导弹存在一定差异。例如，需满足发射过程中的水密要求，潜艇长时间潜航及值班带来的防潮、防腐要求等。

2.5　弹器分离

导弹在水下采用干式发射方式时，出水后导弹需与水下保护装置尽快分离，以便展开弹翼、舵面并转入空中飞行，即需要经历弹器分离阶段[5]。其分离方式主要有三种：采用导弹＋运载器方案时有空中分离及水面分离两种，采用导弹＋保护筒方案为空中分离。

（1）导弹＋运载器的空中分离方式

飞鱼导弹采用空中分离方式。运载器出水后迅速向下转弯，当姿态达到要求时，头盖打开，位于运载器内的燃气发生器工作，产生的弹射力推动导弹相对运载器向前移动，直至导弹尾部离开运载器。弹器分离后，导弹助推器点火，使导弹加速至巡航速度飞行。

空中分离较水面分离方式的分离过程简单，没有燃气喷入水中的多相流问题，冲击载荷小、力学环境好。但水中和空中需分别配置发动机，系统复杂、成本高。

（2）导弹＋运载器的水面分离方式

捕鲸叉导弹是在水面进行分离。当运载器头部出水时，头盖上的压力传感器或介质传感器发出头盖分离信号，当头盖打开后，导弹助推器就在运载器内开始点火。为使助推器的燃气能顺利向后喷出，在助推器点火时，运载器的尾锥也要在预先选定的截面上进行分离，以形成适当大小的喷口截面，将燃气喷至水中，并保持适当的尾腔压力。导弹在运载器内由适配器支撑和导向，当导弹运动出运载器时，适配器也随弹运动出来，并立即四散分离于空中。

水面分离一般用于无动力运载器方案，其与空中分离明显不同的是所受到的推力，水下分离助推器火焰不是直接喷到空气中，而是喷在运载器尾腔内，进而通过尾腔开口喷到水中。这种情况下，导弹助推器出口处的背压与空中截然不同，因而产生的推力大小也明显不同。在设计时，运载器尾腔的压力取决于助推器喷出的燃气以及合适的尾腔开口面积。

另外，对于导弹-运载器组合体来说，水面分离的受力情况要比空中分离复杂得多。如前文所述，一是它要受到复杂的水动力作用，水动力的非定常特性极为明显，附加质量和附加惯性矩均处于急剧变化阶段，空泡的形成和溃灭也会对水动力产生明显的影响；二是由于导弹助推器点火，燃气喷到水中，使水气化形成气团及空泡，改变了运载器周围的水动力环境，其水动力不但与运载器的外形和运动速度有关，还与弹筒分离速度、分离高度及燃气喷流大小密切相关。

（3）导弹＋保护筒的空中分离方式

克拉布导弹采用与保护筒空中分离方式。助推器推动带保护筒的导弹冲出水面后，保护筒头部分离，尾部与导弹解锁，导弹在助推器推力下，与保护筒沿轴向分离，导弹继续加速到巡航速度。

参 考 文 献

［1］ 陈强 . 水下无人航行器 ［M］. 北京：国防工业出版社，2014.

［2］ 张宇文 . 空化理论与应用 ［D］. 西安：西北工业大学，2007.

［3］ 黄寿康 . 流体动力·弹道·载荷·环境 ［M］. 北京：宇航出版社，1991.

［4］ 乐光明 . 潜射导弹出水姿态与载荷特性分析 ［D］. 哈尔滨：哈尔滨工业大学，2011.

［5］ 谷良贤，温炳恒 . 导弹总体设计原理 ［M］. 西安：西北工业大学出版社，2004.

第3章　导弹水下发射总体技术

导弹的水下发射综合集成了多种技术。按照系统的主要构成，主要包括水下发射总体技术、流体动力与载荷技术、能源和动力系统技术、控制系统技术、弹体结构、发射装置系统技术等。

导弹水下发射总体技术是一门涉及应用流体动力、载荷、结构、动力、控制、发射装置等专业，并运用优化理论实现导弹水下发射的系统工程科学，是各分系统（专业）技术的综合。因此，必须将导弹水下发射的各个分系统视为一个有机结合的整体，使整体性能最优，可靠性最高，并从实现整个系统技术指标来分析和提出对每个分系统的技术要求。总体设计时，针对各分系统之间的矛盾、分系统与全系统之间的矛盾，均须针对总体性能需求来选择解决方案，总体设计体现的科学方法就是系统工程[1]。

导弹水下发射总体技术是为了设计、验证、考核其总体战术性能，在分析、研究、设计、制造、试验等工作中，采取技术手段、方法和措施的统称。主要工作概括起来包括三个方面：选择和确定总体方案及性能参数；对分系统提出设计要求并进行技术协调；通过试验验证总体方案和性能指标[2]。

3.1　导弹水下发射总体

导弹水下发射总体涉及发射方式、水下外形、弹体结构、流体动力、动力、控制方式等主要系统的相互匹配关系。设计者根据导弹水下发射的任务使命和战术技术指标要求进行设计，选择和设计的主要考虑因素包括发射装置在艇上布置形式，发射深度，潜艇对发射导弹的安全性要求，对空中主要飞行性能及总体方案的影响等。导弹水下发射的总体性能包括发射深度、发射艇速、适应海况、出水参数、弹道特性等，要求水下发射具有适应深度大、载荷小、水弹道可控、安全可靠、海况适应能力好等特点。

3.2　导弹水下发射系统的组成

导弹水下发射涉及的系统通常包括：水下发射装置、发射动力系统、弹体密封结构、控制系统等。

（1）水下发射装置

水下发射装置一般包括水平发射装置、倾斜发射装置、垂直发射装置，装载于潜艇上，是潜艇的组成部分之一。水平发射装置一般为鱼雷发射管，倾斜/垂直发射装置通常为专用。水下发射装置主要用于装载、贮存以及发射潜射导弹，并为导弹提供电路、气路的接口。

（2）发射动力系统

发射动力系统是导弹水下发射的一个重要分系统，它的主要作用是为导弹提供离开潜艇以及水中航行的动力，以保证所需的离艇速度和航行动力，包括离艇动力和水中航行动力两部分。

根据离艇动力来源的不同，可分为自动力发射和外动力发射两类。自动力发射是导弹在发射装置内，利用自身动力发射的一种方式。导弹的发射动力由弹上自带的助推器（或燃气发生器）提供，当直接采用助推器作为导弹发射动力时，将导弹发射与助推器水下点火集为一体，所以也称为一次点火发射[1]。外动力发射是指在潜艇发射装置中，借助导弹以外的能量（压缩空气或火药燃气）提供动力，发射出管的方式。标准鱼雷发射装置发射导弹也是外动力发射中的一种。

导弹水下发射按水中航行是否带动力分有动力发射和无动力两种。无动力发射的导弹在离艇后依靠惯性和浮力运动至水面，水中运动段是一个减速过程，如美国捕鲸叉导弹，一般出水速度较低，抗干扰能力差，不能适应高海情作战。有动力发射，如美国战斧导弹，因为带有动力，导弹出水速度高，抗干扰能力好，能适应高海情作战。潜射导弹水下动力一般采用火箭发动机，在设计时需要综合考虑水密、由于水的背压引起的推力损失、适应水深变化的喷管型线设计等问题。

（3）弹体密封结构

主要用于维持导弹水下发射良好的流体动力外形，保护弹内设备不受海水影响，承受导弹水下发射、水中运动、出水的载荷。弹体密封结构通常采用铝合金、碳纤维等材料制成。水下发射的导弹在结构设计上也与空中发射的导弹存在一定差异，需满足发射过程中的水密要求，并满足潜艇内高温高湿长时间贮存和战备值班要求，采取相应防腐、防潮等措施[3]。

（4）控制系统

用于对水下航行导弹的运动状态控制。导弹水下航行一般分为有控航行和无控航行两种。水下无控航行，导弹发射后依靠惯性水下航行，对于垂直发射方式，导弹在惯性速度和浮力、重力的综合作用下垂直出水。对于鱼雷管水平发射方式，导弹水下无控航行时需要依靠预置舵角进行导弹姿态调整，以倾斜方式出水。但由于水下航行时无控制，导弹出水姿态角散布较大，不能适应高海情发射。

水下有控航行一般采用水动力舵或推力矢量的方式进行控制，只有在有动力发射方式下才能采用水下推力矢量控制。采用水下有控航行后，导弹可提高对水下海流、波浪等复杂环境的适应能力，导弹出水姿态可控，因此，可适应更高海情的作战需要。

3.3　发射装置需求

导弹水下发射方式是由发射装置实现的，它与导弹水下发射总体方案关系密切。因此在潜射导弹武器系统设计时，必须考虑导弹水下发射方式，并对发射装置提出要求。不同的艇上布置方式和动力配置方案对发射装置的要求有所不同，但归纳起来，主要有以下几个方面。

（1）贮存要求

导弹发射前长期在艇内贮存和战备值班，为保证导弹的可用性，需要发射装置为导弹提供一个良好的贮存环境，包括力学环境和自然环境，比如减轻由潜艇运动或承受外力时传递到导弹上的载荷，适合导弹贮存的温度、湿度等。

（2）导弹离艇要求

应尽可能减小导弹在发射装置内运动和离开过程中承受的载荷，一般情况下导弹在此过程承受的载荷远大于空气中运动时承受的载荷，因此这一要求十分重要，同时还需要保证导弹以一定运动速度和姿态安全稳定地离开潜艇。

（3）体积要求

考虑到潜艇空间十分狭小，应尽量减小发射装置及导弹的尺寸。

（4）快速性要求

潜艇发射导弹增大了暴露概率，因此应尽量缩小准备时间和连射间隔，缩短暴露时间。

（5）安全性要求

潜艇处于水下封闭情况，安全环境十分严酷，因此必须高度关注水下发射对潜艇安全性影响，采取相应的安全措施，保证导弹在潜艇内贮存、使用和发射安全性。

3.4　发射动力需求

3.4.1　标准鱼雷管发射

采用标准鱼雷管发射的导弹借用发射装置的能量（气动不平衡或液压平衡式），鱼雷管发射系统有专门的设计规范和需求，本书不再赘述。主要发射性能指标包括发射离管速度、管内运动过程中承受的最大轴向载荷等[4-6]。

3.4.2　弹射

高压空气或燃气弹射技术主要用于大质量、大体积潜射弹道导弹的发射。高压空气弹射因体积大、可用功小已被淘汰。目前外动力弹射主要是燃气弹射，其动力源为燃气发生器，工作时其装药产生高温高压燃气，并经海水混合降温产生大量蒸汽作为推动导弹动力的能源和工质源[7]。对弹射发射装置的设计主要有以下因素：

（1）发射深度要求

燃气-蒸汽弹射动力系统应能满足在一定深度范围内将潜射导弹以一定的速度推出发射管的需求。国内外潜射弹道导弹的发射深度通常在水下 20 ～40 m 之间。

（2）导弹出筒速度

导弹出筒最低速度需保证导弹水中运动稳定性和出水稳定性，克服水阻力冲出水面后余速足以保证导弹助推器点火接力要求，出筒速度过高会导致筒内运动过程中轴向载荷过大，水中速度过大会过早引起空泡，非定常空泡易非对称发展并溃灭，引起水中弹道不稳定并增大局部结构载荷。

（3）导弹在发射装置内运动最大加速度

导弹在发射装置内运动的最大加速度不应超过弹体可承受最大过载，通常空中飞行导弹的轴向载荷是比较低的，通常远低于水下发射的轴向载荷，也就是说由于水下发射带来的较大载荷所加强的结构质量须带入空中飞行数百上千公里。

（4）质量和体积

由于潜艇内空间狭窄，因此需尽可能减小发射装置的体积和质量。

（5）安全性

潜艇是水下封闭空间，为了确保人员安全，需采取多种措施确保值班期间的贮存安全、发射过程中的安全，尤其是各种故障、意外情况下也需采取安全性措施。

3.4.3　自动力发射

自动力发射通常采用弹上助推器直接点火实施离艇发射，其发射动力既需满足离艇发射的需求，又要满足导弹水下航行、甚至出水后空中助推飞行的三方面的需求。自动力发射的动力系统设计需求主要包括以下几个方面：

（1）性能指标

对于火箭发动机，应规定推力、总冲、工作时间等要求。对于发射离艇段，其推力（或质量流量特性）应满足离艇速度、发射装置内运动最大加速度限制等需求。对于水下航行和空中飞行，助推器需要能够在水下和空中两种介质下工作。两种介质的差异给设计带来了很大的难度，需解决深水动态条件下点火、水下高背压和空气两种介质下的高工作性能等难点问题。固体火箭发动机在水下点火的技术问题比空气中点火复杂很多，由于水的密度远大于燃气的密度，水将限制燃气的迅速流动，影响喷管内超声速流动的快速形成；在燃气排开水的运动过程中，由于水的惯性很大，其交界面上的压力会骤然升高，会导致激波在喷管内快速振荡，这个高压瞬间作用在导弹底部就会造成导弹巨大的点火冲击，严重时会造成点火失败。此外，由于海水压力的存在，如果按照空气状态设计，会出现过膨胀现象，喷管内气流分离，如果按高背压状态进行设计，则喷管在空气中的工作效率又会降低，如何兼顾两种介质中的工作性能是动力系统设计的关键之一。

（2）质量和体积

根据全弹质量和布局需求，导弹总体专业通常对助推器提出尺寸限制和总质量要求。

（3）弹上的布置需求

助推器通常作为一个舱段，配置于导弹尾部。助推器设计还需考虑弹上电缆敷设、推力矢量系统布置方面的需求。

（4）安全性

为了确保潜艇平台的安全，潜射导弹发射用助推器需要专门进行安全性设计，需设置安全保险机构，并采取较大的强度安全系数。

（5）环境适应性

由于水下发射特殊的使用环境，潜射导弹用助推器应满足防湿热、防盐雾、防霉菌、防腐蚀等要求。

3.5　弹体结构需求

　　为了满足作战需求，潜射导弹通常需要配置引战、动力、制导、电气等系统设备。为了满足水下密封和承压要求，需要采用密封耐压结构以容纳弹上设备，同时还需保证导弹在水下航行状态具有良好的水动力性能。

　　导弹水下发射需要经历非常复杂的载荷过程，包括发射动力带来的初始冲击载荷，出筒过程由发射动力带来的轴向载荷，发射过程中水流运动与发射装置约束带来的横向载荷，水中运动产生的空泡及其溃灭带来的脉动载荷，以及出水过程中介质转换和空泡溃灭带来的载荷等。这些载荷对导弹结构设计和材料选择有着至关重要的影响，一方面需要准确预示导弹发射过程中可能产生的载荷及其量值分析；另一方面需通过一定的措施对导弹发射过程中的动载荷进行必要的抑制，以满足导弹发射的需求。

　　由于导弹水下发射的载荷环境十分复杂，导弹的水下承载结构也需针对载荷情况进行设计，而一般水下发射的导弹经历的水下发射环境时间较短，大部分时间还是在空气中飞行，完全针对水下承载设计的结构并不适合空中飞行的需要，因此水下承载结构的设计必须和发射载荷的预示、抑制等相结合，充分考虑导弹全弹道飞行的需要。

3.6　导弹控制系统需求

　　由于附加质量和浮力等的存在，导弹在水下的运动与空气中的运动存在很大的不同，同时由于水动力特性非线性严重，且在近水面和出水过程还伴有空泡产生和溃灭，另外还须克服海面波浪、涌等的干扰，给导弹控制系统的设计带来很大困难。

　　导弹出水后，运动介质发生突变，导弹质量、质心、转动惯量等参数发生剧变，控制规律和特性也随之变化，控制系统必须及时感知并相应改变。

因此导弹水下发射弹道控制必须解决导弹水下运动学动力学建模、水动力动态分析，水下弹道设计，水中运动姿态控制，出水姿态控制等难题。

可选的水下控制系统包括水动舵面控制和直接力控制两类。由于导弹在水下运行速度较低，用水动力控制的效率较低，为了提高导弹水下的控制效率，有动力发射时一般采用推力矢量控制技术。推力矢量控制装置的种类很多，如何正确选择，需要导弹总体、控制系统和发动机三个设计专业密切配合，共同协商确定。选择前应掌握各种推力矢量装置性能特点，这些性能包括最大推力矢量角、频率响应、伺服机构功率与尺寸、轴向推力损失、喷管效率和可靠性等，如表 3-1 所示。必须指出，在选择推力矢量控制装置时，不能孤立地比较某种装置性能的高低，必须结合导弹的具体要求，同时还要考虑技术成熟程度、安装维护方便和经济性等。

表 3-1　各种推力矢量装置性能比较[2]

类型		装置名称	最大推力矢量角/(°)	最大响应频率/Hz	伺服系统功率及尺寸	轴向推力损失
摆动喷管		铰接接头摆动喷管	15	2～5	较大	小
		柔性喷管	15	2～5	大	小
		液浮喷管	15	10	中	小
		旋转喷管	10	2	较大	小
固定喷管	机械偏转	燃气舵	10	10～15	小	大
		扰流片	18	10～15	小	较大
		偏流环	18		中	中
	二次喷射	摆动帽	30	10	中	中
		液体二次喷射	6	12	小	增加轴向推力
		气体二次喷射	10	15	小	
		侧向喷气顺序启动发动机	50			增加轴向推力

　　水下弹道一般有水平发射倾斜出水、水平发射垂直出水、垂直发射垂直出水和垂直发射倾斜出水等多种弹道。从减少能量消耗的角度出发,导弹水下运动时,一般在航向上并不特意进行控制,导弹出水后再进行航向转弯飞向目标;但是,有的型号出于安全性考虑,导弹出发射管后即进行航向控制。

3.7　导弹水动力外形需求

　　导弹水下外形设计是导弹水下发射总体设计过程中重要的一个组成部分。该项工作的任务是综合发射方式、发射装置、发射动力、水下控制方式、弹体结构需要,选择合适外形后,再进一步优化导弹水动力外形。导弹水动外形设计的任务是设计导弹暴露在水中的外形,预测并最终确定导弹的流体动力(包括水动力、载荷)特性和导弹在水中航行的运动特性。

　　为保证水下发射弹体容积并与发射装置的接口配合,水下发射导弹外形主体通常为静不稳定的圆柱体,一方面需要特别设计合适的头型,推迟空泡的产生,以降低空泡的影响;另一方面,在轴向尺寸受到限制的情况下,通过优化设计尾部外形,降低导弹水下航行阻力及静不稳定性。

　　导弹水下运行时,弹体表面特别是肩部,由于局部区域内压强降低到液体的气化压力就会产生空泡现象,如图 3-1 所示,这些空泡和海水以及尾随弹体扩散的弹射气体混合,形成复杂的多相介质的非定常流动,使弹体周围产生数值较大和变化急剧的压力场,该压力场以流体动力的形式作用于弹体,使导弹的弹道、载荷与力学环境发生各种变化,从而影响导弹的整个航行过程。对于巡航导弹来讲,需要对水下航行体的空泡现象进行抑制。

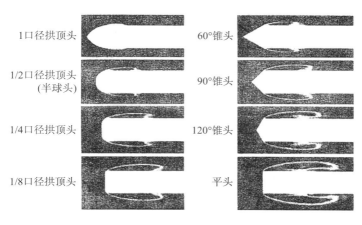

1 口径拱顶头	60°锥头
1/2 口径拱顶头（半球头）	90°锥头
1/4 口径拱顶头	120°锥头
1/8 口径拱顶头	平头

图 3-1　水下航行体头型与空泡的关系

3.8　水下发射试验技术

　　导弹水下发射技术难度大、技术新，直接通过数值计算或飞行试验进行验证难以实现。一方面，由于水动力特性影响的参数多、影响大，仅通过仿真计算、缩比试验不能真实反映复杂结构情况下气、水、固多相流场的变化机理以及对发射方案的影响；另一方面，飞行试验组织难度大、成本高、获取数据不够丰富，对研制主要是起总体的验证作用，对设计完善和优化的效果有限，研制过程中必然需要通过大量的地面试验进行验证。要解决这一系列复杂的技术难题，需配合建设完整的试验验证体系。

　　为进行水下发射的研究，往往需建设一整套综合发射试验设施，工程量和投资规模都很大（如水下动态垂直发射综合研究试验需建试验平台、运动轨道、发射设备及其他保证发射的设施等），有时相当于建一个试验性发射基地[1]。水下发射研究试验主要是为解决导弹发射的配置形式、发射姿态以及发射原理研究和应用的试验，以获取大量试验数据。

　　发射试验分缩比模型发射试验和全尺寸发射试验两类，在发射方式研究中大量采用缩比模型发射试验。因为缩小比例后的工程量、投资都较小，试验周期也较短，试验实施也比较方便。但缩比模型往往不可能完全反映实际情况，所以一般在大批缩比试验取得足够数据，并总结出规律的基础上，还要进行一定数量的全尺寸发射试验，最后校验和修正缩比模型发射试验的结果。对一些比较成熟的试验项目，在有一定的技术基础，并已积累了足够的可信数据建立物理模型或数学模型时，亦可利用模拟或仿真的方法进行模拟试验和计算机仿真试验[1]。

参 考 文 献

［1］ 谢建. 导弹发射技术［M］. 西安：西北工业大学出版社，2015.

［2］ 谷良贤，温炳恒. 导弹总体设计原理［M］. 西安：西北工业大学出版社，2004.

［3］ 路史光，李辉庭，等. 飞航导弹总体设计［M］. 北京：宇航出版社，1989.

［4］ 杨芸. 潜艇的鱼雷发射装置［J］. 现代军事，1995（5）.

［5］ 李克孚，乔汝椿. 国外潜艇鱼雷发射装置的发展［J］. 鱼雷技术，1998，6（3）.

［6］ 朱清浩，宋汝刚. 美国潜艇鱼雷发射装置使用方式初探［J］. 鱼雷技术，2012，20（3）.

［7］ 马溢清，李欣. 潜射导弹水下垂直发射方式综述［J］. 战术导弹技术，2010（3）.

第 4 章　导弹水下发射方式

导弹水下发射方式一般指发射装置艇上布置、发射离艇动力、导弹水下航行动力、发射离艇姿态、保护和承载结构、导弹水下控制等综合形成的发射方案。研究兼顾导弹空中飞行和水中航行的发射方式，是导弹水下发射技术研究的主要内容之一。

发射方式直接影响导弹空中飞行性能、动力方案、射程等导弹主要指标以及潜艇载弹量、连射能力、隐蔽性、成本等。因此，选择合适的水下发射方式是导弹武器系统方案与潜艇方案论证的重要内容之一。

在确定导弹水下发射采用何种发射方式时，不仅要考虑导弹的战术技术要求，而且还要考虑潜艇作战使用要求、潜艇战术技术性能、经济性等，进行多方面的综合权衡。

为了适应导弹空中飞行和潜艇性能要求，在技术水平和成本限制下，人们研究出了多种导弹水下发射方式。这里对已有的水下发射方式进行了归纳总结，应该说明的是在研制新型潜射导弹时不应该拘束于已有的水下发射方式，或陷入发射方式分类之争，应充分分析各种水下发射的优劣、对导弹性能的约束和影响、对潜艇平台的影响、技术成熟度限制和技术掌握程度，全面比较，抓住主要矛盾，选择最合适的方式。

4.1　发射方式分类

导弹水下发射包括三个阶段：离开潜艇、水中航行、出水转入空中飞行。水下发射导弹在不同的阶段，可以采取不同的技术途径和实现方式。

根据不同的分类原则，导弹水下发射方式可分为：

1）按照发射动力类型可分为自动力发射和外动力发射方式；

2）按照导弹的初始发射姿态可分为水平发射、垂直发射、倾斜发射等方式；

3）按照导弹是否与海水接触可分为干式发射和湿式发射方式；

4）按照水下运行方式可分为有动力发射和无动力发射方式；

5）按照水下运行时是否有控制情况可分为有控发射和无控发射方式。

上述分类方法的发射方式见图 4 - 1。

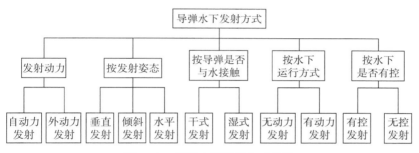

图 4 - 1　导弹水下发射方式分类

这些分类方式分别是按照某种原则进行分类，因此不同水下发射方式一般是上述分类的组合，如有动力有控干式水平发射等。

潜射弹道导弹大多数为垂直发射，这是因为弹道导弹在陆上发射时也是垂直发射，有利于缩短大气层内飞行距离，减少空气阻力作用。同理，潜射弹道导弹水下发射时采用垂直发射有利于导弹迅速出水，同时与空中弹道有机结合起来，快速穿过大气层。潜射弹道导弹常用的水下发射方式主要有三种：有动力有控湿式自动力垂直发射，如俄罗斯液体潜射弹道导弹；有动力有控湿式外动力垂直发射，如法国部分潜射弹道导弹；无动力无控湿式外动力垂直发射，如美国潜射弹道导弹。

潜射巡航导弹早期常采用水平发射，因为潜艇上布置有用于鱼雷发射的水平发射装置，导弹可以与鱼雷共用，利用现有的鱼雷发射装置，可以缩短研制周期，无须建造专用潜艇，提高了导弹适装性。带来的缺点是导弹与鱼雷共用发射管，齐射数量少。垂直发射/倾斜发射采用专用发射装置，可大幅度增加载弹量和齐射数量，逐步成为大国海军的选择。潜射巡航导弹常用的水下发射方式主要有无动力无控干式水平发射，如美国的捕鲸叉潜舰导弹；有动力有控干式水平发射，如法国的飞鱼潜舰导弹、俄罗斯的克拉布潜舰导弹；有动力有控湿式水平发射，如美国的战斧潜射巡航导弹；有动力有控湿式自动力倾斜发射，如俄罗斯的花岗岩潜舰导弹；有动力有控湿式自动力垂直发射，如美国的战斧潜射巡航导弹[1]。

为简便起见，本章仅对按发射动力、导弹是否与水接触、水下运行动力方式分别进行介绍。

4.2　自动力发射和外动力发射

4.2.1　自动力发射

使导弹离开发射装置的起飞推力称为发射动力。发射动力由筒弹提供时称自动力发射。采用发射筒内点火发射的方式，导弹一级发动机（助推器）或燃气发生器工作产生的燃气，使发射筒后部与导弹底部形成的压力腔内压力提高，导弹在推力和燃气压力的共同作用下发射出筒。由于有推力参与发射，因此可以降低对发射筒内发射压力的要求，有利于导弹筒内运动和离筒环境。与外动力发射相比，由于没有外动力源以及隔离降温装置等，自动力发射占用艇内空间小、可靠性高。但自动力发射时发射筒内会产生高温高压燃气，需解决燃气防护与排放、点火压力脉冲等问题。

自动力发射还可细分出多种实现方式：动力源在导弹上和发射筒内两种不同实现方式，动力源在弹上时一般是导弹一级动力，在发射筒内一般是燃气发生器，两者均是固体火药燃烧做功；燃气是否有排导通道也可分为两种不同实现方式，没有专用燃气排导通道时，发射内弹道、出筒参数等只能通过改变燃气产生过程参数来调节，工程实现难度较大，而有专用燃气排导通道，则需占用一定空间。

4.2.1.1　弹上助推器筒内直接点火无专用排导通道发射方式

俄罗斯早期弹道导弹采用的是发射筒内先注水后点火的自动力发射方式，注水时在燃料箱下底与尾段壳体所包络的空间形成一个钟形气腔，用以缓冲发射时产生的气体动力，降低发射时的载荷，一般称之为"静力钟"。采用自动力发射的导弹包括 Д‑4/Р‑21/（SS‑N‑5）、Д‑5/Р‑27/（SS‑N‑6）、Д‑9/Р‑29/（SS‑N‑8）等[1,2]，见图 4‑2。

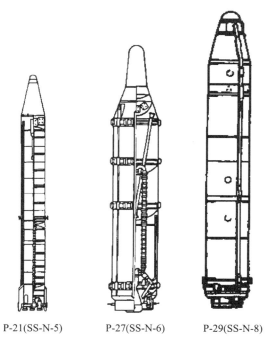

P‑21(SS‑N‑5)　　　P‑27(SS‑N‑6)　　　P‑29(SS‑N‑8)

图 4‑2　俄罗斯部分潜射弹道导弹

4.2.1.2　发射筒内燃气发生器无专用排导通道发射方式

战斧导弹潜艇垂直发射采用的是利用安装在发射筒底部的燃气发生器进行自动力发射的方式，见图 4 - 3。这种发射方式虽然未利用导弹主发动机（或助推器）的动力，但却利用了安装在发射筒内辅助动力装置进行发射。这种发射方式通过对辅助动力装置的设计可以较好地控制发射内弹道，降低导弹发动机的设计难度。

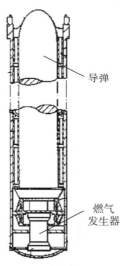

导弹

燃气
发生器

图 4 - 3　战斧导弹垂直发射装置原理图

战斧导弹的垂直发射系统装在洛杉矶级核潜艇上，该系统拥有 12 个垂直发射井[2]，分 4 列布置，见图 4 - 4[3]。战斧导弹是先装在发射筒内，然后连同发射筒一起装入发射井内。发射筒是由布伦瑞克防务公司研制的。该发射筒为圆柱形，用玻璃纤维和石墨混合物制造，长 6.172m，直径 597mm。发射筒侧面有侧向支持的缓冲器和密封环，上端有易碎头盖，下端装有燃气发生器，燃气发生器内装固体火药，燃烧产生高压燃气，燃气进入压力室，将导弹垂直向上推出潜艇。发射筒构成见图 4 - 5。

图 4 - 4　战斧导弹垂直发射系统在艇上布置

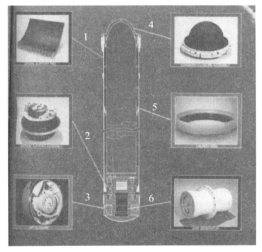

图 4 - 5　战斧潜射导弹发射筒构成

1—侧向支撑缓冲器　2—垂直固定装置；3—后盖；4—前盖；

5—发射密封件；6—燃气发生器

4.2.2　外动力发射

　　发射动力由筒弹以外动力源提供的发射称外动力发射，此时动力源在艇上，占用艇内空间。按照动力源外动力发射又可细分为鱼雷发射装置发射、压缩空气弹射、燃气-蒸汽式弹射。

4.2.2.1　鱼雷管发射

采用标准鱼雷管发射的导弹借用鱼雷发射装置的能量，以一定的速度（一般 10～20 m/s）弹射出管。发射装置包括气动不平衡、液压平衡式两类。

（1）气动不平衡发射方式

鱼雷发射管一般采用压缩高压空气，推动活塞压缩海水做功，将导弹推出发射管，原理如图 4-6。

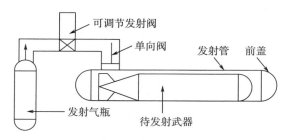

图 4-6　气动不平衡发射系统组成原理

（2）液压平衡式

液压平衡式发射装置利用水压平衡原理，发射时武器处于水深压力相平衡的系统中，消除了海水的静压的影响，发射能量不随发射水深的增加而增加，原理如图 4-7。

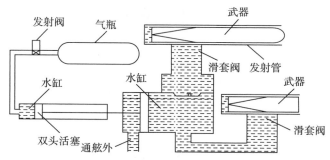

图 4-7　液压平衡发射系统组成原理

鱼雷管发射方式的优点是可利用现有的鱼雷管，研制周期短，经费少，适装性好，发射平台多，潜艇上的备用架可装多枚导弹，可提高潜艇作战持续能力。缺点是鱼雷管尺寸固定，限制了导弹的最大尺寸，从而影响导弹的射程；此外还存在鱼雷、导弹争管问题，在紧急情况下潜艇的自卫能力降低；一次发射的导弹数量少，齐射或连射能力低。典型型号包括法国的飞鱼潜舰导弹、美国的捕鲸叉潜舰导弹、水平发射型战斧导弹和俄罗斯的克拉布潜舰导弹。

4.2.2.2　压缩空气式弹射

压缩空气式弹射是以压缩空气作为动力源提供离艇动力的发射方式，由高压贮气罐和管道、阀门组成供气系统，发射时将相应的阀门打开，高压空气不断进入发射筒内的压力腔，靠空气压力推动导弹并使其加速弹出发射筒。压缩空气式弹射也称"冷发射"，发射原理简单，技术比较成熟，比较安全，且容易实现。早期的战略导弹外动力发射多采用此种动力源。如美国 20 世纪 60 年代装备的潜地导弹北极星 A - 1 和北极星 A - 2[1,2]。压缩空气式弹射需有一套体积较庞大的贮气供气系统，占用较大艇内空间，操作比较麻烦，如需连射则还需补充压缩空气的气源设备，既占空间又影响连射反应时间。目前这种发射方式已被逐步淘汰。

4.2.2.3　燃气-蒸汽式弹射

燃气-蒸汽式弹射是以燃气代替高压空气作为动力源提供离艇动力的发射方式，发射原理见图 4 - 8[4]。在潜艇内安装燃气发生器，内装适量固体火药，燃烧产生高温高压燃气，为避免高温高压燃气直接作用在导弹上，一般增加冷却器，在冷却器内将燃气与水混合，形成燃气与蒸汽的混合工质，进入发射筒底部，推动导弹弹射出筒。由于冷却剂汽化吸热冷却，混合工质的温度大大降低（一般几百摄氏度），改善了发射筒的工作环境，降低了对隔离器的要求[5]。每个燃气发生器只能发射一次，因此每个发射筒均需单独配置相应的燃气发生器、冷却器、管路、阀门等，占用较大的艇内空间，且每次发射后均需更换燃气发生器。典型型号有美国的三叉戟潜地弹道导弹。

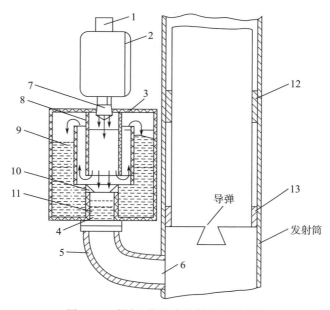

图 4-8　燃气-蒸汽式发射原理示意图

1—点火保险机构；2—燃气发生器；3—冷却器；4—喷水孔；5—输气管；
6—隔离薄膜；7——级喷管；8—导流管；9—分流管；10—二级喷管；
11—喷水管；12—适配器；13—气密环

以水作冷却剂的燃气-蒸汽式动力源，根据燃气和冷却水的混合形式又分为逐渐注水冷却式和一次集中注水冷却式两类。逐渐注水冷却式，燃气与水混合相对均匀一些，但结构较复杂。一次集中注水冷却式结构简单，效果亦较好，但燃气-蒸汽不如逐渐注水冷却式混合均匀[5]。

4.3　干式发射和湿式发射

　　干式发射是指导弹发射出潜艇和在水下运动过程中，一直在运载器中不与海水接触，导弹在运载器头部出水后，助推器点火与运载器分离，按照预定程序飞向目标。干式发射方式的典型代表是法国的飞鱼、美国的捕鲸叉、俄罗斯的克拉布潜舰导弹。采用干式发射的好处是可以获得较好的水动力外形，同时又可保证导弹在发射前和整个发射过程受到良好保护避免与水接触，这样导弹就可以不考虑水密问题，只需考虑良好的空中飞行特性，但需要解决运载器出水判断、弹器分离等技术难题，同时因运载器及弹器配合占据了一定的空间，使导弹的尺寸受到较多限制。

　　湿式发射是导弹在发射离开潜艇、水下运行过程中，都直接与海水接触，采用这种发射方式的典型代表是所有的潜射弹道导弹和美国战斧巡航导弹。湿式发射避免了运载器及弹器分离环节，可以使导弹充分利用潜艇发射装置严格限制的空间尺寸，也降低了成本；但是由于导弹主要在空中飞行，因而这种发射方式需要导弹弹体结构密封防水，既可承担水下发射过程载荷又满足空中飞行载荷要求，技术难度大，特别是空中飞行导弹进气道、弹翼、舵面等是水下密封难点。由于潜射弹道导弹都采用火箭发动机没有进气道，大多数没有弹翼甚至也没有任何翼面，因此潜射弹道导弹均是湿式发射。

4.4　有动力发射和无动力发射

　　有动力发射是指导弹（或含导弹的运载器）在发射离开潜艇后，导弹发动机水下点火，导弹水下运动和出水、转入空中飞行一直是由弹上动力推进。典型型号有法国的飞鱼潜舰导弹、M－4 和 M－51潜射弹道导弹，以及俄罗斯/苏联的大部分潜射弹道导弹、克拉布潜舰导弹和美国战斧潜射巡航导弹。这种方式的优点是：导弹在水下运行速度较高，水下姿态稳定；出水姿态稳定，抗海浪、流、涌等干扰的能力强，可以适应高海况发射，发射深度范围宽广，对艇速、艇姿态等约束较小。缺点是弹上动力既需要适应空中飞行，还需要兼顾水下点火和水中运动，设计复杂、技术难度大等。

无动力发射是指导弹（或含导弹的运载器）在离开发射艇后，依靠惯性和浮力运动至水面。典型型号为美国的捕鲸叉潜射型、三叉戟潜地弹道导弹。这种方式的优点是导弹（或导弹的运载器）技术难度小，无须攻克导弹水下点火难题，导弹动力无须兼顾水下和空中；缺点是出水速度低，抗海流、海浪等干扰能力低，稳定性差，发射深度浅。

4.5　导弹发射方式的研究

水下发射方式研究是一个多学科问题，首要问题是空中飞行导弹如何从水下潜艇发射出水并顺利转入空中飞行，涉及导弹总体、流体动力、控制、结构载荷、发射装置、潜艇等多个专业。

各国在发展导弹武器时都非常重视发射方式的研究[4]。如美国的战斧潜射巡航导弹，在研制初期，选择了对导弹设计约束最为严酷的鱼雷管水平发射方式作为基本型，并对多种水下发射方式进行了对比研究，在随后的发展过程中，又扩展到水下垂直发射、舰载垂直发射、车载倾斜发射等多种形式。

由于发射方式分类不同，可以发现发射方式的研究内容非常广泛，且实现方式也多种多样。

参 考 文 献

［1］ 魏毅寅．世界导弹大全（第三版）［M］．北京：军事科学出版社，2011．

［2］ 马溢清，李欣．潜射导弹水下垂直发射方式综述［J］．战术导弹技术，2010（3）．

［3］ 杨志宏，李志阔．巡航导弹水下发射技术综述［J］．飞航导弹，2013（6）．

［4］ 李咸海，王俊杰．潜地导弹发射动力系统［M］．哈尔滨：哈尔滨工程大学出版社，2000．

［5］ 谢建．导弹发射技术［M］．西安：西北工业大学出版社，2015．

第5章　水下发射水动力技术

5.1　导弹水下发射流体环境

5.1.1　鱼雷管水平发射流体环境

潜艇水下水平发射导弹一般都是利用潜艇原有的鱼雷管发射装置[1]。美国的第一代潜射战斧导弹、捕鲸叉导弹及法国的飞鱼导弹等，均采用水平发射方式。

为了适应标准鱼雷管发射，一般均需采用运载方式，即采用运载器（保护筒）解决导弹与鱼雷发射管之间的接口协调与匹配问题。

导弹在从鱼雷管发射出管过程中受潜艇的影响很大，此后又受海浪的影响，因此导弹在水中的运动特性复杂，这种运动规律又作为导弹在空中运动的起始条件，若不清楚导弹在水中的运动特性，会导致发射失败。

潜射导弹水下发射过程一般要经过发射管发射、水下航行和出水三个重要阶段，涉及许多水动力学问题。潜射巡航导弹在水下运动会受到各种干扰，主要有管内流场、潜艇运动带来的局部流场、发动机的尾喷流、海洋波浪和涌浪以及近水面的界面效应等。因此在出管、水中及出水运动过程中的水动力和水弹道十分复杂。

水平发射时出管过程主要受到潜艇的摇摆、鱼雷管的膛压、摩擦阻力以及支反力等干扰（见图5-1），因此整个出管过程的内弹道十分复杂。若忽略这部分干扰，导弹离管后的初始弹道与理论预报会有较大误差。出管后，受到海（洋）流和艇体扰流场对其运动的影响，艇体扰流特别是艇艏效应的作用显著。尤其在潜艇水下带速发射导弹的情况下，导弹离管后并不是在静水中运动，而是在潜艇摇摆和线性运动形成的非均匀三维扰动流场中运动，因此导弹会受到一个附加的扰动作用力，进而对导弹离管后的初始弹道及水下弹道、出水参数产生影响。

图 5 - 1　潜射导弹水平发射弹道轨迹示意图

　　对于采取有动力水下发射方式，潜射巡航导弹发射出管后，在助推器的燃气喷流作用下，在水下高速运动，这时导弹往往同时带有肩空泡和尾燃气喷流。由于导弹高速运动致使其局部表面压力降低至饱和蒸汽压，使液体急剧汽化而产生自然空泡，肩空泡的出现势必改变导弹表面的压力分布，从而改变导弹在运动过程中所受到的阻力、升力和力矩。而且空泡形态是时变的，经历初生、发展、脱落、下泻、溃灭等非定常过程，导致因空化作用引起的水动力也具有非线性、非定常性，会影响导弹运动，并带来冲击振动和空化噪声等负面影响。另外，导弹发动机水下点火与推进产生的高温、高速燃气喷射在高密度水介质中，将引起流态和压力场的变化，其热力学效应（含相变）以及水下喷流噪声，会对弹体产生影响；由于压力的传递，肩空泡与燃气泡之间是相互影响的，显然这时导弹受的水动力与全湿情况下的水动力有很大的区别。其附加质量也不再只是导弹外形的函数，同时也是空泡形态的时变函数。

导弹水下水平发射存在的特有问题是导弹需在水下从水平运动姿态调整到倾斜运动姿态，以冲出水面转入空中飞行，必须利用流体动力或推力矢量控制导弹在水中爬升。

有动力有控制水下发射技术远比无动力水下发射技术难度大、复杂。水下点火带来的冲击、振动及高噪声，使导弹的水下工作环境大大恶化，助推器水下点火的力学环境问题是有动力水下发射的关键技术问题。由于水的密度是空气的 800 倍，限制了燃气在喷管内的流动，影响超声速流的形成。水气界面处压力骤然升高，会形成点火冲击。发动机工作环境从水下到大气，会经历环境压力的剧烈变化，喷管的工作状态从过膨胀到欠膨胀变化，会影响发动机在水下的工作效率。另外水下控制必须掌握导弹水动力特性、各种干扰以及导弹动力学特性，才能控制导弹按预定水中弹道运动，如果对导弹流场特性未充分掌握，控制可能适得其反。

海水阻力较大，因而应尽量减少水中机动，也就是希望出水倾斜角小点，而为了尽快出水和提高抗海况能力又希望出水角大点，统筹考虑，一般水平发射导弹大部分出水角在 $30°\sim45°$。

水平发射导弹在水面附近高速航行以及倾斜穿越水面时，由于水面效应的显著作用和流体介质密度的突变，将引起导弹力学环境的急剧变化。空泡外形和相应的水动力载荷受到多种因素的影响，在航行过程中不断演化。其特点是在气水交界面附近空泡形态、附加质量和水动力的迅速变化，还有波浪与海流的作用，肩空泡的溃灭以及水体从弹体表面的下泻等因素都会对导弹产生相当大的扰动，往往引起剧烈的冲击和振动，从而影响导弹的出水载荷与运动姿态，甚至导致弹体结构的破坏和控制系统的失灵。导弹穿越水面的时间虽短，但它起着承上启下的作用，它决定着导弹空中飞行的初始姿态和稳定性。

影响导弹水中运动特性的主要因素如下：

1) 导弹本身的水动力特性，如水动外形、空化特性、发动机喷流等；

　　2）导弹运动及控制特性；

　　3）艇艏及鱼雷管口；

　　4）发射装置特性，如膛压、约束形式等；

　　5）潜艇运动规律，如艇速、艇纵横摇等；

　　6）海洋环境及气象条件，如海况、流速、流向、风速等。

5.1.2　水下垂直发射流体环境

　　潜射导弹采用垂直发射方式时，具有贮弹量大、导弹水中运动时间短、连射间隔短、可全方位发射等显著优点，可有效提高潜艇的综合作战能力，形成有效的威慑与打击力量。

　　潜射导弹在水下的垂直发射环境包括：导弹垂直发射离艇环境、水下运动环境、出水环境等[2]。

　　垂直发射的潜射导弹一般从潜艇上部发射离艇。潜艇航行时自由流场流过潜艇表面，干扰自由流场，在潜艇周围形成绕流流场，垂直发射的潜射导弹需穿过此绕流流场，流场将给其出筒过程带来影响；另一方面，水下发射过程中筒内高压气体排出筒口时，以及筒口助推器点火时，产生的高压波会向周围流场扩散，形成复杂的压力场。

　　潜射导弹垂直离开潜艇过程中，导弹已进入海水中的部分受到横向来流的作用，同时仍在艇内部分受到发射筒支反力作用，形成沿弹体长度方向分布的法向力和弯矩。该部分载荷直接作用在弹体上，由弹体承受，一般来说该部分载荷远大于空中飞行段导弹所需承受的法向剪力和弯矩[3]。

　　相对水平发射导弹，垂直发射导弹一般保持接近垂直弹道在水中运动和出水，因而水中运动时间相对短，水中运动和出水过程相对水平发射而言简单些，所经历的流场也相似，不再复述。

5.2　导弹水下发射出管/筒过程流场

5.2.1　导弹鱼雷管水平发射出管过程流场

复杂变化的波浪运动和海流、潜艇的航速和摇摆、艇艏外形等，众多的因素均对潜射出管流场弹道有不可忽视的影响。

流场计算分为两阶段：

1）管中段。导弹一直相对于发射管做轴向运动；

2）水中段。导弹解除约束之后，可做 6 个自由度的运动。

如图 5 - 2 （a），为了便于导弹受力计算及建立方程，计算过程使用惯性系和弹体系两个坐标系。

在惯性坐标系 $o^i x^i y^i z^i$ 中，定义艇艏顶点为坐标原点 o^i；各坐标轴 x^i、y^i、z^i 正方向分别为水平向右、垂直向上、自内向外。

在弹体坐标系 $o^b x^b y^b z^b$ 中，坐标原点 o^b 位于导弹质心；x^b 轴沿导弹纵轴，指向导弹尾部为正；y^b 轴在纵对称面内，当导弹处于水平姿态时，垂直向上为正；z^b 轴按右手法则确定。r^{ib} 为两坐标系原点之间的矢径。

导弹作为一个刚体有 6 个自由度，弹体系相对于惯性系的位置就由 6 个坐标来确定：弹体系坐标原点在惯性系中的 3 个坐标 x^0、y^0、z^0，以及弹体系与惯性系之间的 3 个 Euler 角 θ、ψ、φ，如图 5 - 2 （b）～（d）。其中 θ 为弹体绕 z 轴的转动角度，称为俯仰角。按右手法则当拇指指向 z 轴正方向时，逆时针方向角度为正；ψ 为弹体绕 y 轴的转动角度，称为偏航角。按右手法则当拇指指向 y 轴正方向时，逆时针方向角度为正；φ 为弹体绕纵轴的转动角度，称为滚转角。按右手法则当拇指指向 x 轴正方向时，逆时针方向角度为正。

从惯性系到弹体系之间的坐标变换矩阵为：

$$\boldsymbol{R} = \begin{bmatrix} \cos\theta\cos\psi & \cos\theta\sin\psi & -\sin\theta \\ \sin\varphi\sin\theta\cos\psi - \cos\varphi\sin\psi & \sin\varphi\sin\theta\sin\psi + \cos\varphi\cos\psi & \sin\varphi\cos\theta \\ \cos\varphi\sin\theta\cos\psi + \sin\varphi\sin\psi & \cos\varphi\sin\theta\sin\psi - \sin\varphi\cos\psi & \cos\varphi\cos\theta \end{bmatrix}$$

$$(5-1)$$

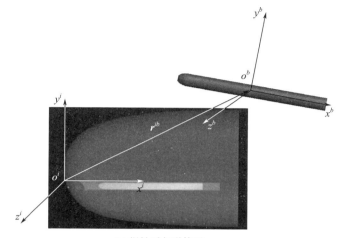

(a) 惯性系与弹体系

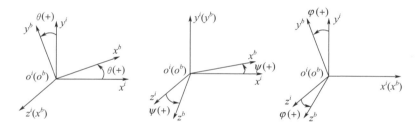

(b) 俯仰角 θ 定义 x–y 平面　　(c) 偏航角 ψ 定义示 x–z 平面　　(d) 滚转角 φ 定义 y–z 平面

图 5 - 2　坐标系及 Euler 角定义

反之，从弹体系到惯性系之间的坐标变换矩阵为上述矩阵的逆。

5.2.1.1　管中段运动方程组

管中段动力学方程为轴向动量方程：

$$m \frac{\partial \boldsymbol{v}_x}{\partial t} = F_x + \boldsymbol{F}_{xe}^* + \boldsymbol{F}_{xk}^* \qquad (5-2)$$

其中，m 为导弹质量；$\boldsymbol{F}_x$ 为导弹所受轴向合力；$\boldsymbol{v}_x$ 为轴向速度；$\boldsymbol{F}_{xe}^*$ 为相对参考系潜艇的运动所产生的牵连惯性力 x 方向分量，$\boldsymbol{F}_{xk}^*$ 为科氏惯性力 x 方向分量，表达式如下：

$$F_e^* = -m[a_s + \boldsymbol{\varepsilon}_s \times \boldsymbol{r}_s + \boldsymbol{\omega}_s \times (\boldsymbol{\omega}_s \times \boldsymbol{r}_s)]$$

$$F_k^* = -2m(\boldsymbol{\omega}_s \times \boldsymbol{v}_s)$$

以上为牵连惯性力与科氏惯性力的计算公式，其中 a_s，v_s，r_s，$\boldsymbol{\omega}_s$，$\boldsymbol{\varepsilon}_s$ 为导弹相对于潜艇（发射管）的加速度、速度、位移、角速度、角加速度。由科氏惯性力的表达式可以知道其在弹轴方向分量为 0（见图 5 - 3）。

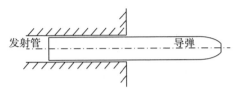

图 5 - 3　管中段弹道示意图

5.2.1.2　水中段运动方程组

水中段控制方程为动量方程及动量矩方程，如下：

$$\frac{\partial \boldsymbol{G}}{\partial t} + \boldsymbol{\omega} \times \boldsymbol{G} = \boldsymbol{F} \tag{5 - 3}$$

$$\frac{\partial \boldsymbol{H}}{\partial t} + \boldsymbol{\omega} \times \boldsymbol{H} + \boldsymbol{V} \times \boldsymbol{G} = \boldsymbol{M} \tag{5 - 4}$$

式中，$\boldsymbol{G}$ 为弹体和周围流体的总动量，$\boldsymbol{H}$ 为相对于弹体系原点 o 的总动量矩，$\boldsymbol{\omega} = (\omega_x, \omega_y, \omega_z)$ 是弹体的角速度，$\boldsymbol{V} = (v_x, v_y, v_z)$ 是弹体的平移速度，$\boldsymbol{F}$ 和 $\boldsymbol{M}$ 分别是弹体所受的外力和外力矩。而 $\boldsymbol{G}$ 和 $\boldsymbol{H}$ 可以用系统的惯性张量和速度矢量的点积表示出来，即

$$\begin{Bmatrix} \boldsymbol{G} \\ \boldsymbol{H} \end{Bmatrix} = \boldsymbol{M} \cdot \boldsymbol{U} \tag{5 - 5}$$

这里 $\boldsymbol{U} = (v_x, v_y, v_z, \omega_x, \omega_y, \omega_z)^{\mathrm{T}}$ 是六维速度矢量的转置列矢量；$\boldsymbol{M} = [M_{ij}]_{6\times6}$ 是弹体惯性系数矩阵，其表达式为：

$$[M_{ij}] = \begin{bmatrix} m & 0 & 0 & 0 & mz_c & -my_c \\ 0 & m & 0 & -mz_c & 0 & mx_c \\ 0 & 0 & m & my_c & -mx_c & 0 \\ 0 & -mz_c & my_c & J_{11} & J_{12} & J_{13} \\ mz_c & 0 & -mx_c & J_{21} & J_{22} & J_{23} \\ -my_c & mx_c & 0 & J_{31} & J_{32} & J_{33} \end{bmatrix}$$

$$(5-6)$$

其中 $J_{ij}(i, j = 1, 2, 3)$ 是弹体转动惯量，(x_c, y_c, z_c) 是质心坐标。

由式（5-5）与式（5-6），当 x_c，y_c，z_c 为零时，可以得到 $\boldsymbol{G}$ 和 $\boldsymbol{H}$ 的分量表达式：

$$\begin{cases} G_x = mv_x \\ G_y = mv_y \\ G_z = mv_z \\ H_x = J_{11}\omega_x \\ H_y = J_{22}\omega_y \\ H_z = J_{33}\omega_z \end{cases}$$

由式（5-3）与式（5-4），得到如下分量形式的运动微分方程组：

$$\begin{cases} F_x = \dfrac{\partial G_x}{\partial t} + (\omega_y G_z - \omega_z G_y) \\[2mm] F_y = \dfrac{\partial G_y}{\partial t} + (\omega_z G_x - \omega_x G_z) \\[2mm] F_z = \dfrac{\partial G_z}{\partial t} + (\omega_x G_y - \omega_y G_x) \\[2mm] M_x = \dfrac{\partial H_x}{\partial t} + (\omega_y H_z - \omega_z H_y) + (v_y G_z - v_z G_y) \\[2mm] M_y = \dfrac{\partial H_y}{\partial t} + (\omega_z H_x - \omega_x H_z) + (v_z G_x - v_x G_z) \\[2mm] M_z = \dfrac{\partial H_z}{\partial t} + (\omega_x H_y - \omega_y H_x) + (v_x G_y - v_y G_x) \end{cases}$$

以上方程组可整理成如下矩阵形式：

$$\boldsymbol{K} \cdot \begin{bmatrix} \dot{v}_x \\ \dot{v}_y \\ \dot{v}_z \\ \dot{\omega}_x \\ \dot{\omega}_y \\ \dot{\omega}_z \end{bmatrix} = \boldsymbol{B} \tag{5-7}$$

其中

$$\boldsymbol{K} = \begin{bmatrix} m & 0 & 0 & 0 & 0 & 0 \\ 0 & m & 0 & 0 & 0 & 0 \\ 0 & 0 & m & 0 & 0 & 0 \\ 0 & 0 & 0 & J_{11} & 0 & 0 \\ 0 & 0 & 0 & 0 & J_{22} & 0 \\ 0 & 0 & 0 & 0 & 0 & J_{33} \end{bmatrix},$$

$$\boldsymbol{B} = \begin{bmatrix} F_x - (\omega_y G_z - \omega_z G_y) \\ F_y - (\omega_z G_x - \omega_x G_z) \\ F_z - (\omega_x G_y - \omega_y G_x) \\ M_x - (\omega_y H_z - \omega_z H_y) - (v_y G_z - v_z G_y) \\ M_y - (\omega_z H_x - \omega_x H_z) - (v_z G_x - v_x G_z) \\ M_z - (\omega_x H_y - \omega_y H_x) - (v_x G_y - v_y G_x) \end{bmatrix}$$

　　将计算得到的外力、外力矩代入式（5-7），对此微分方程组数值求解，得到随时间变化的加速度和角加速度。

　　潜艇发射导弹时，由于潜艇运动形成的艇体绕流场势必对处于其中的导弹作用一个附加的流体动力（相对于静水发射），并最终影响导弹的水下弹道及出水参数。由于问题十分复杂，研究难度相当大。随着计算流体力学（CFD）技术的发展，数值模拟方法近几年大量应用到计算导弹出管过程干扰流场。基于 Reynolds 平均 Navier - Stokes 方程，采用有限体积法和适当的格式离散积分微分型控制方程，选择

SIMPLE 算法实现压力-速度耦合。通过对商业软件的二次开发，利用动网格技术模拟导弹出管非定常流场和水弹道耦合计算。

图 5-4 和图 5-5 为计算域与边界条件类型及发射管底面。边界条件定义如下：入口和外边界为速度边界条件；出口为压力边界条件；发射管底面设压力入口边界条件；艇艏和发射管边壁设无滑移壁面边界条件。

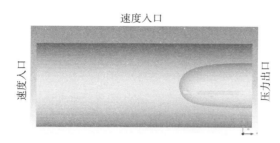

图 5-4　计算域与边界条件

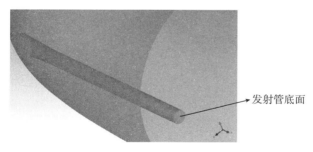

图 5-5　发射管底面

5.2.2　导弹水下垂直发射出筒过程流场

导弹水下垂直发射出筒是一个复杂多相瞬态过程。出筒过程中筒口会形成复杂气水多相掺混，采用外动力发射导弹时的高压气液混合体继续作用在弹体尾部，作用随着导弹离开逐渐减弱；而采用自动力发射的导弹其弹体尾部发动机产生的高温、高压气体进入发射筒后，会形成存在复杂波系的高温射流流场及剧烈的能量交换现象。针对这一复杂流动，需要建立潜射导弹垂直出筒过程气液多相流场的数值模拟方法，实现潜射导弹出筒过程气液多相流场的数值模拟。下面以比较复杂的自动力发射导弹为对象描述导弹垂直发射出筒流场。

5.2.2.1　导弹出筒流场数值模拟方法

导弹出筒流场数学模型基于均质平衡流的均相模型，通过求解混合介质的 RANS 方程和湍流模式，实现导弹水下发射过程的多相瞬态流场的数值模拟。

（1）数学模型

①控制方程

连续性方程：

$$\frac{\partial}{\partial t}(\rho_m) + \nabla \cdot (\rho_m \boldsymbol{v}_m) = 0 \qquad (5-8)$$

$$\boldsymbol{v} = \frac{\sum_{k=1}^{n} \alpha_k \rho_k \boldsymbol{v}_k}{\rho_m} \qquad (5-9)$$

$$\rho_m = \sum_{k=1}^{n} \alpha_k \rho_k \qquad (5-10)$$

式中　v_m——质量平均速度；

ρ_m——混合密度；

α_k——第 k 相的体积分数，且满足 $\sum_{k=1}^{n} \alpha_k = 1$。

动量方程：

$$\frac{\partial}{\partial t}(\rho_m \boldsymbol{v}_m) + \nabla \cdot (\rho_m \boldsymbol{v}_m \boldsymbol{v}_m) = -\nabla p + \nabla \cdot [\mu_m (\nabla \boldsymbol{v}_m + \nabla \boldsymbol{v}_m^{\mathrm{T}})] + \rho_{mg} + \boldsymbol{F} \qquad (5-11)$$

$$\mu_m = \sum_{k=1}^{n} \alpha_k \mu_k \qquad (5-12)$$

式中　n——相数；

$\boldsymbol{F}$——体积力；

μ_m——混合黏性。

能量方程：

混合模型的能量方程采用如下形式：

$$\frac{\partial}{\partial t}\sum_{k=1}^{n}(\alpha_k\rho_k E_k) + \nabla\cdot\sum_{k=1}^{n}[\alpha_k \boldsymbol{v}_k(\rho_k E_k + p)] = \nabla\cdot(k_{\text{eff}}\nabla T) + S_E$$

$$(5-13)$$

式中，k_{eff} 为有效热传导率 $\left[\sum\alpha_k(k_k + K_t)\right]$，$k_t$ 为湍流热传导率，由使用的湍流模型定义。方程（5-13）右边的第一项代表了由于传导造成的能量转移。S_E 包含了所有的体积热源。

在方程（5-13）中，

$$E_k = h_k - \frac{p}{\rho_k} + \frac{v_k^2}{2}$$

$$(5-14)$$

上式是对于可压缩相而言的，对于不可压缩相来说，$E_k = h_k$，这里 h_k 是第 k 相的焓。

状态方程：

由于两相流模型中只能有一项为可压缩相，取气体为可压缩相，水为不可压缩相。考虑气体的可压缩性，其状态方程为：

$$p = \rho_g RT$$

$$(5-15)$$

水为不可压缩流体，其状态方程为：

$$\rho_w = \text{const}$$

$$(5-16)$$

声速定义为 $a = \sqrt{\dfrac{\gamma p}{\rho_g}}$ ，其中 γ 为比热比，ρ_g 为气体相密度，可由式（5-15）计算得出马赫数 $Ma = \dfrac{V}{a}$ 。

体积分数的输运方程：

$$\frac{\partial\alpha_g\rho_g}{\partial t} + \nabla\cdot(\alpha_g\rho_g\boldsymbol{v}_m) = 0$$

$$(5-17)$$

②湍流模型

湍流动能方程（k 方程）：

$$\frac{\partial}{\partial t}(\rho k) + \frac{\partial}{\partial x_i}(\rho k u_i) = \frac{\partial}{\partial x_j}\left[\left(\mu + \frac{\mu_t}{\sigma_k}\right)\frac{\partial k}{\partial x_j}\right] + G_k + G_b - \rho\varepsilon - Y_M + S_k$$

$$(5-18)$$

湍流能量耗散率方程（ε 方程）：

$$\frac{\partial}{\partial t}(\rho \varepsilon) + \frac{\partial}{\partial x_i}(\rho \varepsilon u_i) = \frac{\partial}{\partial x_j}\left[\left(\mu + \frac{\mu_t}{\sigma_\varepsilon}\right)\frac{\partial \varepsilon}{\partial x_j}\right] + C_{1\varepsilon}\frac{\varepsilon}{k}(G_k + C_{3\varepsilon}G_b) - $$

$$C_{2\varepsilon}\rho\frac{\varepsilon^2}{k} + S_\varepsilon$$

$$(5-19)$$

式中，$G_k = -\rho \overline{u'_i u'_j}\dfrac{\partial u_j}{\partial x_i}$ 表示由于时均速度梯度产生的湍流动能，

$G_b = \beta g_i \dfrac{\mu_t}{\mathrm{Pr}_t}\dfrac{\partial T}{\partial x_i}$ 表示由于浮力产生的湍流动能，$Y_M = 2\rho\varepsilon\sqrt{\dfrac{k}{a^2}}$ 体现

了可压缩湍流总耗散率膨胀波，其中 a 为声速，$C_{1\varepsilon}$、$C_{2\varepsilon}$、$C_{3\varepsilon}$ 是常数，σ_k、σ_ε 分别为 k 和 ε 的 Prandtl 数，S_k 和 S_ε 是源项。

湍流黏度由下式定义：

$$\mu_t = \rho C_\mu \frac{k^2}{\varepsilon}$$

其中 C_μ 是常数。

表 5 - 1　经验常数取值

C_μ	$C_{\varepsilon 1}$	$C_{\varepsilon 2}$	σ_k	σ_ε
0.09	1.44	1.92	1.0	1.3

③边界条件

潜射导弹水下垂直发射过程的瞬态流场的求解，需要指定适当的边界条件和初始条件。如图 5 - 6 所示为导弹水下垂直发射模型的计算域，给出了边界条件的一般提法。

1）弹体表面、发射筒壁面和艇壁为物面边界条件：

$$\begin{cases}\boldsymbol{u}_w = 0 \\[4pt] \boldsymbol{u}_w = \boldsymbol{u}(t) \\[4pt] T_f = T_w, \ -k\left(\dfrac{\partial T}{\partial n}\right)_f = q_w \\[4pt] T_f = T_m, \ -k\left(\dfrac{\partial T}{\partial n}\right)_f = q_m\end{cases} \qquad (5-20)$$

式中　q_w——单位壁面积的导热量；

$\left(\dfrac{\partial T}{\partial n}\right)_f$——沿壁面外法线方向流体的温度梯度。

下标 f，w 和 m 分别代表流体、发射筒壁面和导弹表面对应物理量。

2）喷管入口边界条件：

$$
\begin{cases}
p_m = p(t) \\
T_{in} = T(t) \\
\alpha_{air} = 1
\end{cases}
\tag{5-21}
$$

式中，喷管入口 $p(t)$，$T(t)$ 由燃烧室条件给定，这里取气体为主相，水为副相，因此入口处的体积分数为 1。

3）外部水流场出口边界条件：

$$
p_{out} = 101\ 325 + \rho g h
\tag{5-22}
$$

式中　ρ——水流场密度；

　　　h——当地水深。

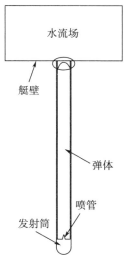

图 5-6　潜射导弹弹垂直水下发射计算域

（2）数值方法

根据上述数学模型，采用有限体积法对控制方程进行离散，并运用 SIMPLE 算法对导弹水下发射这一复杂的非定常物理过程进行求解。由于发射过程中的导弹相对发射筒的运动，导致流场计算域内边界位置及计算域不断随时间变化，因此在进行数值计算时需要运用动网格技术。

①有限体积法

有限体积法简称 FVM，是在物理空间中选定的控制体积上把积分型守恒定律直接离散的一类数值方法。离散一方面是指把计算区域剖分成网格（或单元），另一方面是指把积分守恒律离散成线性或非线性代数方程组。有限体积法自动满足离散守恒律，更重要的是它可方便地利用各种类型的网格（结构网格和非结构网格），从而适用于复杂几何形状的求解区域，它还可以吸收有限元中对函数分片近似的思想，以及有限差分方法的一些思想，如近似 Riemann 解算器、ENO 等来发展高精度、高分辨有限体积方法，它综合了有限元法和有限差分方法的优点，可看作是有限元法和有限差分方法之外的第三类方法。

对于有限体积法来说，网格划分上保留了有限元法的优点，可任意划分网格而无须进行从物理域到计算域的变换，从守恒积分方程出发构造差分格式，可保持每一时间步的格式守恒性，能比较精确地计算激波。有限体积法利用单元面的通量变化来表述单元中心量的变化，在边界处理和进行高分辨率格式时显得简便明了。有限体积方法从 20 世纪 50 年代末就开始发展，目前已成为数值模拟复杂、高速流动的重要方法。

有限体积法控制方程是流体运动方程（连续方程、动量方程、能量方程）。控制体积守恒形式的体积分方程

$$\int_V \frac{\partial(\rho\phi)}{\partial t} \cdot \mathrm{d}V + \int_A \rho\boldsymbol{U}\phi \cdot \mathrm{d}\boldsymbol{A} = \int_V S_V \cdot \mathrm{d}V + \int_A S_A \cdot \mathrm{d}\boldsymbol{A}$$

$$(5-23)$$

其中 ϕ 是代表一个通用变量，对于不同的性质积分方程采用不同的参数。当方程是质量守恒方程的时候，$\phi = 1$；当方程是动量守恒方程时候，$\phi = V$；$\int_V \dfrac{\partial(\rho\phi)}{\partial t} \cdot \mathrm{d}V$ 为局部变化；$\int_A \rho U\phi \cdot \mathrm{d}A$ 为流通量；$\int_V S_V \cdot \mathrm{d}V$ 为体积源项；$\int_A S_A \cdot \mathrm{d}A$ 为面积源项。

　　由于上述方程组中缺少压力的独立方程，而动量方程求解过程中恰恰出现了压力的梯度。对可压缩流我们可以通过求解连续方程获得密度，再根据状态方程获得压力，但对于不可压缩方程或低马赫数流，连续方程不提供新的变量（除速度），需要修正压力场来保证连续方程的满足。

　　②压力-速度耦合

　　SIMPLE 算法是求解压力耦合方程的半隐方法。SIMPLE 类压力修正算法是不可压缩黏性流体 N-S 方程数值求解中应用极为广泛且有效的算法，后来也被成功地应用于可压缩流体的数值计算。它对速度压力耦合方程采用分裂式顺序求解，通过连续性方程构造出压力修正方程，从而实现对速度压力场不断修正，最终达到满足收敛精度要求的流场计算结果。SIMPLE 算法可分解为三个过程：

　　1）假定速度与压力场分布，对动量离散方程迭代求解；

　　2）求解压力修正方程，获得各点的压力修正值；并对相应的速度与压力进行校正；

　　3）把校正后的速度与压力代入动量方程开始新一轮的迭代，直至满足收敛近似精度。

　　压力梯度项采用标准格式离散；动量方程的差分格式选用一阶逆风格式；湍流输运方程的差分格式选用一阶逆风格式；时间项离散采用一阶隐格式。离散化后的代数方程系统的求解采用基于分离算法的 Gauss-Seidel 线性方程求解器，并结合"代数"多重网格法加速收敛。

　　③动网格方法

　　数值上处理移动边界问题的方法，按网格特点总体分为两大类：

固定网格法和移动网格法。移动网格法的特点是网格系统随边界的移动而运动，它根据当前时刻的边界位置和速度以及时间增量，确定下一时刻的边界位置，再在邻近移动边界的局部区域对网格进行调整，甚至重新划分网格，以消除畸变的单元[4]。

动态网格模型可以用来模拟由于计算域边界的运动使得计算域的形状发生改变的流动问题。这个边界的运动可以是已经给定的运动（例如指定一个刚体质心的和时间有关的速度和角速度），也可以是没有预先给定的运动。运动的形式由当前的解给定（例如速度和角速度由作用在刚体上面的力给出）。

1）动网格守恒方程。存在移动边界的任意控制体上的某一标量的守恒方程的积分形式可以写作：

$$\frac{\mathrm{d}}{\mathrm{d}t}\int_V \rho\phi\,\mathrm{d}V + \int_{\partial V}\rho\phi(\boldsymbol{u}-\boldsymbol{u}_g)\cdot\mathrm{d}\boldsymbol{A} = \int_{\partial V}\Gamma\,\nabla\phi\cdot\mathrm{d}\boldsymbol{A} + \int_V S_\phi\,\mathrm{d}V$$

$$(5-24)$$

式中　ρ ——流体密度；

　　　$\boldsymbol{u}$ ——流体速度矢量；

　　　$\boldsymbol{u}_g$ ——移动网格的网格速度；

　　　Γ ——扩散系数；

　　　S_ϕ ——标量 ϕ 的源项；

　　　∂V ——控制体积 V 的边界。

方程（5-24）的时间微分项可以写成一阶向后差分形式。

$$\frac{\mathrm{d}}{\mathrm{d}t}\int_V \rho\phi\,\mathrm{d}V = \frac{(\rho\phi V)^{n+1} - (\rho\phi V)^n}{\Delta t}$$

$$(5-25)$$

n 和 $n+1$ 代表第 n 和第 $n+1$ 时间步上的数值。$n+1$ 时间步上的体积 V^{n+1} 由 $V^{n+1} = V^n + \dfrac{\mathrm{d}V}{\mathrm{d}t}\Delta t$ 计算出。$\mathrm{d}V/\mathrm{d}t$ 是控制体的体时间导数。

为了满足网格守恒定律，控制体体积的时间导数由下式计算：

$$\frac{\mathrm{d}V}{\mathrm{d}t} = \int_{\partial V}\boldsymbol{u}_g\cdot\mathrm{d}\boldsymbol{A} = \sum_j^{n_f}\boldsymbol{u}_{g,j}\cdot\boldsymbol{A}_j$$

$$(5-26)$$

式中，n_f 是控制体上的面的数量，A_j 是 j 面矢量。在每一个控制体面上的点乘 $u_{g,j} \cdot A_j$ 是从 $u_{g,j} \cdot A_j = \dfrac{\delta V_j}{\Delta t}$ 得出。δV_j 是控制体面 j 在时间步 Δt 中扫过的体积。

2）动网格更新方法。动网格一般有三种运动方法，包括弹簧平滑方法、动态层方法和网格重构方法。综合考虑导弹出筒、出水过程中，弹体与发射筒之间的流场区域以及外部区域的变化情况，水下发射的流场模拟适用于动态层方法来更新计算域网格，下面作详细介绍。

在所有和移动区域相邻的网格都是柱形（二维是四边形）时可以使用动态层方法，其根据移动表面附近的层的高度来添加或者移除和移动边界相邻的网格层。动态层方法要指定在每一个移动边界附近的理想层高度，如图 5-7。根据网格层 j 的高度，相邻于移动边界的网格层 j 被分割或者和附近的网格层 i 合并。如果 j 层上的网格扩张了，网格高度可以扩展到：

$$h_{\min} > (1 + \alpha_s) h_{ideal} \qquad (5-27)$$

$h_{\min}$ 是 j 层网格的最小高度，h_{ideal} 是理想网格高度，α_s 是层分裂因子。当达到上述条件后，网格将根据指定的固定高度或者固定比率进行分割。当指定固定高度时，网格层会分裂成两层，一层是固定高度 h_{ideal}，另一层是 $h - h_{ideal}$。当指定固定比率时，新生成的网格高度比率为 α_s。当 j 层上的网格被压缩时，压缩将进行到：

$$h_{\min} < \alpha_c h_{ideal} \qquad (5-28)$$

α_c 是层溃灭因子，当达到上面的条件时，被压缩的层就会和它上面的一层合并（例如 j 层和 i 层合并）。

3）动网格方法的选取。在导弹出筒过程中，受到喷管及流场推力导弹不断上升，弹体与发射筒之间的流场区域和外部区域都发生着变化，考虑到整个物理空间的求解区域及网格都在随时间而变化，一般采用移动网格法来处理这一网格系统随计算域内边界（弹体）不断运动的问题，并选用动态层方法来实时更新计算域体网格[4]。

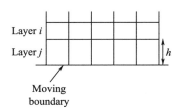

图 5 - 7　动态层方法示意图

④动力学模型

基于牛顿第二定律计算导弹的运动，采用如下离散形式：

$$v_i = v_{i-1} + \frac{F_{i-1}}{m} \cdot \Delta t \qquad (5-29)$$

其中下标表示时间步，Δt 代表时间步长，v_i 代表第 i 时间步的速度。F_{i-1} 为 $i-1$ 时间步导弹受到的合力。

$$F = F_G + F_N + F_P + F_V \qquad (5-30)$$

其中，F_G 为导弹重力，F_N 为喷管推力，F_P 为导弹受到的压差阻力，F_v 为导弹表面的黏性阻力，后两项合称总阻力，通过瞬变流场计算得到。

5.2.2.2　导弹出筒流场特性

导弹在出筒的过程中，牵涉到多学科的物理力学问题，其中包括：高温高压的燃气在发射筒中及水中的运动，筒口薄膜破裂瞬间的气体及海水运动，导弹穿过发射气与海水界面的过程，导弹与燃气在水中的相互干扰等。这些现象都对导弹出筒过程有重要的影响。

（1）发射筒口气团的形成

当发射筒中的导弹在高温高压燃气和发动机推力共同作用下上升时，发射筒内上部的空气因受到上升弹体的挤压而压力增高，并使筒口薄膜外突至破裂。由于在薄膜破裂时膜内的气体与膜外的海水间存在着明显的压差，所以薄膜的破裂会引发一个压力波，这个压力波传向筒外海水的是一个压缩脉冲，它的出现是筒口薄膜破裂的标志。

筒口薄膜破裂之后，筒口气团向筒外扩张体积，其压力则迅速下降到接近周围的海水。随着弹射的出筒运动，筒口气团的体积由于不断受到出筒弹体的推动及筒内气体的补充而越来越大，并随着导弹的出筒而在竖直方向上逐渐拉长。

筒口气团形成后，导弹出筒后入水需经历两个过程：一是导弹从发射筒内进入筒口气团，二是导弹穿过筒口气团的顶部进入水中。导弹出筒后入水的流动现象，主要发生在弹体从筒口气团顶部穿过气水界面的过程中。

筒口气团形成后不久，弹尖就到达气团的顶部开始了导弹的入水过程，这时由于导弹的速度较低，所以不会出现一般高速入水过程的击水现象。此后，随着弹身入水速度的提高及弹身入水部分直径的增大，筒口气团受到的扰动也迅速增大。这使得那里的气水交界面变化迅速，气体和水的运动复杂，出现旋涡、喷溅、撞击、气泡等复杂流态，在弹体、海水、气体之间产生强烈的相互作用。尤其是由于气体与海水间密度悬殊，因而不同介质的扰动动压也相差很大。图 5-8 是筒口气团形成及弹体穿过气团的过程。

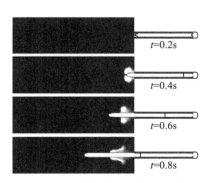

图 5-8　筒口气团形成及弹体穿过气团过程

（2）筒口效应特性

导弹在发射筒内运动到底部出筒时，推动导弹上升的高温高压气体开始冲出筒进入筒口气团。伴随着这一过程的流动现象十分复杂，通常称为"筒口效应"。

弹体脱离发射筒后所受推力会产生小幅波动，这一现象是由弹体出筒后尾部燃气的筒口效应引起的。图 5-9 为弹体出筒后某时刻筒口附近的密度、压强和马赫数分布变化图。当弹底出筒后，燃气泡膨胀泡内压力减小，当泡内压力小于环境压力时，燃气泡开始收缩。由于激波前压力较小，因此燃气泡前区开始产生收缩，泡内压力上升激波小幅回推。

图 5-9 某时刻筒口压力场分布

（3）出筒弹道特性

针对水下垂直发射导弹出筒过程的数值模拟，我们主要关心的结果是导弹的出筒速度、出筒加速度，以及导弹表面的压力随出筒时间的变化规律等。图 5-10 给出了出筒过程导弹速度与加速度的模拟结果。

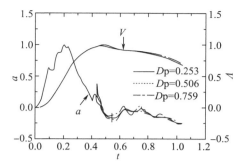

图 5 - 10　导弹出筒过程的速度与加速度仿真曲线

a —出筒过程中的特征加速度；V —出筒过程中的特征速度；

t —出筒过程中的特征时间；Dp —筒口内外压差

5.3　导弹水下航行过程流体动力

5.3.1　概述

　　导弹发射出筒后转入水下航行，水下航行过程流体动力是指从导弹尾部完全离开发射筒直至导弹头部出水之前的水动力特性。水介质的物理属性使得导弹的水动力与空气动力存在较大差别：导弹水下航行一般较慢，水被视为不可压缩流体；水介质密度使得导弹作非定常运动时存在与其自身质量相当的附加质量；导弹局部表面的空化也将对水动力特性产生影响等。导弹水下航行过程流体动力模型也是研究导弹水下航行品质及航行控制与弹道设计的前提。本节将重点对导弹水下航行过程中水动力进行分解归类，给出各种水动力理论模型、理论与实验预测方法，并对导弹表面局部空化的影响进行讨论。

5.3.2　理想流体作用力

5.3.2.1　基本假设

　　1）导弹为刚体；

2）流体是无黏的，不可压的；

3）流体是无限的，在导弹运动之前是静止的。

根据基本假设，因导弹运动而形成的流场是无旋的势流流场，流场的外边界在无穷远处，内边界为导弹的沾湿表面，并且该沾湿表面不随时间而变化，作用在导弹上的流体动力是理想流体的作用力。

5.3.2.2　流体的动量与动量矩

设流场的速度势函数为 φ ，则流场中任意一点处流体质点的速度 $\boldsymbol{v}_f$ 为：

$$\boldsymbol{v}_f = \nabla \varphi \qquad (5-31)$$

流体的动量 $\boldsymbol{Q}_f$ 与动量矩 $\boldsymbol{K}_f$ 可表示为：

$$\boldsymbol{Q}_f = \int_{\tau} \rho \boldsymbol{v}_f d\tau = \int_{\tau} \rho \nabla \varphi d\tau \qquad (5-32)$$

$$\boldsymbol{K}_f = \int_{\tau} \rho \boldsymbol{r} \times \boldsymbol{v}_f d\tau = \int_{\tau} \rho \boldsymbol{r} \times \nabla \varphi d\tau \qquad (5-33)$$

式中　ρ ——流体的密度，kg/m^3 ；

　　　τ ——流体所占据的空间，也表示流体的体积，m^3 ；

　　　$\boldsymbol{r}$ ——流场中任一点处的矢径。

利用格林公式，式（5-32）及式（5-33）的体积分可转化为面积分，即

$$\boldsymbol{Q}_f = -\int_{\Omega} \rho \varphi \boldsymbol{n} d\Omega \qquad (5-34)$$

$$\boldsymbol{K}_f = -\int_{\tau} \rho (\boldsymbol{r} \times \boldsymbol{n}) \varphi d\Omega \qquad (5-35)$$

式中　$\boldsymbol{n}$ ——导弹沾湿表面 Ω 上的单位外法向矢量。

理想流体的物面边界条件可表示为：

$$\frac{\partial \varphi}{\partial n}\bigg|_{\Omega} = \boldsymbol{v} \cdot \boldsymbol{n} = (\boldsymbol{v}_o + \boldsymbol{\omega} \times \boldsymbol{r}) \cdot \boldsymbol{n} = v_{ox}n_x + v_{oy}n_y + v_{oz}n_z +$$
$$(z\omega_y - y\omega_z)n_x + (x\omega_z - z\omega_y)n_y + (y\omega_x - x\omega_y)n_z$$
$$(5-36)$$

式中　v_{ox} ，v_{oy} ，v_{oz} ——导弹体坐标系原点处的速度在体坐标系中

的三个分量；

n_x , n_y , n_z ——n 在体坐标系中的三个分量。

根据势流叠加原理及克希霍夫方法，速度势函数可以表示为

$$\varphi(x,y,z,t) = \upsilon_{ox}(t)\varphi_1(x,y,z) + \upsilon_{oy}(t)\varphi_2(x,y,z) + \upsilon_{oz}(t)\varphi_3(x,y,z) +$$
$$\omega_x(t)\varphi_4(x,y,z) + \omega_y(t)\varphi_5(x,y,z) + \omega_z(t)\varphi_6(x,y,z)$$

$$(5-37)$$

式中　φ_1——导弹以单位速度沿 ox 轴平移运动时形成的流场速度势
函数，简称为 x 方平移运动的单位速度势函数；

　　φ_2—— y 方向平移运动的单位速度势函数；

　　φ_3—— z 方向平移运动的单位速度势函数；

　　φ_4——导弹以单位角速度绕 ox 轴旋转运动时形成的流场速度
势函数，简称为 x 方向旋转运动的单位速度势函数；

　　φ_5—— y 方向旋转运动的单位速度势函数；

　　φ_6—— z 方向旋转运动的单位速度势函数。

各单位速度势函数在坐标系给定后，仅与空间位置坐标有关。

把式（5 - 37）代入式（5 - 36），考虑到 υ_{ox} , υ_{oy} , υ_{oz} , ω_x ,
ω_y , ω_z 的任意性，可以得到：

$$\begin{cases} \dfrac{\partial\varphi_1}{\partial n} = n_x , & \dfrac{\partial\varphi_2}{\partial n} = n_y , & \dfrac{\partial\varphi_3}{\partial n} = n_z \\ \dfrac{\partial\varphi_4}{\partial n} = yn_z - zn_y , & \dfrac{\partial\varphi_5}{\partial n} = zn_x - xn_z , & \dfrac{\partial\varphi_6}{\partial n} = xn_y - yn_x \end{cases}$$

$$(5-38)$$

把式（5 - 38）分别代入式（5 - 34）与式（5 - 35），注意到速度
及角速度仅是时间的函数，同时记

$$\lambda_{ij} = -\int_\tau \rho\varphi_j \frac{\partial\varphi_i}{\partial n}d\Omega \quad (i=1,2,\cdots,6; j=1,2,\cdots,6)$$

$$(5-39)$$

可以得到流体的动量与动量矩为：

$$\begin{bmatrix} Q_{fx} \\ Q_{fy} \\ Q_{fz} \\ K_{fx} \\ K_{fy} \\ K_{fz} \end{bmatrix} = \begin{bmatrix} \lambda_{11} & \lambda_{12} & \lambda_{13} & \lambda_{14} & \lambda_{15} & \lambda_{16} \\ \lambda_{21} & \lambda_{22} & \lambda_{23} & \lambda_{24} & \lambda_{25} & \lambda_{26} \\ \lambda_{31} & \lambda_{32} & \lambda_{33} & \lambda_{34} & \lambda_{35} & \lambda_{36} \\ \lambda_{41} & \lambda_{42} & \lambda_{43} & \lambda_{44} & \lambda_{45} & \lambda_{46} \\ \lambda_{51} & \lambda_{52} & \lambda_{53} & \lambda_{54} & \lambda_{55} & \lambda_{56} \\ \lambda_{61} & \lambda_{62} & \lambda_{63} & \lambda_{64} & \lambda_{65} & \lambda_{66} \end{bmatrix} \begin{bmatrix} \upsilon_{ox} \\ \upsilon_{oy} \\ \upsilon_{oz} \\ \omega_x \\ \omega_y \\ \omega_z \end{bmatrix} \quad (5-40)$$

式中　λ_{11}，λ_{12}，…，λ_{66}——附加质量。

5.3.2.3　理想流体作用力

理想流体对导弹的作用力主矢与主矩分别以 $\boldsymbol{R}_i$ 与 $\boldsymbol{M}_i$ 表示，并考虑到流体对导弹的作用力与导弹对流体的作用力大小相等、方向相反，于是有动量与动量矩定理

$$-\boldsymbol{R}_i = \frac{\mathrm{d}\boldsymbol{Q}_f}{\mathrm{d}t} + \boldsymbol{\omega} \times \boldsymbol{Q}_f \quad (5-41)$$

$$-\boldsymbol{M}_i = \frac{\mathrm{d}\boldsymbol{K}_f}{\mathrm{d}t} + \boldsymbol{\omega} \times \boldsymbol{K}_f + \boldsymbol{v}_0 \times \boldsymbol{Q}_f \quad (5-42)$$

把式（5-40）代入式（5-41）及式（5-42），得到理想流体对导弹的作用力：

$$\begin{bmatrix} R_{ix} \\ R_{iy} \\ R_{iz} \\ M_{ix} \\ M_{iy} \\ M_{iz} \end{bmatrix} = -\lambda \begin{bmatrix} \dfrac{\mathrm{d}\upsilon_{ox}}{\mathrm{d}t} \\ \dfrac{\mathrm{d}\upsilon_{oy}}{\mathrm{d}t} \\ \dfrac{\mathrm{d}\upsilon_{oz}}{\mathrm{d}t} \\ \dfrac{\mathrm{d}\omega_x}{\mathrm{d}t} \\ \dfrac{\mathrm{d}\omega_y}{\mathrm{d}t} \\ \dfrac{\mathrm{d}\omega_z}{\mathrm{d}t} \end{bmatrix} - \begin{bmatrix} 0 & -\omega_z & \omega_y & 0 & 0 & 0 \\ \omega_z & 0 & -\omega_x & 0 & 0 & 0 \\ -\omega_y & \omega_x & 0 & 0 & 0 & 0 \\ 0 & 0 & 0 & 0 & -\omega_z & \omega_y \\ 0 & 0 & 0 & \omega_z & 0 & -\omega_x \\ 0 & 0 & 0 & -\omega_y & \omega_x & 0 \end{bmatrix} \left\{ \lambda \begin{bmatrix} \upsilon_{ox} \\ \upsilon_{oy} \\ \upsilon_{oz} \\ \omega_x \\ \omega_y \\ \omega_z \end{bmatrix} \right\} -$$

$$\begin{bmatrix} 0 & 0 & 0 & 0 & 0 & 0 \\ 0 & 0 & 0 & 0 & 0 & 0 \\ 0 & 0 & 0 & 0 & 0 & 0 \\ 0 & -\upsilon_{oz} & \upsilon_{oy} & 0 & 0 & 0 \\ \upsilon_{oz} & 0 & -\upsilon_{ox} & 0 & 0 & 0 \\ -\upsilon_{oy} & \upsilon_{ox} & 0 & 0 & 0 & 0 \end{bmatrix} \lambda \begin{Bmatrix} \upsilon_{ox} \\ \upsilon_{oy} \\ \upsilon_{oz} \\ \omega_x \\ \omega_y \\ \omega_z \end{Bmatrix} \qquad (5-43)$$

式中，λ 为附加质量矩阵，即

$$\lambda = \begin{bmatrix} \lambda_{11} & \lambda_{12} & \lambda_{13} & \lambda_{14} & \lambda_{15} & \lambda_{16} \\ \lambda_{21} & \lambda_{22} & \lambda_{23} & \lambda_{24} & \lambda_{25} & \lambda_{26} \\ \lambda_{31} & \lambda_{32} & \lambda_{33} & \lambda_{34} & \lambda_{35} & \lambda_{36} \\ \lambda_{41} & \lambda_{42} & \lambda_{43} & \lambda_{44} & \lambda_{45} & \lambda_{46} \\ \lambda_{51} & \lambda_{52} & \lambda_{53} & \lambda_{54} & \lambda_{55} & \lambda_{56} \\ \lambda_{61} & \lambda_{62} & \lambda_{63} & \lambda_{64} & \lambda_{65} & \lambda_{66} \end{bmatrix} \qquad (5-44)$$

5.3.2.4　理想流体作用力结构及孟克力矩

由式（5-43）可以看出，理想流体对导弹的作用力由三部分线性叠加而成：

1）由于导弹运动的非定常而产生的理想流体作用力与力矩，由右端第一项计算；

2）由于导弹的定常旋转运动而产生的理想流体作用力与力矩，可由右端第二项计算；

3）由于导弹的定常平移运动而产生的理想流体作用力与力矩，可由右端第三项计算。

把式（5-43）右端第三项展开后，可得到定常平移运动的理想流体作用力与力矩，即

$$R_{aix}=0, \quad R_{aiy}=0, \quad R_{aiz}=0 \qquad (5-45)$$

$$\begin{cases} M_{aix} = (\lambda_{22} - \lambda_{33}) \, v_{oy} v_{oz} - \lambda_{32} v_{oy}^2 + \lambda_{23} v_{oz}^2 + (\lambda_{21} v_{oz} - \lambda_{31} v_{oy}) \, v_{ox} \\ M_{aiy} = (\lambda_{33} - \lambda_{11}) \, v_{oz} v_{ox} - \lambda_{13} v_{oz}^2 + \lambda_{31} v_{ox}^2 + (\lambda_{32} v_{ox} - \lambda_{12} v_{oz}) \, v_{oy} \\ M_{aiz} = (\lambda_{11} - \lambda_{22}) \, v_{ox} v_{oy} - \lambda_{21} v_{ox}^2 + \lambda_{12} v_{oy}^2 + (\lambda_{13} v_{oy} - \lambda_{23} v_{oz}) \, v_{oz} \end{cases}$$

$$(5 - 46)$$

可见，理想流体对作定常平移运动的导弹不产生阻力、法向力和侧向力，导弹只受到流体力矩，该力矩称为孟克力矩。孟克力矩是一种力偶矩，力偶矩是由于导弹航行时具有攻角或侧滑角产生的。这是因为没有考虑流体的黏性，流场中也无绕流导弹的环流（环量），导弹表面上只受到压力的作用，并且整个导弹表面的压力都是平衡的，沿任一方向的合力为零。产生的力矩则是由于压力分布的不对称造成的（见图 5 - 11）。这个力矩实际上是由一个"自由力对"产生的力偶矩。在黏性流体中，这个力矩虽有所减小，但仍在导弹光体力矩中起主导作用。

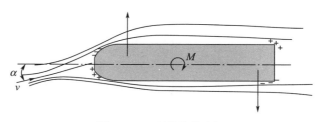

图 5 - 11　理想流体力矩

5.3.3　导弹水下流体动力分解

5.3.3.1　流体动力结构模型

（1）流体动力分解模型

导弹在水下作任意运动时的流体动力，在目前阶段还难以通过理论计算或模型实验直接获得，只能在各种假设或模型化之下，把流体动力分解成许多组成部分，分别通过理论计算或模型实验获得，然后再进行综合以得到总的流体动力。

　　导弹运动时的流体动力与流体介质、导弹外形以及运动状态密切相关，因此，其流体动力可按以下几种模式分解。

　　①按运动分解

　　导弹作任意运动时的流体动力主矢 $\boldsymbol{R}$ 和主矩 $\boldsymbol{M}$，依据当时的运动参数可表示为[5]：

$$\begin{cases} \boldsymbol{R} = \boldsymbol{R}(\upsilon,\alpha,\beta,\delta,\boldsymbol{\omega},\dot{\boldsymbol{\nu}},\dot{\boldsymbol{\omega}}) \\ \boldsymbol{M} = \boldsymbol{M}(\upsilon,\alpha,\beta,\delta,\boldsymbol{\omega},\dot{\boldsymbol{\nu}},\dot{\boldsymbol{\omega}}) \end{cases} \tag{5-47}$$

　　把式（5-47）展开为泰勒级数，并取其线性项，得到如下关系式：

$$\boldsymbol{R} = \boldsymbol{R}(\upsilon,\alpha,\beta,\delta,0,0,0) +$$

$$\frac{\partial \boldsymbol{R}}{\partial \omega_x}\omega_x + \frac{\partial \boldsymbol{R}}{\partial \omega_y}\omega_y + \frac{\partial \boldsymbol{R}}{\partial \omega_z}\omega_z + \frac{\partial \boldsymbol{R}}{\partial \dot{\upsilon}_x}\dot{\upsilon}_x + \frac{\partial \boldsymbol{R}}{\partial \dot{\upsilon}_y}\dot{\upsilon}_y + \frac{\partial \boldsymbol{R}}{\partial \dot{\upsilon}_z}\dot{\upsilon}_z +$$

$$\frac{\partial \boldsymbol{R}}{\partial \dot{\omega}_x}\dot{\omega}_x + \frac{\partial \boldsymbol{R}}{\partial \dot{\omega}_y}\dot{\omega}_y + \frac{\partial \boldsymbol{R}}{\partial \dot{\omega}_z}\dot{\omega}_z = \boldsymbol{R}_\alpha + \boldsymbol{R}_\omega + \boldsymbol{R}_\lambda$$

$$\tag{5-48}$$

$$\boldsymbol{M} = \boldsymbol{M}(\upsilon,\alpha,\beta,\delta,0,0,0) +$$

$$\frac{\partial \boldsymbol{M}}{\partial \omega_x}\omega_x + \frac{\partial \boldsymbol{M}}{\partial \omega_y}\omega_y + \frac{\partial \boldsymbol{M}}{\partial \omega_z}\omega_z + \frac{\partial \boldsymbol{M}}{\partial \dot{\upsilon}_x}\dot{\upsilon}_x + \frac{\partial \boldsymbol{M}}{\partial \dot{\upsilon}_y}\dot{\upsilon}_y + \frac{\partial \boldsymbol{M}}{\partial \dot{\upsilon}_z}\dot{\upsilon}_z +$$

$$\frac{\partial \boldsymbol{M}}{\partial \dot{\omega}_x}\dot{\omega}_x + \frac{\partial \boldsymbol{M}}{\partial \dot{\omega}_y}\dot{\omega}_y + \frac{\partial \boldsymbol{M}}{\partial \dot{\omega}_z}\dot{\omega}_z = \boldsymbol{M}_\alpha + \boldsymbol{M}_\omega + \boldsymbol{M}_\lambda \tag{5-49}$$

式中　$\boldsymbol{R}_\alpha$，$\boldsymbol{M}_\alpha$ ——导弹作定常平移运动时所受到的流体动力，即与位置导数有关的流体动力，可表示为：

$$\begin{cases} \boldsymbol{R}_\alpha = \boldsymbol{R}(\upsilon,\alpha,\beta,\delta,0,0,0) = \boldsymbol{R}(\upsilon,\alpha,\beta,\delta) \\ \boldsymbol{M}_\alpha = \boldsymbol{M}(\upsilon,\alpha,\beta,\delta,0,0,0) = \boldsymbol{M}(\upsilon,\alpha,\beta,\delta) \end{cases} \tag{5-50}$$

　　$\boldsymbol{R}_\omega$，$\boldsymbol{M}_\omega$ ——导弹作定常旋转运动时所受到的流体动力，即与旋转导数有关的流体动力，可表示为：

$$\begin{cases} \boldsymbol{R}_\omega = \dfrac{\partial \boldsymbol{R}}{\partial \omega_x}\omega_x + \dfrac{\partial \boldsymbol{R}}{\partial \omega_y}\omega_y + \dfrac{\partial \boldsymbol{R}}{\partial \omega_z}\omega_z = \boldsymbol{R}_\omega(\omega_x,\omega_y,\omega_z) \\ \boldsymbol{M}_\omega = \dfrac{\partial \boldsymbol{M}}{\partial \omega_x}\omega_x + \dfrac{\partial \boldsymbol{M}}{\partial \omega_y}\omega_y + \dfrac{\partial \boldsymbol{M}}{\partial \omega_z}\omega_z = \boldsymbol{M}_\omega(\omega_x,\omega_y,\omega_z) \end{cases}$$

$$\tag{5-51}$$

　　　　R_λ ， M_λ ——导弹作非定常运动时所受到的流体动力，即流体
　　　　　惯性力，可表示为：

$$\begin{cases} R_\lambda = \dfrac{\partial M}{\partial \dot{v}_x}\dot{v}_x + \dfrac{\partial M}{\partial \dot{v}_y}\dot{v}_y + \dfrac{\partial M}{\partial \dot{v}_z}\dot{v}_z + \dfrac{\partial M}{\partial \dot{\omega}_x}\dot{\omega}_x + \dfrac{\partial M}{\partial \dot{\omega}_y}\dot{\omega}_y + \dfrac{\partial M}{\partial \dot{\omega}_z}\dot{\omega}_z = R(\dot{v},\dot{\omega}) \\[4mm] M_\lambda = \dfrac{\partial M}{\partial \dot{v}_x}\dot{v}_x + \dfrac{\partial M}{\partial \dot{v}_y}\dot{v}_y + \dfrac{\partial M}{\partial \dot{v}_z}\dot{v}_z + \dfrac{\partial M}{\partial \dot{\omega}_x}\dot{\omega}_x + \dfrac{\partial M}{\partial \dot{\omega}_y}\dot{\omega}_y + \dfrac{\partial M}{\partial \dot{\omega}_z}\dot{\omega}_z = M(\dot{v},\dot{\omega}) \end{cases}$$

$$(5-52)$$

　　②按流体介质分解

　　真实的流体都是黏性流体，为了使问题简化，把流体动力分解
成无黏性的理性流体动力及由于黏性产生的黏性流体动力两部
分，即[5]

$$R = R_i + R_\mu ， \quad M = M_i + M_\mu \qquad (5-53)$$

式中　　R_i ， M_i ——理想流体的流体动力主矢和主矩，其具体表达式
　　　　　　已在式（5-43）中给出，包括理想流体位置力
　　　　　　R_{ai} 和 M_{ai} ，理想流体阻尼力 $R_{\omega i}$ 和 $M_{\omega i}$ 及理想流
　　　　　　体惯性力 $R_{\lambda i}$ 和 $M_{\lambda i}$ 三部分；

　　　　R_μ ， M_μ ——流体黏性产生的黏性流体动力主矢与主矩，也可以
　　　　　　进一步分解成流体黏性位置力 $R_{a\mu}$ 和 $M_{a\mu}$ ，黏性阻
　　　　　　尼力 $R_{\omega\mu}$ 和 $M_{\omega\mu}$ 及黏性惯性力 $R_{\lambda\mu}$ 和 $M_{\lambda\mu}$ 三部分。

　　③工程上常用的分解模型

　　导弹水下航行的流体动力如何分解，取决于所采用的流体动力
计算方法或实验方法。

　　在工程上目前流体动力位置力一般都是通过水池或风洞实验获
得，既包括理想流体位置力，也包括黏性位置力；流体动力阻尼力
大多也是通过实验获得的，当阻尼力利用悬臂水池实验测得时，也
包括了理想与黏性两部分阻尼力；流体动力惯性力也可通过水池实
验获得，也可以通过势流理论计算获得理想流体惯性力。

　　导弹任意运动的流体动力采用何种模型分解可视具体情况而定，
但是当进行综合时需要注意不能发生遗漏或重复，否则会导致导弹

运动弹道计算的严重偏差。

（2）流体动力分量

为了便于应用，流体动力一般以在坐标系中的分量形式表示。流体动力主矢 R 和主矩 M 在速度坐标系中表示为：

$$R = X_1 i_1 + Y_1 j_1 + Z_1 k_1, \quad M = M_{x1} i_1 + M_{y1} j_1 + M_{z1} k_1$$

$$(5-54)$$

式中 X_1——阻力，流体动力主矢在速度坐标系中 ox_1 轴方向的分量；

Y_1——升力，流体动力主矢在速度坐标系中 oy_1 轴方向的分量；

Z_1——侧力，流体动力主矢在速度坐标系中 oz_1 轴方向的分量；

M_{x1}——横滚力矩，流体动力主矩在速度坐标系中 ox_1 轴方向的分量；

M_{y1}——偏航力矩，流体动力主矩在速度坐标系中 oy_1 轴方向的分量；

M_{z1}——俯仰力矩，流体动力主矩在速度坐标系中 oz_1 轴方向的分量。

流体动力主矢及主矩在弹体坐标系中：

$$R = Xi + Yj + Zk, \quad M = M_x i + M_y j + M_z k \quad (5-55)$$

式中 X——轴向力，流体动力主矢在弹体坐标系中 ox 轴方向的分量；

Y——法向力，流体动力主矢在弹体坐标系中 oy 轴方向的分量；

Z——侧向力，流体动力主矢在弹体坐标系中 oz 轴方向的分量；

M_x——横滚力矩，流体动力主矩在弹体坐标系中 ox 轴方向的分量；

M_y——偏航力矩，流体动力主矩在弹体坐标系中 oy 轴方向的分量；

M_z——俯仰力矩，流体动力主矩在弹体坐标系中 oz 轴方向的分量。

（3）流体动力无量纲系数

流体动力无量纲系数与流体动力各分量同名，在速度坐标系中导弹各流体动力系数定义如下：

阻力系数 C_{x1}

$$C_{x1S} = \frac{X_1}{0.5\rho S v^2}, \quad X_1 = C_{x1S} \times 0.5\rho S v^2 \qquad (5-56)$$

$$C_{x1\Omega} = \frac{X_1}{0.5\rho \Omega v^2}, \quad X_1 = C_{x1\Omega} \times 0.5\rho \Omega v^2 \qquad (5-57)$$

升力系数 C_{y1}

$$C_{y1} = \frac{Y_1}{0.5\rho S v^2}, \quad Y_1 = C_{y1} \times 0.5\rho S v^2 \qquad (5-58)$$

侧力系数 C_{z1}

$$C_{z1} = \frac{Z_1}{0.5\rho S v^2}, \quad Z_1 = C_{z1} \times 0.5\rho S v^2 \qquad (5-59)$$

横滚力矩系数 m_{x1}

$$m_{x1} = \frac{M_{x1}}{0.5\rho S D v^2}, \quad M_{x1} = m_{x1} \times 0.5\rho S D v^2 \qquad (5-60)$$

偏航力矩系数 m_{y1}

$$m_{y1} = \frac{M_{y1}}{0.5\rho S D v^2}, \quad M_{y1} = m_{y1} \times 0.5\rho S D v^2 \qquad (5-61)$$

俯仰力矩系数 m_{z1}

$$m_{z1} = \frac{M_{z1}}{0.5\rho S D v^2}, \quad M_{z1} = m_{z1} \times 0.5\rho S D v^2 \qquad (5-62)$$

式中　Ω ——导弹沾湿面积，m^2；

　　　S ——导弹最大横截面积，m^2；

　　　D ——导弹直径；

　　　v ——导弹航行速度，m/s。

5.3.3.2　位置力

（1）位置力系数

根据流体动力系数的定义，流体动力位置力 $\boldsymbol{R}_a$ 和 $\boldsymbol{M}_a$ 的流体动力系数如下：

$$C_{ax} = \frac{X_a(v,\alpha,\beta,\delta)}{0.5\rho Sv^2} = C_{ax}(v,\alpha,\beta,\delta) \tag{5-63}$$

$$C_{ay} = \frac{Y_a(v,\alpha,\beta,\delta)}{0.5\rho Sv^2} = C_{ay}(v,\alpha,\beta,\delta) \tag{5-64}$$

$$C_{az} = \frac{Z_a(v,\alpha,\beta,\delta)}{0.5\rho Sv^2} = C_{az}(v,\alpha,\beta,\delta) \tag{5-65}$$

$$m_{ax} = \frac{M_{ax}(v,\alpha,\beta,\delta)}{0.5\rho SDv^2} = m_{ax}(v,\alpha,\beta,\delta) \tag{5-66}$$

$$m_{ay} = \frac{M_{ay}(v,\alpha,\beta,\delta)}{0.5\rho SDv^2} = m_{ay}(v,\alpha,\beta,\delta) \tag{5-67}$$

$$m_{az} = \frac{M_{az}(v,\alpha,\beta,\delta)}{0.5\rho SDv^2} = m_{az}(v,\alpha,\beta,\delta) \tag{5-68}$$

式中　X_a，Y_a，Z_a——位置力主矢 $\boldsymbol{R}_a$ 的三个分量；

M_{ax}，M_{ay}，M_{az}——位置力主矩 $\boldsymbol{M}_a$ 的三个分量；

C_{ax}，C_{ay}，C_{az}——位置力的阻力系数、升力系数及侧力系数；

m_{ax}，m_{ay}，m_{az}——位置力的横滚力矩系数、偏航力矩系数及俯仰力矩系数。

（2）位置导数

当攻角 α、侧滑角 β 及舵角 δ 较小时，以下的线性假设基本上是成立的：

1）流体动力与 α、β、δ 成线性关系；

2）α，β，δ 产生的流体动力之间无交连。

在上述假设下，并考虑到导弹一般都是关于纵平面 oxy 平面对称的，且存在水舵（如未配置水舵，以下关于舵角的增项全为零），各流体动力系数可简化为

$$C_{ax} = C_{ax}(0) = C_{x0} \tag{5-69}$$

$$m_{ay} = m_{ay}(\alpha, \delta) = C_{y0} + C_y^\alpha \alpha + C_y^\delta \delta \qquad (5-70)$$

$$m_{az} = m_{az}(\beta, \delta) = C_{z0} + C_z^\beta \beta + m_z^\delta \delta \qquad (5-71)$$

$$m_{ax} = m_{ax}(\beta, \delta) = m_{x0} + m_x^\beta \beta + m_x^\delta \delta \qquad (5-72)$$

$$m_{ay} = m_{ay}(\beta, \delta) = m_{y0} + m_y^\beta \beta + m_y^\delta \delta \qquad (5-73)$$

$$m_{az} = m_{az}(\alpha, \delta) = m_{z0} + m_z^\alpha \alpha + m_z^\delta \delta \qquad (5-74)$$

式中 C_{x0} ——α、β、δ 为 0 时的阻力系数，一般称为零升阻力系数，也是导弹的最小阻力系数；

C_{y0}，C_{z0}，m_{x0}，m_{y0}，m_{z0} ——α、β、δ 为 0 时的升力系数、侧力系数和横滚力矩系数、偏航力矩系数和俯仰力矩系数；

C_y^α ——导弹的升力系数对攻角 α 的位置导数，即 $C_y^\alpha = \partial C_y / \partial \alpha \big|_{\alpha=0}$；

C_z^β ——导弹的侧力系数对侧滑角 β 的位置导数，即 $C_z^\beta = \partial C_z / \partial \beta \big|_{\beta=0}$；

m_x^β ——导弹的横滚力矩系数对侧滑角 β 的位置导数，即 $m_x^\beta = \partial m_x / \partial \beta \big|_{\beta=0}$；

m_y^β ——导弹的偏航力矩系数对侧滑角 β 的位置导数，即 $m_y^\beta = \partial m_y / \partial \beta \big|_{\beta=0}$；

m_z^α ——导弹的俯仰力矩系数对攻角 α 的位置导数，即 $m_z^\alpha = \partial m_z / \partial \alpha \big|_{\alpha=0}$；

C_y^δ，C_z^δ ——导弹的升力系数、侧力系数对升降舵角、航向舵角 δ 的位置导数，即 $C_y^\delta = \partial C_y / \partial \delta \big|_{\delta=0}$，$C_z^\delta = \partial C_z / \partial \delta \big|_{\delta=0}$；

m_x^δ ——导弹的横滚力矩系数对航向角、差动舵角的位置导数，即 $m_x^\delta = \partial m_x / \partial \delta \big|_{\delta=0}$；

m_y^δ，m_z^δ ——导弹的偏航力矩系数、俯仰力矩系数对航向角、升降舵角的位置导数，即 $m_y^\delta = \partial m_y / \partial \delta \big|_{\delta=0}$，$m_z^\delta = \partial m_z / \partial \delta \big|_{\delta=0}$。

（3）用位置导数表示的位置力

根据上面定义的位置导数，位置力可用位置力导数的无量纲系数表示的有下述几类。

1）阻力

$$X_a = C_{xS} \times 0.5\rho S v^2 \text{ 或 } X_a = C_{x\Omega} \times 0.5\rho\Omega v^2 \tag{5-75}$$

2）升力

$$Y_a = 0.5\rho S v^2 C_y^\alpha \alpha + 0.5\rho S v^2 C_y^\delta \delta \tag{5-76}$$

3）侧向力

$$Z_a = 0.5\rho S v^2 C_z^\beta \beta + 0.5\rho S v^2 C_z^\delta \delta \tag{5-77}$$

4）横滚力矩

$$M_{ax} = 0.5\rho S D v^2 m_x^\beta \beta + 0.5\rho S D v^2 m_x^\delta \delta \tag{5-78}$$

5）偏航力矩

$$M_{ay} = 0.5\rho S D v^2 m_y^\beta \beta + 0.5\rho S D v^2 m_y^\delta \delta \tag{5-79}$$

6）俯仰力矩

$$M_{az} = 0.5\rho S D v^2 m_z^\alpha \alpha + 0.5\rho S D v^2 m_z^\delta \delta \tag{5-80}$$

5.3.3.3　阻尼力

（1）旋转导数

把阻尼力的主矢与主矩表达式写成分量的形式，即为

$$\begin{cases} X_\omega = \dfrac{\partial X}{\partial \omega_x}\omega_x + \dfrac{\partial X}{\partial \omega_y}\omega_y + \dfrac{\partial X}{\partial \omega_z}\omega_z \\[3mm] Y_\omega = \dfrac{\partial Y}{\partial \omega_x}\omega_x + \dfrac{\partial Y}{\partial \omega_y}\omega_y + \dfrac{\partial Y}{\partial \omega_z}\omega_z \\[3mm] Z_\omega = \dfrac{\partial Z}{\partial \omega_x}\omega_x + \dfrac{\partial Z}{\partial \omega_y}\omega_y + \dfrac{\partial Z}{\partial \omega_z}\omega_z \\[3mm] M_{x\omega} = \dfrac{\partial M_x}{\partial \omega_x}\omega_x + \dfrac{\partial M_x}{\partial \omega_y}\omega_y + \dfrac{\partial M_x}{\partial \omega_z}\omega_z \\[3mm] M_{y\omega} = \dfrac{\partial M_y}{\partial \omega_x}\omega_x + \dfrac{\partial M_y}{\partial \omega_y}\omega_y + \dfrac{\partial M_y}{\partial \omega_z}\omega_z \\[3mm] M_{z\omega} = \dfrac{\partial M_z}{\partial \omega_x}\omega_x + \dfrac{\partial M_z}{\partial \omega_y}\omega_y + \dfrac{\partial M_z}{\partial \omega_z}\omega_z \end{cases} \tag{5-81}$$

式中，$\dfrac{\partial X}{\partial \omega_x}$，…，$\dfrac{\partial M_z}{\partial \omega_z}$ 称为流体动力或力矩的旋转导数，表示当角速度为单位值时，对应的流体动力或力矩的增量。例如，$\dfrac{\partial Y}{\partial \omega_z}\omega_z$ 称为升力对角速度 ω_z 的旋转导数，$\dfrac{\partial M_y}{\partial \omega_z}$ 称为偏航力矩对角速度 ω_z 的旋转导数，等等，共 18 个旋转导数，各旋转导数都在 $\omega = 0$ 处取值。

根据流体动力的定义，可导出阻尼力对角速度的旋转导数。以 $\dfrac{\partial Y}{\partial \omega_z}$ 和 $\dfrac{\partial M_y}{\partial \omega_z}$ 为例，有以下推导过程：

$$\frac{\partial Y}{\partial \omega_z} = \frac{\partial(0.5\rho S v^2 C_y)}{\partial \omega_z} = 0.5\rho S v^2 \frac{\partial C_y}{\partial \omega_z} = 0.5\rho S v^2 C_y^{\omega_z}$$

$$(5-82)$$

$$\frac{\partial M_y}{\partial \omega_z} = \frac{\partial(0.5\rho S D v^2 m_y)}{\partial \omega_z} = 0.5\rho S D v^2 \frac{\partial m_y}{\partial \omega_z} = 0.5\rho S D v^2 m_y^{\omega_z}$$

$$(5-83)$$

式中　$C_y^{\omega_z}$——升力对角速度 ω_z 旋转导数，即 $C_y^{\omega_z} = \partial C_y / \partial \omega_z \big|_{\omega_z=0}$；

$\quad\quad m_y^{\omega_z}$——偏航力矩对角速度 ω_z 旋转导数，即 $m_y^{\omega_z} = \partial m_y / \partial \omega_z \big|_{\omega_z=0}$。

表 5-2 列出了阻尼力和力矩对应的 18 个旋转导数。

表 5-2　旋转导数列表

X_ω	Y_ω	Z_ω	$M_{x\omega}$	$M_{y\omega}$	$M_{z\omega}$
$C_x^{\omega_x}$	$C_y^{\omega_x}$	$C_z^{\omega_x}$	$m_x^{\omega_x}$	$m_y^{\omega_x}$	$m_z^{\omega_x}$
$C_x^{\omega_y}$	$C_y^{\omega_y}$	$C_z^{\omega_y}$	$m_x^{\omega_y}$	$m_y^{\omega_y}$	$m_z^{\omega_y}$
$C_x^{\omega_z}$	$C_y^{\omega_z}$	$C_z^{\omega_z}$	$m_x^{\omega_z}$	$m_y^{\omega_z}$	$m_z^{\omega_z}$

（2）用旋转导数表示的阻尼力

阻尼力和阻尼力矩（仍以升力和偏航力矩为例）用旋转导数表示为：

$$Y_\omega = (C_y^{\omega_x}\omega_x + C_y^{\omega_y}\omega_y + C_y^{\omega_z}\omega_z)\,0.5\rho S v^2 \qquad (5-84)$$

$$M_{y\omega} = (m_y^{\omega_x}\omega_x + m_y^{\omega_y}\omega_y + m_y^{\omega_z}\omega_z)\,0.5\rho S D v^2 \qquad (5-85)$$

在实际应用中，某些力和力矩的旋转导数数值很小，在以下几种情况中可以忽略不计。

当旋转角速度不大时

$$C_x^{\omega_x} \approx C_x^{\omega_y} \approx C_x^{\omega_z} \approx 0 \qquad (5-86)$$

当导弹关于 xoz 平面对称时

$$C_z^{\omega_x} \approx C_y^{\omega_y} \approx m_x^{\omega_y} \approx m_z^{\omega_y} \approx 0 \qquad (5-87)$$

当导弹关于 xoy 平面对称时

$$C_y^{\omega_x} \approx C_z^{\omega_z} \approx m_x^{\omega_z} \approx m_z^{\omega_z} \approx m_y^{\omega_z} \approx 0 \qquad (5-88)$$

5.3.3.4 附加质量

物体在静止的流体中开始运动时，必然会推动周围的流体质点，使其克服惯性后也开始运动，物体本身同时又受到这些流体质点的反作用力。流体中的物体在改变运动状态时，因为克服流体而受到的作用力称为惯性阻力。具有一定形状的物体在流场中受到的惯性阻力的大小反映了流场惯性的大小。附加质量就是物体在流场中运动时流场惯性的一种度量。

由式（5-52）可知，附加质量是导弹水下非定常运动所产生的流体动力增量，是一种非定常流体动力，其与加速度密切相关，将式（5-52）写成分量的形式为[6]

$$
\begin{cases}
X_i = \dfrac{\partial X}{\partial \dot{\upsilon}_x}\dot{\upsilon}_x + \dfrac{\partial X}{\partial \dot{\upsilon}_y}\dot{\upsilon}_y + \dfrac{\partial X}{\partial \dot{\upsilon}_z}\dot{\upsilon}_z + \dfrac{\partial X}{\partial \dot{\omega}_x}\dot{\omega}_x + \dfrac{\partial X}{\partial \dot{\omega}_y}\dot{\omega}_y + \dfrac{\partial X}{\partial \dot{\omega}_z}\dot{\omega}_z \\[2mm]
Y_i = \dfrac{\partial Y}{\partial \dot{\upsilon}_x}\dot{\upsilon}_x + \dfrac{\partial Y}{\partial \dot{\upsilon}_y}\dot{\upsilon}_y + \dfrac{\partial Y}{\partial \dot{\upsilon}_z}\dot{\upsilon}_z + \dfrac{\partial Y}{\partial \dot{\omega}_x}\dot{\omega}_x + \dfrac{\partial Y}{\partial \dot{\omega}_y}\dot{\omega}_y + \dfrac{\partial Y}{\partial \dot{\omega}_z}\dot{\omega}_z \\[2mm]
Z_i = \dfrac{\partial Z}{\partial \dot{\upsilon}_x}\dot{\upsilon}_x + \dfrac{\partial Z}{\partial \dot{\upsilon}_y}\dot{\upsilon}_y + \dfrac{\partial Z}{\partial \dot{\upsilon}_z}\dot{\upsilon}_z + \dfrac{\partial Z}{\partial \dot{\omega}_x}\dot{\omega}_x + \dfrac{\partial Z}{\partial \dot{\omega}_y}\dot{\omega}_y + \dfrac{\partial Z}{\partial \dot{\omega}_z}\dot{\omega}_z \\[2mm]
M_{xi} = \dfrac{\partial M_x}{\partial \dot{\upsilon}_x}\dot{\upsilon}_x + \dfrac{\partial M_x}{\partial \dot{\upsilon}_y}\dot{\upsilon}_y + \dfrac{\partial M_x}{\partial \dot{\upsilon}_z}\dot{\upsilon}_z + \dfrac{\partial M_x}{\partial \dot{\omega}_x}\dot{\omega}_x + \dfrac{\partial M_x}{\partial \dot{\omega}_y}\dot{\omega}_y + \dfrac{\partial M_x}{\partial \dot{\omega}_z}\dot{\omega}_z \\[2mm]
M_{yi} = \dfrac{\partial M_y}{\partial \dot{\upsilon}_x}\dot{\upsilon}_x + \dfrac{\partial M_y}{\partial \dot{\upsilon}_y}\dot{\upsilon}_y + \dfrac{\partial M_y}{\partial \dot{\upsilon}_z}\dot{\upsilon}_z + \dfrac{\partial M_y}{\partial \dot{\omega}_x}\dot{\omega}_x + \dfrac{\partial M_y}{\partial \dot{\omega}_y}\dot{\omega}_y + \dfrac{\partial M_y}{\partial \dot{\omega}_z}\dot{\omega}_z \\[2mm]
M_{zi} = \dfrac{\partial M_z}{\partial \dot{\upsilon}_x}\dot{\upsilon}_x + \dfrac{\partial M_z}{\partial \dot{\upsilon}_y}\dot{\upsilon}_y + \dfrac{\partial M_z}{\partial \dot{\upsilon}_z}\dot{\upsilon}_z + \dfrac{\partial M_z}{\partial \dot{\omega}_x}\dot{\omega}_x + \dfrac{\partial M_z}{\partial \dot{\omega}_y}\dot{\omega}_y + \dfrac{\partial M_z}{\partial \dot{\omega}_z}\dot{\omega}_z
\end{cases}
$$

$$(5-89)$$

将式（5-89）中的系数按行按列以 λ_{jk} 表示，则上式可表示成如下矩阵形式：

$$
\begin{bmatrix} X_i \\ Y_i \\ Z_i \\ M_{xi} \\ M_{yi} \\ M_{zi} \end{bmatrix} = \begin{bmatrix} \lambda_{11} & \lambda_{12} & \lambda_{13} & \lambda_{14} & \lambda_{15} & \lambda_{16} \\ \lambda_{21} & \lambda_{22} & \lambda_{23} & \lambda_{24} & \lambda_{25} & \lambda_{26} \\ \lambda_{31} & \lambda_{32} & \lambda_{33} & \lambda_{34} & \lambda_{35} & \lambda_{36} \\ \lambda_{41} & \lambda_{42} & \lambda_{43} & \lambda_{44} & \lambda_{45} & \lambda_{46} \\ \lambda_{51} & \lambda_{52} & \lambda_{53} & \lambda_{54} & \lambda_{55} & \lambda_{56} \\ \lambda_{61} & \lambda_{62} & \lambda_{63} & \lambda_{64} & \lambda_{65} & \lambda_{66} \end{bmatrix} \begin{bmatrix} \dot{v}_x \\ \dot{v}_y \\ \dot{v}_z \\ \dot{\omega}_x \\ \dot{\omega}_y \\ \dot{\omega}_z \end{bmatrix} \tag{5-90}
$$

经量纲分析可知，系数矩阵 $\boldsymbol{\lambda}$ 中各元素的量纲为：

λ_{jk}：当 $j=1,2,3$；$k=1,2,3$ 时具有质量的量纲 M。

λ_{jk}：当 $j=1,2,3$；$k=4,5,6$ 以及 $j=4,5,6$；$k=1,2,3$ 时具有静矩的量纲 ML。

λ_{jk}：当 $j=4,5,6$；$k=4,5,6$ 时具有二次矩的量纲 ML^2。

这里把具有质量量纲的 λ_{jk} 称为附加质量；具有静矩量纲的 λ_{jk} 称为附加静矩；具有二次矩量纲的 λ_{jk}，当 $j=k$ 时称为附加惯性矩，当 $j \neq k$ 时，称为附加惯性积。在无须特别区分时，λ_{jk} 统称为附加质量，矩阵 $\boldsymbol{\lambda}$ 称为附加质量矩阵。

引入附加质量后，求解导弹非定常运动时的流体惯性力就转化为确定导弹的附加质量。附加质量矩阵具有如下特性：

附加质量矩阵是关于主对角线对称的矩阵，即有

$$\lambda_{jk} = \lambda_{kj} \quad (j=1,2,\cdots,6; k=1,2,\cdots,6) \tag{5-91}$$

若导弹关于纵平面 xoy 平面对称，则有

$$\lambda_{13} = \lambda_{14} = \lambda_{15} = \lambda_{23} = \lambda_{24} = \lambda_{25} = \lambda_{36} = \lambda_{46} = \lambda_{56} = 0 \tag{5-92}$$

若导弹关于横平面 xoz 对称，则有

$$\lambda_{12} = \lambda_{14} = \lambda_{16} = \lambda_{23} = \lambda_{25} = \lambda_{34} = \lambda_{36} = \lambda_{45} = \lambda_{56} = 0 \tag{5-93}$$

若导弹同时具有 xoy 和 xoz 两个对称面，则独立的附加质量就只有 8 个，即 $\lambda_{11}, \lambda_{22}, \lambda_{26}, \lambda_{33}, \lambda_{35}, \lambda_{44}, \lambda_{55}, \lambda_{66}$。

附加质量可以用理论计算方法得到，也可用模型实验方法获得。对于如图 5-12 所示的简单的圆柱形弹身外形，可以按如下方法进行计算。

首先计算弹体截面附加质量：

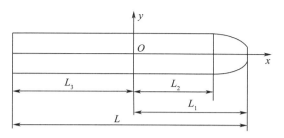

图 5 - 12　圆柱形弹身外形示意图

$$\begin{cases} \lambda'_{22}(x)=\lambda'_{33}(x)=\rho\pi R^2(x) \\ \lambda'_{35}(x)=\lambda'_{53}(x)=-x\lambda'_{33}(x) \\ \lambda'_{26}(x)=\lambda'_{62}(x)=x\lambda'_{22}(x) \\ \lambda'_{55}(x)=x^2\lambda'_{33}(x) \\ \lambda'_{66}(x)=x^2\lambda'_{22}(x) \end{cases} \quad (5-94)$$

式中　x ——垂直导弹 ox 轴的各截面距坐标原点的距离，L_3 为弹尾坐标，相对坐标系原点为负值；

　　　x_a ——导弹处于全浸阶段时，x_a 为弹头的弹体系 x 坐标；当弹体开始出水时，x_a 为导弹纵轴与水面相交处的弹体系 x 坐标；

　　　$R(x)$ —— x 处截面的半径。

附加质量由截面附加质量积分产生，即

$$\lambda_{ij}=\int_{L_3}^{x_a}\lambda'_{ij}\,\mathrm{d}x \quad (5-95)$$

水下全浸段 λ_{ij} 值不变，出水过程只计算水下部分，完全出水后其值为零。

$$\lambda_{11}=\begin{cases} \dfrac{2}{3}\rho\pi\cdot r^3 & \text{全浸阶段} \\ \dfrac{1}{3}\rho\pi\cdot r^3\left[2-\dfrac{R^2(x)}{r^2}\right] & \text{头部出水阶段} \\ \dfrac{1}{3}\rho\pi\cdot r^3 & \text{圆柱体出水阶段} \end{cases} \quad (5-96)$$

式中　r ——弹身圆柱段截面半径。

5.3.4　导弹水下航行流体动力预测方法

导弹水下航行流体动力的预测，是通过理论求解、数值仿真或实验测量等手段获得导弹水下航行过程中所受到的位置力、阻尼力、附加质量等。

随着计算机仿真水平的提高，导弹水下航行过程的水动力的数值预测技术业已成熟，而实验测量一直是获得导弹水动力参数的重要手段，并可对数值计算结果进行修正。本章主要阐述采用数值仿真与测力实验预测导弹水下航行流体动力的方法。

5.3.4.1　数值模拟方法

根据导弹水下航行流体动力分类方法，其流体动力的数值模拟思想也存在一定的差异，但都是基于对雷诺数、欧拉数、弗劳德数等相似，模拟导弹航行的真实绕流状态，对流场中的弹体表面压力进行积分，数值积分获得导弹受力并输出相应值。

（1）基本方程

雷诺平均的 Navier‑Stokes（RANS）方程。在复杂形体的高雷诺数湍流中要求得到精确的 N‑S 方程的有关时间的解在近期内不太可能实现。有两种可选择的方法用于把 N‑S 方程不直接用于小尺度的模拟：雷诺平均和过滤。这两种方法都介绍了控制方程的附加条件，这些条件用于使模型封闭。

对于所有尺度的湍流模型，雷诺平均 N‑S 方程只是传输平均的数量，瞬态 N‑S 方程中要求的变量已经分解为时均常量和变量。

（2）湍流模型

导弹水下航行时，流场基本处于湍流状态，因此，对于湍流的描述还需要增加湍流模型以完成流场封闭求解。现有 CFD 软件都提供了多种湍流模型可供选择。

标准 $k-\varepsilon$ 模型是最简单的完整湍流模型，要解两个变量，速度和长度尺度。RNG $k-\varepsilon$ 模型来源于严格的统计技术。它和标准 $k-\varepsilon$ 模型很相似，但是有以下改进：

RNG 模型在 ε 方程中加了一个条件，有效地改善了精度；考虑到了湍流漩涡；为湍流 Prandtl 数提供了一个解析公式；提供了一个考虑低雷诺数流动黏性的解析公式。这些特点使得 RNG $k-\varepsilon$ 模型比标准 $k-\varepsilon$ 模型在更广泛的流动中有更高的可信度和精度。

SST 模型建立在 RNG $k-\varepsilon$ 模型和标准 $k-\varepsilon$ 模型基础上，更适合对流减压区的计算。另外它还考虑了正交发散项，从而使方程在近壁面和远壁面都适合。

（3）数值模拟方法

无论是定常流场还是非定常流场求解，SIMPLEC 算法基本满足连续性方程及质量守恒方程求解的需求，对于方程随时间的差分项，可根据求解的需求选择一阶迎风格式和二阶迎风格式。一般宜先采用一阶格式计算，再更改为二阶以获得准确的收敛精度。

数值模拟流程包括网格划分、流场计算和后处理三部分。输入和输出与各部分的关系见图 5－13。

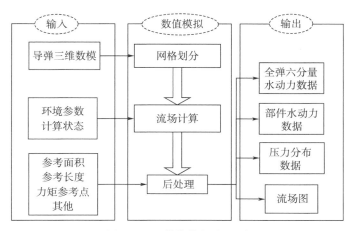

图 5－13　数值模拟流程图

表 5－3 及表 5－4 给出了数值模拟模型参数设置和边界条件设置，数值求解时按照对应项逐一设置。

表 5 - 3　模型参数设置

模型参数		设置
求解器	类型	基于压力、隐式
	空间/时间	3D/定常
湍流模型	湍流模型	对比多种湍流模型以确定最终模型
	近壁面处理	标准壁面函数法

表 5 - 4　边界条件设置

边界	边界类型	边界参数	设置
入口	速度入口	速度	根据计算状态确定
		湍流强度	0.5%
		湍流黏性比	5%
物体表面	壁面		无滑移壁面
出口	压力出口	压力	航行深度的压力
		湍流强度	0.5%
		湍流黏性比	5%

①位置力数值模拟方法

位置力的数值模拟方法适用于求解阻力、升力、侧向力、横滚力矩、偏航力矩、俯仰力矩以及舵效等。针对每一项力或力矩的求解区分输入条件及计算状态对应的网格输入，从而获得相应的结果。以下给出了所有位置力求解通用的数值计算流程。

对于位置力的求解，一般在模型物面设置边界层，其中，第一层网格厚度一般使用第一层网格质心到壁面的无量纲距离来确定，且设置物面边界与外边界的表面网格增长率，一般情况下增长率不大于 1.25。计算域及网格划分示意图如图 5 - 14。

根据位置力计算需要，更改输入网格，在入口边界改变速度矢量、出口边界改变环境压力，以获得不同速度、不同环境下导弹位置力计算结果。

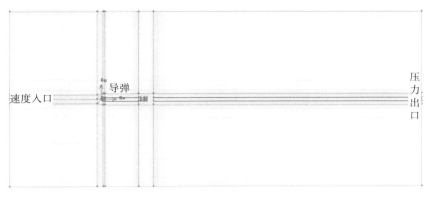

图 5 - 14　计算域及网格划分示意图

②阻尼力数值模拟方法

阻尼力数值模拟求解思路是模拟导弹作旋转运动时的流动状态，获得由旋转运动引起的附加阻尼力。

根据弹体特征速度 v 及无量纲角速度 $\bar{\omega}$ 确定弹体回转半径 r，推导公式如下：

$$\bar{\omega} = \frac{\omega L}{v} = \frac{\omega L}{\omega r} = \frac{L}{r} \quad \Rightarrow \quad r = \frac{L}{\bar{\omega}} \qquad (5-97)$$

选取无量纲角速度，则可确定对应的回转半径 r。

令导弹以速度 v 作匀速直线运动，同时以角速度 $\omega = \dfrac{v}{r}$ 绕 x 轴作定常回转运动，可计算求得由 ω_x 引起的阻尼力及阻尼力矩。

令弹体以 r 为回转半径、以角速度 $\omega = \dfrac{v}{r}$ 分别绕 y 轴、z 轴作定常回转运动，可分别计算求得由 ω_y、ω_z 引起的阻尼力及阻尼力矩。

图 5 - 15、图 5 - 16 给出了求解导弹横滚旋转导数、偏航（包含俯仰）旋转导数网格划分示意图。

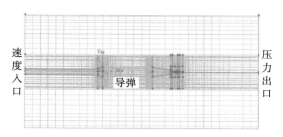

图 5 - 15　横滚旋转导数网格示意图

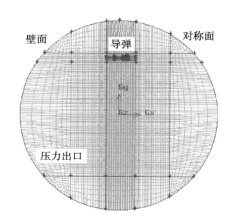

图 5 - 16　偏航（俯仰）旋转导数网格示意图

③附加质量数值模拟方法

详细步骤如下：

1）设定导弹固定不动，计算得到接近稳定的均匀扰流流场。

2）设定导弹在流场按照如下的规律进行运动。

$$v_i = A\sin(\omega t)(i = 1,2,\cdots,6) \tag{5 - 98}$$

振幅 A 选取不大于 0.05，频率 $f = \omega/2\pi$ 不小于 100 Hz，对于计算有空泡时的附加质量，应该避开空泡流动的特征频率，强迫振动频率 f 一般取不小于 2 000 Hz。由 UDF 编译导弹的运动，并采用动网格技术。

对导弹的受力进行分析，然后利用附加质量的提取计算方法，转化得到附加质量：

$$\lambda_{ij} = -\frac{\int_0^{NT} F_j \cos\omega t \, dt}{\pi \cdot N \cdot A} (i = 1, 2, \cdots, 6) \quad (5-99)$$

这里需要说明的是，虽然附加质量大小与时间步长 Δt 无关，但考虑到时间步长太大，由加速度引起的速度变化过于剧烈，会导致附加质量提取误差增大，故在数值计算导弹的附加质量时需适当选取时间步长 Δt。

5.3.4.2　常规流体动力试验方法

试验获得导弹水下航行流体动力是工程设计上常用的手段。导弹水动力常规流体动力试验包括水洞试验、低速风洞校核试验、旋转导数试验、附加质量试验等。其中水洞试验和低速风洞校核试验可获得导弹的位置力，基于悬臂水池试验平台的旋转导数试验获得导弹的旋转导数，而基于简谐振动原理的水池试验获得导弹的附加质量。

（1）位置力水洞测力试验

水洞试验是获得导弹水下航行位置力参数的重要手段，能在最大程度上逼近导弹水下航行的真实状态。水洞试验是在密闭的循环水洞中开展，试验的工作段呈圆形或矩形。试验时导弹缩比模型放置在水洞的试验工作段中，驱动电机驱动水在试验段中形成速度均匀、流动稳定的水流，导弹受到水流作用力后，模型内部的测力天平获得力和力矩的电信号并输出到测试系统，测试系统对电信号实时处理，获得导弹所受的力和力矩。

水洞试验系统示意图[3]见图 5-17。

水洞试验一般采用缩比模型，试验时应保证与原模型及航行状态具有一定的相似性。水洞试验中最重要的相似准则是雷诺数相似。根据雷诺数相似及试验水洞的阻塞比选择合适的缩比系数。试验模型的安装一般采用尾支撑或腹支撑方式，支撑方式的选择主要考虑

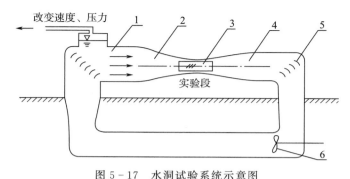

图 5 - 17　水洞试验系统示意图

1—稳定段；2—收缩段；3—观察窗；4—恢复段；5—导流片；6—螺旋桨

减小支撑方式对绕流的影响，多采用导流装置减小支撑方式对流场的扰动。天平的载荷应采用理论预测或数值计算等手段预先评估，选配量程适当、精度可靠的天平。在开展正式试验之前应对水洞做雷诺数修正的试验，根据真实状态选择严酷的试验考核状态，比如试验状态必须包含最大攻角、侧滑角、舵角等。在获得导弹各力和力矩之后还要对试验数据进行处理和修正，将力和力矩无量纲化，并根据要求进行必要的坐标系转换。

（2）位置力低速风洞试验

低速风洞试验也是获得导弹位置力的重要手段，在满足雷诺数相似的情况下，其模型比例可以做得更大，是水洞测力试验很好的补充，在某些情况下可完全代替水洞试验，单独作为导弹水动力参数获取的手段。

低速风洞试验首先也要根据相似准则，合理配置风洞速度与模型尺寸比例关系，确定模型缩比系数。导弹水下航行时雷诺数变化范围为 $7 \times 10^7 \sim 2 \times 10^8$。由于低速风洞的风速不大于 100 m/s，所以模型长度要数十米，超出了风洞试验段长度，试验开展的困难极大。在流体力学中，对于雷诺数的影响，一般认为雷诺数大于 2×10^7 之后，雷诺数对阻力的影响非常小，因此，低速风洞试验雷诺数一般以 2×10^7 为边界，在风洞条件允许的情况下适当增加雷诺数，但最小应不低于此值。风洞试验状态可根据水洞试验状态确定，同时可根据水洞试验及数值模拟结果，预估天平载荷，从而选择量程与精度较为合理的天平。风洞中模型支撑方式同样选择尾支撑或腹支撑，并采用导流措施减小支撑对流动的干扰。试验完成后，将测量结果处理成无量纲系数的形式，并进行必要的修正和坐标转换。

（3）旋转导数悬臂水池试验

悬臂水池试验是获得导弹旋转导数的主要手段。试验系统主要由水池、回转臂及模型组成，见图 5-18。

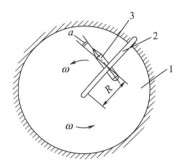

图 5-18　悬臂水池试验系统示意图

1—圆形水池；2—回转臂；3—模型

在圆形水池的上方安装一个可以围绕水池中心旋转的回转臂系统，试验模型悬挂在悬臂下的测力天平杆上，天平杆悬挂点距离回转系统的中心是 R。试验开展分为两步，一是将模型安装在悬臂天平上，并浸没于水中，悬臂系统以恒定的角速度绕回转中心旋转。此时天平测得的力除模型的流体动力外，还包括模型本身因旋转运动而产生的质量惯性力。二是将试验系统以同样的角速度在空气中旋转，天平再次测得模型受力，显然这次模型只受自身质量惯性力的作用，比较两次测量的结果，即可获得试验条件下模型所受的流体力，进而可以得到法向力系数和力矩系数[3]。改变模型悬挂点半径 R（即改变相对角速度），重复以上试验过程，可得到法向力、力矩系数与旋转角速度的关系曲线，曲线的斜率即为旋转导数。

（4）附加质量试验

物体在水下全沾湿运动时的附加质量只与物体的形状有关，通常采用频率法或平面运动机构进行测量。平面运动机构强迫物体做周期性的升沉和俯仰运动，通过水动力天平测力并分析可以同时获得物体位置力、阻尼力和附加质量，但是试验机构复杂，误差环节较多，精度往往难以保证。频率法则通过激励物体分别在水、气两种介质下做单自由度自由振动，测量振动频率，进而分析得到附加质量，具有机构简单，误差环节少的特点，可以获得满足工程设计精度要求的测量结果。

频率法测量附加质量的理论基础是弹簧-振子系统的频率特性。弹簧-振子系统在空气中的阻尼振荡频率为

$$f_a = \frac{1}{2\pi} \sqrt{\frac{K}{M} - \frac{c_a^2}{4M^2}} \tag{5-100}$$

将振子放入水中，则振荡频率为

$$f_w = \frac{1}{2\pi} \sqrt{\frac{K}{(M+\lambda)} - \frac{c_w^2}{4(M+\lambda)^2}} \tag{5-101}$$

二者相除得

$$\frac{f_a}{f_w} = \frac{\sqrt{\dfrac{K}{M} - \dfrac{c_a^2}{4M^2}}}{\sqrt{\dfrac{K}{(M+\lambda)} - \dfrac{c_w^2}{4(M+\lambda)^2}}} \tag{5-102}$$

忽略空气阻尼作用，得到

$$\frac{f_a}{f_w} = \frac{\sqrt{\dfrac{K}{M}}}{\sqrt{\dfrac{K}{(M+\lambda)} - \dfrac{c_w^2}{4(M+\lambda)^2}}} \Rightarrow \frac{K}{(M+\lambda)} - \frac{c_w^2}{4(M+\lambda)^2} = \frac{K}{M}\left(\frac{f_w}{f_a}\right)^2$$

$$\tag{5-103}$$

上式左边两部分的值相差悬殊，舍去第二项，即忽略水的阻尼作用，得到

$$\frac{\lambda}{M} = \left(\frac{f_a}{f_w}\right)^2 - 1 \Rightarrow \frac{\lambda}{M} = \left(\frac{T_w}{T_a}\right)^2 - 1 \qquad (5-104)$$

分别测量振子系统在两种介质中的振荡周期，即可得到振子的附加质量。以下以 λ_{66} 的测量为例简要说明测量方案。

如图 5-19 所示，导弹以两根平行支架与两个弹簧钢片相连，以弹簧钢片的小角度变形产生弹性恢复力，使用 2 个反相激振器迫使弹体产生扭振，在导弹一端测量振动信号，进行频谱分析获得振荡频率和周期，进而计算得到附加质量。

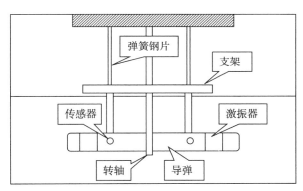

图 5-19 λ_{66} 测量方案简图

附加质量试验遵照以下步骤进行：

1) 安装模型并调平，打开振荡测量系统；

2) 在空气中推动模型，使模型产生需要的自由振动；

3) 记录加速度响应曲线，通过频谱分析获得模型在空气中自由振动的频率；

4) 使模型没入水中一定深度，推动模型使模型产生需要的自由振动；

5) 记录加速度响应曲线，通过频谱分析获得模型在水中的自由振动的频率。

6) 重复同一状态步骤 1）～5）2～3 次，以保证重复精度；

7) 更换 3 种规格的弹簧钢片重复试验 3 次，以扣除近似误差。

　　获得试验数据后，取数十个完整周期的自由振荡波形，做傅里叶变化以获得其频率，将频率换算为周期代入式（5-104）获得相应的附加质量，根据模型缩比系数得到原型的附加质量。

5.3.5　肩空泡对导弹流体动力影响

　　导弹在水下高速运动时，其表面甚至尾流区内的局部压力降低到饱和蒸汽压时，水会发生汽化，形成空穴，即称为空泡。空泡现象是导弹水下绕流中最重要的流动现象之一。它的发生不仅与流场的参数有关，而且与水的黏性、表面张力、热传性等物理属性及导弹的外形、尺寸密切相关[7]。空泡的出现势必改变导弹的压力分布，从而改变导弹所受到的阻力、升力和力矩。

　　导弹在水下航行时，在头部与弹体结合附近往往有一群气泡附着在头部表面上并随导弹一起运动，这群气泡的形态是瞬变的，气泡中的气体主要是水蒸气，其压力近乎是环境水温下水的饱和蒸汽压，这就叫作导弹肩空泡。一旦有肩空泡出现，就会改变导弹外表面的压力分布（见图5-20）。显然，如果空化只是初生状态，范围很小，就基本上对导弹的力和力矩没有影响；反之，空化是发展状态，覆盖的面积相当大，就必须计及肩空泡对导弹影响，肩空泡与尾空泡相连，形成超空泡。超空泡末端的回射流会给导弹一个附加推力，使导弹运动的阻力减小[8]。

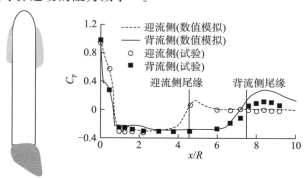

图5-20　导弹出现肩空泡现象及表面压力分布

影响导弹空化特性的主要因素是液体中有足够的空化核、足够的低压和足够的低压作用时间，三者缺一不可。流体力学中，用无量纲参数空化数来表征空化特性[8]。

$$\sigma = \frac{P_0 - P_v}{0.5\rho v_0^2} \qquad (5-105)$$

其中，特征值 P_0 和 v_0 分别为无穷远来流中未受扰动的压强和来流速度，P_v 是流体的饱和蒸汽压强。

空化数越大，空化越难发生；空化数越小，空化更易发生。

导弹水下航行的局部肩空泡现象对导弹流体动力的影响主要体现在阻力、升力（侧向力）以及附加质量等方面。

5.3.5.1　肩空泡对导弹阻力影响

导弹肩部的局部空化将对导弹阻力压差及黏性阻力产生一定影响。图 5-21 给出了某导弹模型水下运行过程中的流体动力系数及其变化规律[9]。空化数在某个特定时刻突然减小，对应于导弹肩空泡覆盖区域增大。从图中各力系数变化曲线来看，肩空泡的出现对压差阻力的影响与对黏性阻力的影响趋势是相反的，空化越严重，空泡尺寸越大，压差阻力增大越明显，而黏性阻力略有减小，肩空泡的出现增大了导弹的阻力，同时也使阻力产生一定的非定常振荡。然而肩空泡对导弹水动力影响的评价指标尚未建立，这对于带肩空泡水下航行的导弹流体动力的预测带来非常大的难度。

5.3.5.2　肩空泡对导弹升力影响

当导弹水下航行存在肩空泡时，导弹的升力特性也会发生变化。空泡的存在改变了导弹迎流面与背流面原始的压力分布特征，空泡覆盖区域压力接近于饱和蒸汽压，且空泡覆盖面积越大，升力变化越明显，升力系数随空化数的增大而减小。图 5-22 给出了某导弹模型出现肩部空泡时升力系数变化特征[8]。

5.3.5.3　肩空泡对附加质量影响

导弹水下航行时存在肩空泡时，其附加质量也将发生变化。空

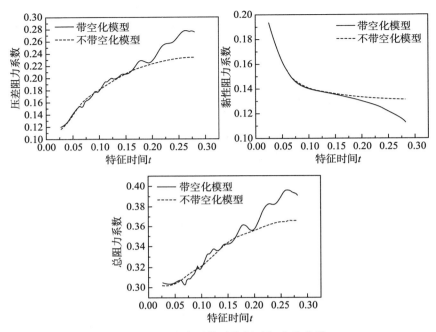

图 5-21　阻力系数随特征时间变化曲线

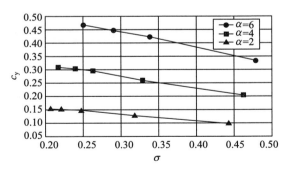

图 5-22　导弹升力系数随空化数变化特征

泡的产生从根本上改变了全沾湿流动，使得弹体表面与水介质之间
存在局部非定常的蒸汽隔离区，导弹作非定常运动时附加质量也伴
随空泡包络的非定常变化表现出一定程度的非定常特性。目前，带

空泡运动物体的附加质量计算还是一个难点，它涉及三维非定常空泡流问题。工程上常用理论计算方法对其初步估算。

首先利用物面布置涡环的有限基本解方法求解弹体绕流问题，用自适应牛顿迭代求解空泡自由流线，然后用 HESS - SMITH 方法求解对于该空泡形态的导弹附加质量。根据此求解思路，可初步获得附加质量与肩空化状态的关系[8]。

总的来说，肩空泡将对导弹水动力特性产生影响，在研究导弹的水动力时，应对空化现象，尤其是肩部的局部空化深入了解，摸清空化产生的区域及影响大小，采用有效抑制或控制空泡流的措施，推迟初始空泡的产生，从而减小空泡对导弹水动力性能的影响。

5.4　导弹出水过程流场

出水段是指由导弹头部触水开始至弹尾完全离开水面的阶段。在该过程中，导弹需要穿越水气自由界面，而真实环境下的自由界面受表面海风、海流、波浪的扰动呈瞬变随机特性，作用至弹体形成了复杂的流体动力，影响导弹出水姿态等参数，给导弹后续的工作流程带来了不利的影响[3]。

5.4.1　导弹出水流场数值模拟方法

导弹出水问题涉及物体绕流、水气自由面，在部分情形（导弹水下运行速度较高，局部压降低于饱和蒸汽压）下还包含水汽相变引起的附体空泡生成、演变与溃灭现象。随着理论研究的不断深入以及计算手段的发展与进步，导弹出水流场数值方法亦经历了多个研究阶段，衍生出了多种数值研究方法，其中最主要的是基于势流理论的数值方法和基于 N - S 方程的多相流数值方法，本节主要针对这两种方法加以阐述。考虑到携空泡出水流动的物理现象要远复杂于无空泡情形，对数值方法的要求亦更高，本节所述数值方法以考虑出水空泡溃灭的模型来给出。

5.4.1.1　基于势流理论的数值模拟[10]

导弹以较高的速度在水下运行时，肩部低压区出现附体自然空化，当导弹头部出水时，伴随着自由界面的隆起，附体肩空泡在泡内外压差的作用下将发生迅速的溃灭过程。以往的实测数据表明出水空泡的溃灭过程极其迅速，且导弹携带肩空泡的厚度（空泡壁面至导弹表面距离）远小于肩空泡长度。因此，依据细长体切片理论，可把三维肩空泡的溃灭过程简化为各截面上二维空泡的溃灭过程。简单起见，以垂直出水为例，携肩空泡导弹出水过程的流场示意如图 5-23 所示。

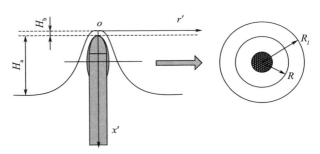

图 5-23　带空泡垂直出水流场剖面示意图

建立导弹携肩空泡出水数学模型，引入以下的假设：

1) 考虑导弹垂直出水的情形；

2) 设水层外界压力为大气压 p_0，泡内压力 $p_c \geqslant$ 饱和蒸汽压 p_v，以计及进入空泡内气体分压的影响；

3) 空泡内的气体按照理想气体定律来处理；

4) 假定溃灭开始时，泡壁法向速度为零；

5) 忽略重力的影响。

首先基于势流理论，给出二维有限厚度水域中空泡溃灭运动的数学模型。设液体的外边界为 $R_l(t)$，内边界为 $R(t)$，$R(t)$ 即为空泡半径，水层厚度为 $h_w(t) = R_l(t) - R(t)$。不考虑液体的黏性和压缩性，则流动无旋，存在速度势 $\varphi(r, t)$，满足 Laplace 方程。由于对称性，$\varphi(r，t)$ 满足：

$$\left(\frac{\partial^2}{\partial r^2}+\frac{\partial}{r\partial r}\right)\varphi(r,t)=0 \qquad R(t)\leqslant r\leqslant R_l(t) \quad (5-106)$$

连续性方程为：

$$R_l^2(t)-R^2(t)=R_l^2(0)-R^2(0)$$

$$R_l\dot{R}_l=R\dot{R} \qquad\qquad (5-107)$$

边界条件为：

$$\frac{\partial\varphi}{\partial r}=\dot{R}(t)，p=p_c \qquad r=R$$

$$\frac{\partial\varphi}{\partial r}=\dot{R}_l(t)，p=p_0 \qquad r=R_1 \qquad (5-108)$$

初始条件为：

$$R(0)=R_0，R_{l0}(0)=R_{l0}，\dot{R}(0)=0，\varphi(r,0)=0，p_c(0)=p_{c0}$$

$$(5-109)$$

满足上述方程与边界条件的解为：

$$\varphi(r,t)=R\dot{R}\ln\frac{r}{R_l} \qquad (5-110)$$

$$\frac{\partial\varphi}{\partial r}=\frac{R\dot{R}}{r} \qquad (5-111)$$

上述公式中，$\dot{R}(t)$ 为空泡壁面速度，p 为压力。

由于流动无旋，根据伯努利方程：

$$\frac{\partial\varphi}{\partial t}+\frac{1}{2}\left(\frac{\partial\varphi}{\partial r}\right)^2+\frac{p}{\rho}=f(t) \qquad (5-112)$$

将式（5-110）代入，考虑到 $R_l\dot{R}_l=R\dot{R}$，得到：

$$(\dot{R}^2+\ddot{R})\ln\frac{r}{R_l}-\left(\frac{R\dot{R}}{R_l}\right)^2+\frac{1}{2}\left(\frac{R\dot{R}}{r}\right)^2+\frac{p}{\rho}=f(t)$$

$$(5-113)$$

将液体外边界 $(r=R_l)$ 的条件式（5-108）代入式（5-113），可得：

$$f(t) = -\frac{1}{2}\left(\frac{R\dot{R}}{R_l}\right)^2 + \frac{p_0}{\rho} \tag{5-114}$$

所以有：

$$(\dot{R}^2 + R\ddot{R})\ln\frac{r}{R_l} + \frac{1}{2}\dot{R}^2\left[\left(\frac{R}{r}\right)^2 - \left(\frac{R}{R_l}\right)^2\right] + \frac{p}{\rho} = \frac{p_0}{\rho} \tag{5-115}$$

应用于空泡壁面 $r = R$ 处，得到泡壁运动的演化方程：

$$(\dot{R}^2 + R\ddot{R})\ln\frac{R}{R_l} + \frac{1}{2}\dot{R}^2\left[1 - \left(\frac{R}{R_l}\right)^2\right] + \frac{p_c}{\rho} = \frac{p_0}{\rho} \tag{5-116}$$

其中 ρ 为水密度。

根据状态方程，p_c 可以表示为：

$$p_c(t) = p_{c0}\left(\frac{R_0}{R}\right)^{2\gamma} \tag{5-117}$$

式中，$\gamma = 1$ 对应等温过程；γ 等于比热比时对应绝热过程。

代入式（5-116），得到泡壁运动方程：

$$(\dot{R}^2 + \ddot{R})\ln\frac{R}{R_l} + \frac{1}{2}\dot{R}^2\left[1 - \left(\frac{R}{R_l}\right)^2\right] + \frac{p_c}{\rho}\left(\frac{R_0}{R}\right)^{2\gamma} = \frac{p_0}{\rho} \tag{5-118}$$

令 $\tau = \dfrac{t}{R_0\sqrt{\dfrac{\rho}{p_0}}}$，$\alpha = \dfrac{R}{R_0}$，$\dot{\alpha} = \dfrac{\mathrm{d}\alpha}{\mathrm{d}\tau}$，$\beta = \dfrac{p_{c0}}{p_0}$，$\delta(\tau) = \dfrac{h_w(t)}{R_0} =$

$\dfrac{(R_l - R)}{R_0}$，则可得出式（5-118）的无量纲形式：

$$(\dot{\alpha}^2 + \alpha\ddot{\alpha})\ln\frac{\alpha}{\alpha+\delta} + \frac{1}{2}\dot{\alpha}^2\frac{(2\delta+\delta^2)}{(\alpha+\delta)^2} + \beta\alpha^{-2\gamma} = 1 \tag{5-119}$$

式（5-119）中，参数 β 体现了泡内气体含量的影响。这里水层厚度 δ 是时间的函数，可以由连续性方程（5-107）的无量纲形式求得：

$$\delta(\tau) = [\delta(0)^2 + 2\delta(0) + \alpha^2]^{\frac{1}{2}} - \alpha \tag{5-120}$$

采用四阶龙格-库塔时间步进方法，求解式（5 - 119）和式（5 - 120），可以得出 α、$\dot{\alpha}$ 的时间变化曲线。对于每时刻，可以由式（5 - 117）的无量纲形式：$p_c(t) = p_{c0}\alpha^{-2\gamma}$ 计算泡壁内的压力分布。

5.4.1.2　基于 N - S 方程的数值模拟

基于势流理论的数值模拟方法的优势是模型相对简单、求解速度快。然而，势流理论本身引入了较多的假设和近似，未考虑流体的黏性，而黏性是模拟出水过程流体薄层黏附在物体表面随物体一同运动等物理现象的重要形成条件，故而实现导弹出水复杂多相流场的模拟的最佳手段是求解多相流 N - S 方程。

对于导弹出水流场数值模拟而言，一方面需要至少能求解两相以上的多相流，另一方面需要兼顾非稳态自由面捕捉的需求，对于导弹携空泡出水的情形还需要考虑水汽相变效应。

多相介质界面捕捉方法包括 MAC、VOF、Level - Set 等方法。其中 MAC 方法通过引入标记点来跟踪界面，其对小变形的自由界面追踪效果较好，但不能处理较大的畸变。VOF 方法引入表示网格单元中液体占有量的函数，通过该函数值的变化实现界面追踪，有文献[11]表明 VOF 法的计算结果与实际自由界面形状相比要优于MAC 方法。Level - Set 方法的主要思想是将运动界面定义为一个函数的零等值面（线），然后保持它是零等值面，而且在界面附近保持单调。

目前实用的水汽相变模型多是基于 Rayleigh - Plesset（以下简称 R - P）提出的空泡生长方程。根据 R - P 方程描述空泡的增长和溃灭过程，不同空化模型源项的表达形式不同。Kubota 空化模型[12]基于由 R - P 方程得到的空泡动力学，推导并建立了蒸汽体积分数的传输方程。Merkle[13]和 Kunz 空化模型[14]考虑了液体和蒸汽之间的质量传输过程。Singhal 空化模型[15]仍基于 R - P 方程，并考虑了非凝结性气体，相对速度和表面张力。Senocak 和 Shyy 发展了 IDM 空化模型[16]，消除了空化模型的经验系数，对空化流动计算获得了较好的效果。

上述界面捕捉方法和空化模型的选取需要根据所求解问题的侧重点来进行：

1）若模拟导弹低速无空化状态出水，自由面形态演变及与弹体相互作用为研究关注点，则建立水气两相流模型，不考虑空化模型，界面捕捉方法用 VOF 即可；

2）若模拟导弹携空泡出水，肩空泡在出水过程中的溃灭特性为研究关注点，则需要建立水气汽三相流模型，考虑空化模型，界面处理可采用均质流模型或 VOF 方法。

相对而言，考虑携肩空泡出水的情形在数值方法处理上要更复杂，故而本节仍针对该情况来阐述。对于涉及空化效应的数值计算，采用均相流模型进行计算时，计算能较好地收敛，且经济性较高，计算结果能较好地反映空化流场的流动特性[17]。

基于 N‐S 方程的导弹出水数值模型主要由流场求解模块、运动求解模块组成，二者衔接通过网格更新来实现。

（1）流场控制方程

采用均质流模型，其主控的 N‐S 方程为：

$$\frac{\partial \rho_m}{\partial t} + \frac{\partial (\rho_m u_j)}{\partial x_j} = 0 \qquad (5-121)$$

$$\frac{\partial (\rho_m u_i)}{\partial t} + \frac{\partial (\rho_m u_i u_j)}{\partial x_j} = -\frac{\partial p}{\partial x_i} + \frac{\partial}{\partial x_j}\left[(\mu + \mu_t)\left(\frac{\partial u_i}{\partial x_j} + \frac{\partial u_j}{\partial x_i} - \frac{2}{3}\frac{\partial u_i}{\partial x_j}\delta_{ij}\right)\right]$$

$$(5-122)$$

$$\frac{\partial}{\partial t}[\rho_m C_p T] + \frac{\partial}{\partial x_j}[\rho_m u_j C_p T] =$$

$$\frac{\partial}{\partial x_j}\left[\left(\frac{\mu}{Pr_L} + \frac{\mu_t}{Pr_t}\right)\frac{\partial h}{\partial x_j}\right] - \left\{\frac{\partial}{\partial t}[\rho_m (f_v L_{ev})] + \frac{\partial}{\partial x_j}[\rho_m u_j (f_v L_{ev})]\right\}$$

$$(5-123)$$

其中，$\rho_m = \rho_l \alpha_l + \rho_v (1-\alpha_l)$，$u$ 和 p 分别为混合介质的密度、速度和压强，μ 和 μ_t 分别为混合介质的层流和湍流黏性系数，f_v 为水蒸气的质量分数，L_{ev} 为蒸发潜热，α_l 液相体积分数，下标 i 和 j 分别代表坐标方向，能量方程中最后一项为能量源项。

湍流模型选用标准 $k-\varepsilon$ 模型即可，该模型是典型的涡黏模型，它把涡黏系数、湍动能和湍动能耗散联系在一起，其控制方程为：

$$\frac{\partial(\rho_m k)}{\partial t} + \frac{\partial(\rho_m u_j k)}{\partial x_j} = p - \rho_m \varepsilon + \frac{\partial}{\partial x_j}\left[\left(\mu + \frac{\mu_t}{\sigma_k}\right)\frac{\partial k}{\partial x_j}\right]$$

$$(5-124)$$

$$\frac{\partial(\rho_m \varepsilon)}{\partial t} + \frac{\partial(\rho_m u_j \varepsilon)}{\partial x_j} = C_{\varepsilon 1}\frac{\varepsilon}{k}P_t - C_{\varepsilon 2}\rho_m\frac{\varepsilon^2}{k} + \frac{\partial}{\partial x_j}\left[\left(\mu + \frac{\mu_t}{\sigma_\varepsilon}\right)\frac{\partial \varepsilon}{\partial x_j}\right]$$

$$(5-125)$$

湍流黏度 μ_t 表示为 k 和 ε 的函数，即：

$$\mu_t = \frac{C_\mu \rho_m k^2}{\varepsilon} \qquad (5-126)$$

其中，k、ε 分别为湍动能和湍流耗散率，P_t 为湍动能生成项，μ_t 为湍流黏性系数。模型常数分别为：$C_{\varepsilon 1}=1.44$，$C_{\varepsilon 2}=1.92$，$\sigma_\varepsilon=1.3$，$\sigma_k=1.0$，$C_\mu=0.09$。

空化流动涉及到相变过程，因此在低压区会有非常大的密度变化，而且对下列因素非常敏感：1）空泡的形成和传输；2）压力和速度的湍流波动；3）不可压缩气体的含量。Singhal 模型很好地考虑了以上这些因素。

$$m^- = C_{dest}\frac{v_{ch}}{\sigma}\rho_l\rho_v\left[\frac{2}{3}\left(\frac{P - P_v(T_l)}{\rho_l}\right)\right]^{\frac{1}{2}}f_v \qquad (5-127)$$

$$m^+ = C_{prod}\frac{v_{ch}}{\sigma}\rho_l\rho_v\left[\frac{2}{3}\left(\frac{P_v(T_l) - P}{\rho_l}\right)\right]^{\frac{1}{2}}(1 - f_v - f_g)$$

$$(5-128)$$

式中，f_v、f_g 为液相、不溶性气核的质量分数，v_{ch} 是特征速度，反映气、液两相之间的相对速度。

（2）动力学求解方程

导弹平动方程在地面坐标系下建立，根据牛顿第二定律，得到：

$$\begin{bmatrix} \dot{v}_{x0} \\ \dot{v}_{y0} \\ \dot{v}_{z0} \end{bmatrix} = \begin{bmatrix} \dfrac{F_{x0}}{m} \\ \dfrac{F_{y0}}{m} \\ \dfrac{F_{z0}}{m} \end{bmatrix} \tag{5-129}$$

导弹转动方程在弹体坐标系内建立，根据动量矩定理建立，进而求得三个方向的角加速度：

$$A_m \begin{bmatrix} \dot{\omega}_x \\ \dot{\omega}_y \\ \dot{\omega}_z \end{bmatrix} + A_{v\omega} \left\{ A_m \begin{bmatrix} \dot{\omega}_x \\ \dot{\omega}_y \\ \dot{\omega}_z \end{bmatrix} \right\} = \begin{bmatrix} M_{xb} \\ M_{yb} \\ M_{yb} \end{bmatrix} \tag{5-130}$$

A_m 为惯性矩阵，即

$$A_m = \begin{bmatrix} J_{xx} & -J_{xy} & -J_{xz} \\ -J_{yx} & J_{yy} & -J_{yz} \\ -J_{zx} & -J_{zy} & J_{zz} \end{bmatrix}$$

式中　$J_{ij}(i, j = x, y, z)$——导弹转动惯量、惯性矩；

　　　$A_{v\omega}$——速度矩阵，即

$$A_{v\omega} = \begin{bmatrix} 0 & -\omega_z & \omega_y \\ \omega_z & 0 & -\omega_x \\ -\omega_y & \omega_x & 0 \end{bmatrix}$$

M_{xb}，M_{yb}，M_{zb}——弹体坐标系下的力矩。

在计算过程中每个时间步内，流场计算与动力学求解耦合作用，由网格运动和更新来联系，共同完成多相流场与导弹运动的一体化计算，算法内部流程如图 5-24 所示。

此外，针对考虑空泡的出水复杂自由面模拟，近期来出现了各种新方法[18]，其中 LBM 方法是一种流场的介观模拟方法，从微观粒子运动角度来模拟流场，对多相流及复杂自由面的捕捉和模拟具有一定的优势。同时该算法适合大规模并行计算，目前这类方法仍在发展完善中，相信今后能在出水流动的模拟中发挥更大的作用。

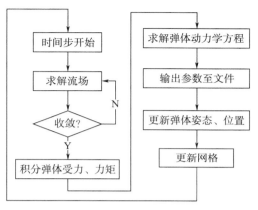

图 5 - 24　数值模型内部流程

5.4.2　导弹出水流场特性

导弹出水过程是一个典型的跨介质过程，导弹航行介质经历纯水—水气两相—纯气阶段，且中间还涉及复杂的多相介质掺混、与弹体耦合作用，甚至还可能涉及水气介质质量传输过程。多相介质的物性参数存在显著差异[19]，给出水问题带来了不可回避的复杂性。

出水流场特性按照导弹与自由面相对位置的不同来描述，依此思路，导弹出水过程划分为三个阶段，各阶段的示意如图 5 - 25 所示。

（1）第一阶段

在此阶段，导弹经历了出筒弹道、水下运动弹道，导弹头部逐渐靠近水气自由界面。此时，即便不考虑复杂的表面流动和波浪等因素影响，由于水气界面的影响，导弹运动流场不再满足无限大介质环境，导致导弹流体动力等特性与深水处的情形存在一定差异，也就是说导弹的流体动力依赖于深度，故而常规水、风洞方法得到的流体动力特性在此阶段未必完全适用；波浪等海洋环境对导弹的影响随深度减小而急剧增加，导弹在向水面行进过程中，与高度时变随机的波浪流场耦合作用，形成复杂的流体动力，进而对导弹的

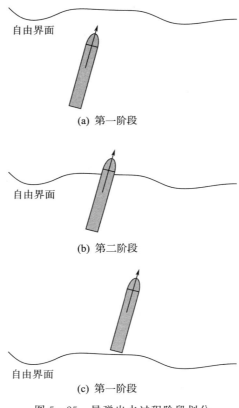

(a) 第一阶段

(b) 第二阶段

(c) 第一阶段

图 5-25　导弹出水过程阶段划分

运动参数造成强烈的扰动；随深度减小，导弹所处的环境压力降低，此时发生自然空化的可能性增大，若弹头是流线型的，产生的是游移型的泡状空泡，这种空泡在时间和空间位置上都具有随机性，空泡的存在改变了弹体压力分布，从而改变其阻力、升力和力矩，进而影响导弹的出水姿态角的稳定性。

（2）第二阶段

第二阶段指的是狭义的出水阶段，定义为导弹头部触水至导弹尾部完全离水。导弹头部顶水导致水气自由界面隆起、破碎，自由界面在重力作用下呈非稳态运动特性；导弹航行介质发生突变，头部高压区压力骤降，出水过程中沾湿面积和位置发生变化，流体动力体现了时变性和非线性；随机波浪、表面风等因素的影响进一步加剧，与弹体耦合作用，形成复杂的多相流场，流体动力扰动明显；若导弹携空泡出水，在空泡壁靠近水面过程中，由于环境压力升高空泡将在极短的时间内发生溃灭，形成较高的压力激励，作用于弹体表面，对弹身结构等造成不利影响[20]。

（3）第三阶段

第三阶段指导弹尾部离开水气自由界面至转入空中飞行的初始阶段。此时导弹位置虽完全离水，由于介质黏性等因素，弹身表面仍"夹带"部分水介质，且随时间推移，水介质在重力作用下回落，形成弹身绕流多相流场，造成了表面压力等参数的起伏；导弹出水过程对自由界面的扰动，可能导致液面喷溅，形成局部水射流，作用于弹体，使得其表面压力特性及流体动力进一步复杂化；导弹暴露于水气界面附近，该区域由于波浪流场诱导、底层随机风、高梯度物性参数场等因素，导弹绕流流场极为复杂，扰动呈随机特性。

5.4.3　波浪海流对导弹出水过程的影响

5.4.3.1　波浪海流特性

海浪是由风、重力等因素综合作用而产生和发展的海洋自由表面波动，可分为风浪、涌浪和近岸浪。一般认为，海浪是由海洋表面风扰动所引起，其在重力作用下发展，周期范围为 $1\sim30$ s 或者更大，其具体的含义和表征是[21]：

风浪——由于海风的直接作用而在当地产生的水波。它的外形较为杂乱粗糙，陡度较大，有时伴有浪花与泡沫，而且传播方向与风向一致，其周期多在 15 s 以下。

涌浪——因当地风力或风向改变遗留下来的浪或者是由其他海区传播至本海区的浪。它的外形比较规则，波面比较光滑，波长、周期均较原来的风浪为大，且随传播距离的增加而逐渐增大。

近岸浪——当波浪传到浅水及近岸，由于水深及地形的变化，其波高、波长、波速及波向等都会发生一系列的变化，这些变化对于近岸工程、海岸地貌的变化均有重要影响。

此外，海洋上也经常遇到不同来源的波系所叠加的波动，称为混合浪。对于导弹而言，其发射位置一般远离近岸，其所经受的波浪多为风浪、涌浪及其与另外浪系的混合叠加。海浪的宏观特征可用波高、周期、波长、波向等要素来表示，这些要素对于规则的简谐波可方便获得，但在实际中充分发展的海浪是一个各态历经的随机过程，这些要素须通过一段时间的观测记录和一定的统计方法来确定。

对于随机海浪，其数学描述常采用一种随机线性模式，即把海浪视为无限多频率、方向、振幅、相位等特征参数均不相同的规则简谐波叠加而成的不规则波系。这种数学模型引入了海浪频谱的概念，目前较为常见的海浪频谱包括 Bretschneider 谱、Pierson - Moscowitz（P - M）谱、JONSWAP 谱和 Neumann 谱。其中 P - M 谱为经验谱，其依据的资料比较充分，分析方法合理，在海洋工程和船舶中使用广泛，表 5 - 5 为 P - M 频谱参数与海况的对应关系[5]。

表 5 - 5　P - M 频谱参数与海况

风速/kn	海况（近似）	有义波高/m	平均周期/s	平均波长/m
10	2	0.6	2.7	22
20	4	2.2	5.3	89
30	6	5.0	8.0	200
40	7	8.9	10.7	355

海流通常是指海水的大规模相对稳定的流动，它在一般情况下是三维的，习惯上把其水平分量称为海流，而对其垂直分量称为升降流。整个世界大洋自表至底都存在海流，其空间和时间尺度是连续的[22]。

海流形成的原因较多，但归纳起来有以下几种。一是由于海面上的风黏切作用所引起的海水表层流，它的流动随深度而减弱，称为风海流或漂流；二是由于海水的温度、盐度分布的不均匀性影响了海水密度的分布，导致海洋压力场的斜压性，等压面与等势面的不一致就在水平方向上产生海水流动的梯度力，引起通称的梯度流；此外，还有由于月球和太阳对地球上海水的引力变化引起的潮汐现象所伴随的水平运动，即通称的潮流以及由于波浪运动引起的海水流动等。

5.4.3.2　对导弹出水过程的影响

在导弹水下发射的整个过程中，出水段弹道是非常关键的一段，会直接影响空中段的初始飞行姿态和稳定性。相比而言，导弹在深水段受扰动小，而在近水面处，海情较为复杂，导弹除了受水气自由面边界的影响外，实际海洋中这部分水体的流动情况最为复杂，水面处存在风、波浪、潮流、涌等多种海洋现象，这种复杂的流动结构必将对导弹出水过程造成影响，如果不加以考虑必会导致发射过程的失败。综合以上因素，海流和海浪对导弹出水过程的流体动力影响最大，故本节主要针对海流和海浪展开讨论。

根据观测结果，大范围海流在时间和空间上呈缓变特性，在导弹出水运动的时间尺度内，其量值和方向在短时间内不会发生较大的变化，因此海流对导弹出水过程的影响等同于在特定方向上增加常值干扰。一般地，对于有动力有控制的水下发射导弹而言，这种干扰是可以通过控制系统的补偿来消除的；即便是对于无动力无控的水下发射导弹，由于其本身多设计为静稳定布局且具有一定的运动速度，较小速度海流亦不会造成较大的扰动。

相比而言，波浪的随机运动特性使得其对导弹出水运动的影响较大。一方面其引入的自由界面形态变化改变了导弹出水运动介质变化特性；另一方面其诱发的复杂涡系流场结构与导弹耦合作用，形成了非线性流体动力特性，加剧了对弹身的扰动。导弹运动于波浪场时，由于弹身的存在使得流经导弹周围的流体加速减速产生了流体惯性力，并且由于黏性的作用产生对弹身的阻力，这两种力是波浪力的主要组成。波浪力的影响更多的是表现为一种随机干扰的作用，由于波浪的影响即便对于轴对称旋成体也会造成非对称流动，并且由于不同的浪级、出水相位、波浪方向等因素会对导弹的俯仰、偏航、滚动造成不同的影响，因此波浪力的影响很难准确地确定其作用效果，工程中应用需多组实验或计算来最终确定波浪的干扰作用[23-25]。

以导弹出水时刻遭遇的波浪相位对出水过程的影响为例，表5-6给出了采用基于 N-S 方程的数值方法计算所得的不同波浪相位下导弹出水流场特性[25]。研究结果表明，在近水面由于导弹受到波浪表面性与相位的影响，导弹在波谷（$\theta = 0°$）与波峰（$\theta = 180°$）相位出水时，肩部空泡形态在周向表现为不对称的几何特性，相应的压力载荷也表现为不对称的分布规律——肩空泡在导弹轴向覆盖的距离越大则导弹肩部低压区的尺度亦越大。这种不对称性将导致出水过程中肩空泡呈非对称溃灭特性，瞬间产生的溃灭压力将对导弹造成极大的扰动力和扰动力矩，直接影响导弹出水姿态。

表 5-6 波浪相位对导弹出水流场特性影响

特性分布	$\theta = 0°$（波谷）	$\theta = 90°$	$\theta = 180°$（波峰）	$\theta = 270°$
对称面内空泡几何特性				
三维空泡几何特性				
近水面压力场分布				

图 5-26 给出了用数值模拟方法获得的回转体在出水过程中的流体动力系数特性。从图可以看出，随着导弹离水面位置距离的减小，阻力系数呈下降趋势；在出水过程中，导弹头部离开水面，头部压力骤降，阻力系数以更大的斜率衰减；导弹完全离开水面后，阻力系数下降率有所回升并趋于平稳。由于计算对象为垂直出水，在出水过程中升力系数变化较小，若计算倾斜出水，升力特性的变化将变得复杂。

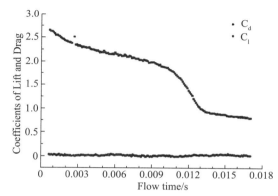

图 5-26　导弹出水过程流体动力参数特性

5.5　水下推力矢量流体动力特性

导弹水下发射采用有动力、有控制能力的发射方案后，潜艇可以在大深度、变深度、变航速、全天候条件下发射导弹，因而能大大提高潜艇的作战能力。采用发动机水下点火技术，可直接利用发动机推力矢量对弹道实施控制，一般有如下 4 种技术途径：

1）摆动喷管轴线。采用柔性接头喷管（单喷管或四喷管），通过摆动喷管轴线，使发动机产生推力侧向分量。

2）采用燃气舵控制。在喷管出口处设置燃气舵，由燃气舵提供控制力。

3）二次喷流技术。在喷管内设置侧向气流出口，利用二次喷流改变出口喷管气流的对称性，从而提供侧向推力。

4）扰流片技术。在喷管出口端面设置扰流片，实际是遮盖喷管部分出口面积，改变气流出口对称性，从而提供侧向推力。

以上四种技术方案都是直接利用出口气流改变流向来提供控制力，所以统称推力矢量控制技术。

除了利用推力矢量控制技术外，水下航行体还可以采用水力舵控制运动方向。为了对水下航行体实施有效的控制，有时需联合采用推力矢量和水力舵两种方案，如法国飞鱼导弹运载器水下航行就是如此。

在不同的海况、助推器的工况条件下达到总体、控制、结构的技术要求。提供足够的控制效率，设计依据如下：

1）总体指标：发射深度、出筒时的速度；机动能力；出水时的姿态与速度。

2）发射装置及导弹尾部外形对推力矢量装置结构尺寸的约束。

3）导弹流体动力外形性能数据。

4）助推器喷管型面、火药特性；总温、总压、推力在空中和水下随时间的变化特性。

5）推力矢量装置结构变形、材料烧蚀特性。

5.5.1　工程估算方法

对于采用燃气舵或扰流片实现推力矢量控制时，可采用如下工程估算方法。

根据一维等熵流动的公式算出喷管内和出口处燃气流的速度和压力，γ 是燃气的比热比，计算公式如下[26]：

$$\frac{A_e}{A_*} = \frac{\left[\left(\frac{2}{\gamma+1}\right)\left(1+\frac{\gamma-1}{2}M_e^2\right)\right]^{\frac{\gamma+1}{2(\gamma-1)}}}{M_e} \tag{5-131}$$

$$\frac{p_e}{p_0} = \left(1+\frac{\gamma-1}{2}M_e^2\right)^{-\frac{\gamma}{\gamma-1}} \tag{5-132}$$

$$\frac{\rho_e}{\rho_0} = \left(1 + \frac{\gamma - 1}{2} M_e^2\right)^{-\frac{1}{\gamma - 1}} \tag{5-133}$$

$$a_e = \sqrt{\gamma \frac{p_e}{\rho_e}} \tag{5-134}$$

$$v_e = M_e a_e \tag{5-135}$$

不同水深时的推力与推力系数的计算公式如下：

$$F_x = \rho_e A_e v_e^2 + A_e (p_e - p_a) \tag{5-136}$$

$$C_t = \left(\frac{2}{\gamma + 1}\right)^{\frac{1}{\gamma - 1}} \cdot \sqrt{\frac{\gamma - 1}{\gamma + 1}} \left\{ \frac{2\gamma}{\gamma - 1} \sqrt{1 - \left(\frac{p_e}{p_0}\right)^{\frac{\gamma - 1}{\gamma}}} + \frac{\left(\frac{p_e}{p_0}\right)^{\frac{\gamma - 1}{\gamma}} \left(1 - \frac{p_a}{p_e}\right)}{\sqrt{1 - \left(\frac{p_e}{p_0}\right)^{\frac{\gamma - 1}{\gamma}}}} \right\} \tag{5-137}$$

根据喷管和扰流片（燃气舵）的几何外形查曲线可得到所受的力与力矩，换算成对全弹的控制力与力矩。

而对于采用摆动喷管或二次喷流实现推力矢量控制，可直接用喷流方向计算侧向控制力与力矩。

5.5.2　数值模拟方法

随着计算流体力学（CFD）技术的发展，应用数值模拟方法来分析论证推力矢量特性越来越广泛。

基于 Reynolds 平均 Navier - Stokes 方程和多相流模型，采用有限体积法和适当的格式离散方程，选择 SIMPLE 算法实现压力-速度耦合。喷管入口采用质量流量入口，所取质量流量的值对应于总温、总压。扰流片或燃气舵、喷管内壁和尾部的端面为无滑移壁面边界条件，出口侧面及圆柱后端面均为压力远场，典型计算域及边界条件设置如图 5 - 27 所示。求解水下推力矢量流场，获得作用于喷管上的法向力、轴向力、俯仰力矩、偏航力矩，以及作用在扰流片上的轴向力与法向力。

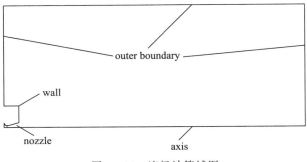

图 5 - 27　流场计算域图

5.5.3　推力矢量流体动力特性试验

复杂燃气流下工程估算或数值计算均进行了一定简化，获得的推力矢量特性存在一定误差，因此对于通过计算获得的结果必须经过试验验证。

5.5.3.1　风洞试验

水下发射所用动力大多数是固体火箭发动机，是一次性消耗品，包括水下发射导弹设计用推力矢量装置也是一次性消耗品，因而为掌握推力矢量特性而进行的地面试验成本很高，为降低研制成本应慎重设计推力矢量地面试验方案，考虑到流场相似性，可采用风洞试验推力矢量特性的方法，用于推力矢量特性前期研究，该方法可以较低成本充分试验，获取不同推力矢量方案、不同参数的特性，指导后期实际燃气条件下推力矢量特性试验，大大提高了试验成功率。

受炮风洞的活塞高速运动的压缩，被驱动段的气体，压力、密度、温度迅速增加，达到助推器燃烧室的总压和总温，经喷管扩张段膨胀，以超声速喷入可改变压力的密封罐。

根据燃烧室要获得的总压，向驱动段内注入相应的高压气体；另外向密封罐充高压气，模拟不同的水深环境压力。

在喷管出口与喉部，装有推力矢量装置和相应测量天平，可测得法向力、轴向力、俯仰力矩及相应的系数等相应的推力矢量特性。

5.5.3.2　加压水箱试验

加压水箱是密封的高压水罐，缩比的发动机及推力矢量装置与实物几何相似，燃烧室的总温、总压则与真实发动机的一致。通过天平测得在不同背压下工作时的推力矢量特性。

5.5.3.3　全尺寸水下推力矢量特性试验

风洞中的气体与实际燃气之间存在一定差异，最终的推力矢量特性必须通过全尺寸试验获得，全尺寸推力矢量特性试验可分为陆上和水下两个阶段进行，陆上或空中的推力矢量特性试验与常规的发动机六分量试验基本相同，难点是全尺寸水下推力矢量试验，需建立全尺寸水下推力矢量试车台，具备全尺寸发动机水下点火、推力矢量控制装置试验环境与测量设施，试验环境必须考虑壁面效应影响，具备足够大尺度的水中环境，同时水下测量力或力矩必须考虑水的浮力等对测量的影响或干扰。

参 考 文 献

[1] 朱坤. 浅议我国巡航导弹发展思路 [J]. 飞航导弹，2002（7）.

[2] 冯振兴. 潜地导弹水下发射环境分析 [J]. 导弹与航天运载技术，1996
（5）：43－52.

[3] 黄寿康. 流体动力·弹道·载荷·环境 [M]. 北京：宇航出版
社，1991.

[4] ANSYS FLUENT 14.0 User's Guide，ANSYS Inc.

[5] 张宇文. 鱼雷弹道与弹道设计 [M]. 西安：西北工业大学出版
社，1999.

[6] 张宇文. 鱼雷外形设计（上册） [M]. 西安：西北工业大学出版
社，1998.

[7] 魏海鹏，郭凤美，权晓波. 潜射导弹表面空化特性研究 [J]. 宇航学报，
2007，28（6）.

[8] 罗金玲，何海波. 潜射导弹的空化特性研究 [J]. 战术导弹技术，2004
（3）.

[9] 魏英杰，闵景新，王聪，邹振祝，余峰. 潜射导弹垂直发射过程空化特
性研究 [J]. 工程力学，2009，26（7）.

[10] 鲁传敬，李杰. 水下航行体出水空泡溃灭过程及其特性研究 [C]. 第十
一届全国水动力学学术会议暨第二十四届全国水动力学研讨会并周培源
教授诞辰 110 周年纪念大会文集，无锡，2012.

[11] 胡影影，朱克勤，席葆树. 半无限长柱体出水数值模拟 [J]. 清华大学
学报（自然科学版），2002，42（2）.

[12] Kubota A，Kato H，Yamaguchi H. A New Modeling of Cavitating Flows：
a Numerical Study of Unsteady Cavitation on a Hydrofoil Section [J].
Journal of Fluid Mechanics，1992，240（1）.

[13] Merkle C L，Feng J，Buelow P E O. Computational Modeling of Dynamics
of Sheet Cavitation [C]. in：Proceedings of the 3rd international

Symposium on Cavitation，Grenoble，France，1998.

[14] Kunz R F，Boger D A，Stinebring D R，et al. A Preconditioned Navier - Stokes Method for Two - phase Flows with Application to Cavitation [J]. Computation of Fluids，2000，29.

[15] Singhal A K，Athavale M M，Li H Y，et al. Mathematical Basis and Validation of the Full Cavitation Model [J] . Journal of fluids engineering，2002，124 (3).

[16] Senocak I，Shyy W. Interfacial Dynamics - based Modeling of Turbulent Cavitating Flows，part - 1：Model Development and Steady - state Computations [J] . International Journal for Numerical Methods in Fluids，2004，44.

[17] 孔德才. 通气超空化多相流动模型的研究 [D] . 北京：北京理工大学，2005.

[18] 洪方文，褚学森，彭晓星，等. 中国船舶科学研究中心近期空化流动研究进展 [C]. 第十一届全国水动力学学术会议暨第二十四届全国水动力学研讨会并周培源教授诞辰 110 周年纪念大会文集，北京，1991.

[19] 郑帮涛. 潜射导弹出水过程水弹道及流体动力研究进展 [J] . 导弹与航天运载技术，2010 .

[20] 颜开，王宝寿. 出水空泡流动的一些研究进展 [C]. 第二十一届全国水动力学研讨会暨第八届全国水动力学学术会议暨两岸船舶与海洋工程水动力学研讨会文集，济南，2008.

[21] 中国船舶重工集团公司. 海军武器装备与海战场环境概述 [M]. 北京：海洋出版社，2007.

[22] 陈宗墉，等. 海洋科学概论 [M]. 青岛：青岛海洋大学出版社，1992.

[23] 王亚东，袁绪龙，张宇文，等. 波浪对导弹垂直发射水弹道影响研究 [J]. 兵工学报，2012，33 (5).

[24] 谷良贤，李军政. 海浪对运载器姿态的影响研究 [J]. 西北工业大学学报，1997，15 (4).

[25] 朱坤，陈焕龙，刘乐华，等. 波浪相位对航行体出水过程水动力特性的影响 [J]. 兵工学报，2014，35 (3).

[26] 董师颜，张兆良. 固体火箭发动机原理 [M]. 北京：北京理工大学出版社，1996.

第6章 水下发射导弹载荷与结构技术

6.1 水下发射导弹结构总体设计概述

导弹结构用于构成导弹外形和承载各种力热及环境载荷，连接和安装弹上动力系统、战斗部和引信、制导与控制系统、电气系统、遥测及安全系统等，为导弹提供良好的气动或隐身外形，承受地面运输、吊装、发射和飞行中的各种载荷，保护弹体内各种设备并提供其必要的工作环境。导弹结构是导弹的重要组成部分，将各分系统连接成一个整体，对保证导弹完成预定任务起到重要的作用。

潜射导弹结构设计的主要特点是弹体结构在主要完成导弹空中飞行任务的同时，还须兼顾水下发射时水中航行和出水段承受水下发射、水下航行和出水载荷，保护弹上设备水下航行时状态完好，可顺利转入空中段飞行。由于空气和水特性差别大，水下航行和空中飞行对导弹流体外形要求差异较大，往往要求弹体结构外形必须尽可能适应差异较大的流体外形要求。

上述特点导致潜射导弹结构设计具有其特殊性，具体表现如下：

1) 兼顾空中和水下不同外形需求。两种外形要求的不一致往往导致须通过变结构实现不同外形，例如法国飞鱼潜射反舰导弹采用运载器结构满足水下流体需求，出水后运载器分离，弹翼、舵面展开以满足空中气动外形需求；而美国三叉戟潜射弹道导弹水下采用短粗外形，出水后弹出伸长杆以满足空中超声速头部长细比要求。

2) 水下发射由于水压及流体引起的水下发射、出水载荷普遍较大，因而弹体结构需相应加强。

　　3）潜射导弹面临的海水及盐雾等腐蚀影响严重，必须采取防腐措施。

6.2　水下发射导弹载荷与结构技术

6.2.1　水下发射导弹载荷简介

　　导弹从生产出厂到完成战斗任务的过程中，要经受各种环境条件，承受各种不同的外载荷。水下发射导弹的外载荷是导弹在贮存、运输、吊装、水下发射和空中飞行等工作过程中，施加在导弹上的各种作用力的总称。随着科学技术发展及针对不同作战使命需求，潜射导弹发射方式根据导弹出筒状态主要分为水平发射和垂直发射；根据发射出筒方式主要分为蒸汽/燃气弹射被动出筒（管）和发射筒内点火主动助推的热发射等。导弹水下航行要穿过高密度的海水，并受海浪、海流、空泡等多种干扰因素的作用，姿态受干扰因素较多。为了使导弹结构在全部使用过程中满足强度、刚度、可靠性和质（重）量要求，必须正确地确定导弹外载荷并进行强度分析。外载荷是导弹结构强度与刚度设计的主要依据之一，而结构强度刚度分析则是导弹结构设计的关键环节之一。

　　水下导弹发射经历了从水到空气的不同介质变化，作用在导弹上的载荷主要包括支反力、发射推力、水动力、空气动力、质量力、助推器推力、主发动机推力、控制力等。具体分类如下：

　　（1）按载荷作用的分布特性分为质量力、表面力和集中力

　　质量力是与导弹质量分布相关的作用力，与材料密度和质量成正比，是一种体积力。重力和惯性力均属于这一类。

　　表面力作用在弹体表面，呈现面积分布特性。例如导弹深水外压、鱼雷管发射膛压、容器的内压力、空气动力、支反力等。水下及空气动力包括阻力、升力、侧向力，它们作用在导弹外表面上，是一种面积力，其合力的作用点在全弹压力中心上。

　　集中力是指在弹体的某些局部或者相当小的面积上作用较大的

力，在计算简化模型分析时理论上可以认为作用在一点上。由于这种力在局部结构中需要向外传递平衡，故传力路线设计时要避免局部不足。通过发动机支架接头传递弹身的接触力、运输工具限位、吊挂等支反力属于集中力。

（2）按载荷对结构影响的性质或作用力随时间的变化特性可分为静载荷和动载荷

静载荷是缓变力，从时间的观点看，没有绝对静止的稳定力。载荷作用时间或变化时间要比导弹的固有振动周期长的多，一般讲，如果载荷作用时间比导弹固有振动最大周期大 3 倍以上，就可作为静力载荷。对于交变载荷，如果变化周期大于导弹固有振动最大周期 3 倍以上，在工程设计中可以把它作为静力学问题处理。例如深水外压、气动力、发动机推力、燃料箱内压力，以及导弹飞行加速度产生的惯性力等[1]。

动载荷是速变力，当作用时间小于结构自然振动最大周期的 1/2 时，一般属于动力冲击。对加载时间在 10^{-2} s 以下者，则应适当考虑动载荷效应[1]。冲击载荷、振动载荷、噪声载荷、撞击载荷都属于动载荷。例如发射腔压、阵风载荷、发动机启动时推力急增、关机时的推力突降、级间分离激起的纵向和横向振动等。

（3）气动加热载荷

随着航空航天技术的发展，新一代远程超声速/高超声速巡航导弹是导弹武器系统发展的重点方向之一。当导弹以超声速飞行时，靠近弹体表面的气流由于摩擦和压缩被阻滞，特别是附面层区域受到强烈的阻滞，热流从此处通过对流方式进入结构，造成壁面结构加热，引起气动加热。一般工程初步预估驻点温度可以作为弹体表面处的最高可能温度值 T_{SK}，近似计算公式[1]：

$$T_{sk} = T_H (1 + 0.18 Ma^2) \tag{6-1}$$

式中　T_H——在高度 H 上的大气绝对温度值（K）；

　　　Ma——导弹飞行马赫数。

导弹气动加热通常发生在来流马赫数大于 1.5，高度 60km 以下的情况，弹体结构内温度的高低与分布情况，主要受到气动加热、发动机工作热、弹内大功率电子设备的热辐射、太阳辐射热等影响。热防护的目的是设计吸收或耗散气动加热，实现热防护关键技术是各种防热结构和材料的选用。

（4）水下发射载荷

当导弹装在潜艇上进行水下发射时，除了导弹本身穿过水中，其表面要承受很大压力以外，发射时的外界扰动情况也很重要。导弹在水平鱼雷管发射时，鱼雷管发射前需要打开前盖，导弹承受深水静压，对导弹薄壁壳体需分析其外压结构稳定性，一般按薄壁壳体进行强度校核计算。

导弹水下发射时，艇和洋流有相对运动，导弹出管或出筒时会受到横流，产生较大的弯矩，弹体结构刚度需要重点分析其承弯能力。导弹出水时海面波动，对导弹的出水载荷有影响，并影响弹道（或飞行航迹）。

确定导弹弹出发射管的速度，主要以保证出口时导弹抗扰动的能力来考虑。从发射筒内发射，导弹底部承受高压，导弹产生很大的轴向加速度，在短时间内从发射筒内射出，一般轴向过载的选用范围为 $2\sim10g$。

导弹发射井（筒）发射时，可以分为冷发射与热发射两种情况，筒内环境和喷气压力等也是导弹设计中必须考虑的因素。

1）冷发射。首先用管内气体将飞行器推出井口或筒口，到井口上一定高度时，发动机点火使导弹加速上升。

2）热发射。指在井内或筒内发动机直接点火工作，井或筒体要设置良好的排气通道和热防护措施。

总之，导弹的工作环境复杂多样，分析导弹的使用载荷首先要研究导弹任务剖面，确定导弹在使用中受到的各种不同的力，这些载荷是随机性的和经验性的，导弹在各种工作环境中某一时刻可能会同时经受多种载荷源的联合作用。随着数字仿真技术的发展，对导弹载荷特性的分析已逐步进行精确的数学方法描述。

导弹结构设计的载荷受到材料性能、结构尺寸公差和加工质量等随机因素的影响。在导弹工程设计中，为确保弹体结构安全可靠，将导弹载荷分为使用载荷、设计载荷，并根据实际情况给出使用安全系数。使用载荷是指导弹在不破坏结构、不产生妨碍正常工作的变形情况下作用在导弹上的最大载荷。结构设计应力一般不超过材料的屈服极限，在卸载后不遗留有害的残余变形。因此，结构设计时使用载荷必须小于结构的破坏载荷，结构应当有一定的剩余强度。设计载荷和使用载荷的比值定义为安全系数 f，其数值愈大愈安全，但结构质量愈大，合理选择确定安全系数极为重要。安全系数受各种因素的影响具有一定的随机特性，应使用统计方法确定，工程上安全系数是在统计了大量数据的基础上进行选定，水下发射导弹一般金属常取 $f = 1.2 \sim 1.5$，复合材料取 $1.5 \sim 2$。

6.2.2　水下发射导弹结构设计

弹体结构是导弹系统的重要组成部分，结构设计要综合考虑各种因素，设计目标是保证导弹结构在满足总体技术指标要求下有最好的性能。主要包括弹身、气动力面（弹翼、舵面、安定面等）、机构（分离机构、操纵机构、折叠展开机构等）等部件。它为导弹提供良好的水下和气动外形，承受工作过程中产生的各种载荷，为弹内设备创造必要的工作环境。导弹结构设计的基本要求通常在导弹初步设计阶段由导弹总体专业提出，导弹结构形式及结构参数的变化必将对导弹总体性能带来重大的影响。结构设计在某一方面的突破可以使武器系统性能大幅度提高，因此，导弹结构应当与总体设计紧密配合，在保证总体设计技术要求的前提下，寻求弹体结构各组成部分在分离面选取、结构形式、设备布局、传力受力等方面的最佳布局与设计，形成最佳弹体结构方案。

弹体结构设计的技术要求一般由总体专业给出，主要包括外形、设备安装、载荷、环境、维护、可靠性、安全性等，在构思和拟订过程中，相关系统和结构系统进行反复讨论和协商，并与结构方案论证工作同时进行。结构设计过程中，进行零部件的设计、分析、试验，最终提交可供生产总装的图纸或模型，并生成相应的技术文件。弹体结构设计的实质就是将对弹体的构思转化为产品的实体，过程中离不开专业性和创造性。结构设计的基本理论和方法是其专业和系统工程的体现，在这些理论和方法指导下才能系统的更好、更快进行导弹研制。结构设计从方案论证、详细设计及优化改进中都存在多种途径和方案，在多约束条件下找到比较合理或可工程化的设计，全过程体现着设计者的智慧和创造性。结构设计的过程是一个不断优化和完善的过程，其设计理论与方法的发展也将随着设计方法、材料和工艺科学、研制实践经验的发展而不断提升。

弹体结构设计须综合考虑总体及系统设计、材料和制造工艺、使用和维护、成本和供货等多方面的因素，弹体设计质量的优劣直接影响导弹的总体性能、制造成本和生产周期。结构及其各部件的功用不同，设计要求和方法也不尽相同。弹体结构的创新设计，例如折叠弹翼、复合材料结构、热防护和热管理结构、功能材料和弹体结构一体化等，对推动导弹技术的发展均有重大的作用。

结构设计的指导思想为轻量化下简单、可靠、安全、工艺性好、成本低、使用维护方便等。对弹体结构而言，最主要的是保证结构在整个使用期内具有足够的强度和刚度，可承受静、动、热各种使用载荷，使结构既不破坏或失效，也不产生不允许的变形，工作可靠。同时，还要求结构满足各项结构动力学性能要求，如固有频率与主振型、气动弹性边界、结构不失稳、热变形协调匹配等，并达到总体设计规定的可靠度要求。

（1）水下和空气外形要求

结构外形应满足水下和空气外形及良好的性能要求，刚度好，尽可能减小相对理论外形的误差。外形表面质量要求包括尽量减小舱段的表面粗糙度、对接阶差、表面波纹度和局部凹陷等，以提高表面品质。设计时多采用整体结构，连接时采用定位精度高、气动外形好的部件连接，或采用设计补偿等措施提高安装、装配精度。

合理选择设计和制造方法，尽量减少分离面和舱口数量，避免局部突起、缝隙，或采取加整流罩方法降低阻力。

（2）强度、刚度与可靠性要求

结构强度包括静动热强度、刚度、静动稳定性、疲劳性以及耐各种环境载荷的能力、可靠性和可控性等。结构强度分析的目的在于根据载荷分布要求，解决型号研制过程中结构部件在多种环境载荷作用下的承载能力、可靠性和优化设计等问题，并按规范选择合理的安全系数。

对弹体结构而言，保证可靠性最主要的是保证结构在整个使用期内，具有足够的强度和刚度来承受各种载荷，使结构具有足够的强度、刚度和稳定性，并达到总体设计规定的可靠度要求。合理地选择结构材料和结构形式，充分继承已有的科研成果，采用成熟可靠技术，并进行充分的结构分析和强度计算校核。通过设计载荷下的试验来验证结构的强度、刚度、符合设计准则的程度和可能的余量。

综合优化总体布局参数、合理选择结构受力形式与传力路线，使力在结构中的传递最直接、简洁。结构元件的剖面应力尽可能均匀分布，元件材料力学性能应与元件受力要求一致，避免在某些部位发生传力突变或畸变，尽可能在设计载荷作用下，结构的所有元件、元件的所有剖面都同时达到强度极限，实现"等强度"设计目的。

（3）质量特性要求

结构设计应满足总体规定的质量、质心位置、转动惯量等指标要求，尽可能减小结构质量以提高导弹有效载荷和飞行性能。

（4）环境适应性及水下防腐要求

环境适应性等要求主要反映在环境适应性设计中，结构方案设计之初就需考虑这些设计因素。水下发射导弹需要考虑结构耐海水、盐雾和间断注水等环境带来的腐蚀，一般从防腐蚀设计、防腐蚀材料、防腐蚀表面处理、结构水密隔离等方面采取措施。

（5）工艺性要求

结构设计工艺性是产品在满足总体技术性能和使用要求下，实现尽可能低的生产成本和尽可能短的制造周期，主要包括产品制造工艺性和装配工艺性，是实现经济性要求的主要因素之一。导弹制造涉及装配、机械加工、焊接、铸造、冲压、锻造、电加工、热处理和表面处理等多工种，结构设计时要充分考虑工艺因素以提高设计品质。工艺性是结构的一种属性，影响构造工艺性的参数主要有形状、尺寸、粗糙度、材料、标准化的程度、新工艺和新技术的成熟程度、批量、生产设备等。合理选择设计和工艺分离面，方便操作和维护。

为实现产品工艺性，设计时零部件的构造和形状力求简单，提高标准化程度和继承性，合理选用材料，正确采用补偿措施以降低单件产品制造难度和改善总的装配工艺性。

（6）使用维护要求

水下导弹的使用包括运输、贮存、装填、值勤、维护、作战使用等环节。在运输、贮存、装填、战备值勤过程中，应能够承受海水腐蚀、自然环境和工作环境。在定期检测、维护中导弹结构应拆装方便，易于更换设备。作战条件下要求操作安全、迅速、方便。合理布置操作位置、操作零部件的形式，保证拆卸、对接方便、迅速，注意导弹维修的开敞性、可达性、安全性。水下导弹是长期贮存、一次使用，并且要定期检查、维护。随着技术发展，导弹逐渐向全备弹、免维护方向发展。导弹是否便于使用维护是衡量产品设计好坏的重要标志之一。

（7）经济性要求

实现导弹结构全寿命周期经济性的最根本措施是保证结构设计的合理性，尽可能采用成熟的结构技术和形式，提高结构的继承性和标准化程度，在整个设计和改进过程中贯彻成本分析。

（8）隐身要求

导弹隐身主要是避免被雷达和红外探测，通过结构外形和布局、功能材料或涂层技术减小雷达散射面积，采用外形控制、掺混、冷却和迷彩技术实现红外辐射抑制。随着光电技术和材料技术的发展，隐身技术的内涵更加丰富，加强导弹隐身技术设计，对提高其隐身性能和突防能力具有重要意义[2]。

6.3　水下发射导弹结构强度设计

导弹结构强度是结构承受外载荷（静、动、热）作用的能力，按结构响应破坏形式的不同，包括强度、刚度、稳定性、耐久性、损伤容限、完整性、可靠性和耐环境能力等，足够的强度是保证飞行器结构安全可靠的前提，结构强度设计是导弹结构设计的一个重要环节。结构应该在保证强度足够的前提下，设计得最轻、最经济、最简单，以提高飞行性能、有效载荷并使制造、使用和维护方便。导弹结构为多种结构形式组合的复杂结构，简单的定性分析很难设计出合理的、高性能的结构，只有通过结构强度设计才可以有效地、科学地选择合理的结构设计方案。结构强度设计贯穿整个结构设计过程，设计初期通常是做出多种方案，对不同方案进行结构分析和比较，综合考虑结构形式、材料、工艺等各方面因素，从而选择合理的优良设计方案。导弹结构强度设计是导弹结构设计方案选择的基本的、必须考虑的因素。

结构分析的方法可以分为解析法和数值法两大类。解析法是根据材料力学、结构力学、弹塑性力学等力学公式为基础，包括一些经验方法，导出力学特征的方程，在一定的边界条件下进行解析求解。解析法的优点是结果简单、可靠，物理意义明确，便于对结果进行分析研究。工程实际能够采用解析法分析的问题很少，只有在分析简单结构时使用。数值解法对表征力学特征的方程进行数值求解。目前，最广泛使用的数值解法是有限元素法。将一个连续的无限自由度问题变成离散的有限自由度问题，并运用数值方法近似求解。其优点是：能充分利用现代计算机技术，求解简单快捷，能够应用规则的离散单元来模拟任意形状的复杂结构，获得满足工程要求的力学特性，适应面广。静强度刚度分析、振动模态和动力响应分析、热应力及变形匹配分析等均可满足分析要求。

6.3.1　导弹结构静、动、热强度分析

（1）结构静力分析

结构静力分析主要研究导弹结构在静载条件下结构的静强度、刚度和稳定性。主要内容有：计算结构的变形（位移）及其分布，进行结构刚度分析与验证；计算结构的内应力及其分布，进行结构强度可行性分析与验证；计算结构失稳临界载荷和失稳特征，进行结构稳定性边界条件分析与验证。

强度、刚度验证是根据结构应力与变形的分析结果，应用一定的强度理论（准则）对结构进行评价的过程，结构稳定性验证目的是根据结构失稳临界载荷和失稳模态的分析结果，指导结构的稳定性设计，以控制结构失效。

（2）结构动力分析

结构动力分析主要是研究导弹结构动力固有特性和在动载荷作用下结构的动力学行为，完成结构在使用条件下的振动固有特性分析、动态响应分析等工作。具体内容有：

结构动态固有特性分析是计算导弹结构（系统）的各阶固有频率、模态振型（主振型）和模态阻尼值及广义质量等特性参数，这些参数属于导弹的固有特性。

结构动态响应分析是计算导弹结构在动载荷作用下，全弹位移（变形）、内应力随时间的响应历程。动态响应分析主要内容有：结构瞬态响应分析、结构频率响应分析、结构冲击响应分析、结构噪声响应分析、结构随机振动响应分析等。分析导弹结构的强度、刚度在整个响应历程中是否满足设计要求，为控制系统回路稳定性分析、动载荷分析、气动弹性分析以及弹上设备减震等提供基础数据。

颤振是导弹飞行中在气动力、弹性力和惯性力综合作用下产生

的一种自激振动，需进行气动弹性分析，当飞行参数超过临界参数时，弹体结构呈现振幅迅速扩大并导致结构破坏。随着飞行速度的增加、全动翼面的使用，气动弹性问题更为重要。

（3）结构热分析

热强度计算是计算弹体在气动加热下结构的应力、变形匹配和失稳等。结构热分析和其他结构强度分析往往耦合在一起，除了一些强热流环境导致材料物理性能、热传递方式以及几何外形引起结构热边界条件变化等情形外，结构的力学响应一般几乎不会明显影响材料的热物理性能、热传递方式、热边界条件。因此，通常情况下两者可以分别进行分析，热/结构分析可以直接以热分析得到的温度分布作为输入条件，内容包括热变形、热应力分析和热失稳分析等。

随着计算机能力、数值计算技术及有限元理论的迅速发展，有限元工程软件的计算仿真能力得到迅速提高，在航空航天、汽车、电子、造船业等领域得到了广泛的应用。基于有限元方法的结构强度分析软件，例如 Ansys、MSC. Nastran、Abaqus、LS - Dyna 等，在产品结构初步设计中越来越得到重视和广泛应用，成功地解决了导弹设计中空气动力分析、静强度、刚度分析、振动模态和动力响应分析、稳定性分析、热传递和热管理分析、电磁分析等问题。有限元计算可以最大限度地模拟导弹在飞行过程中的真实环境，改变了过去基本依赖试验的做法，从而大幅度地节约了研制经费，缩短了设计周期。在产品结构设计初级阶段，利用有限元仿真技术进行强度分析，可以减少设计重复次数，减少试验次数，缩短研制周期，降低研制成本。

6.3.2　水下发射导弹壳体结构强度与力学分析

在水下发射导弹结构设计中，圆筒壳或圆锥壳承外压占有十分重要的地位。导弹壳体外压与受内压一样产生径向和环向应力，也会发生强度破坏。在外压作用下，壳体强度足够（即圆筒工作压力远低于材料的屈服极限）却突然失去了原有的形状，筒壁被压破、压变形或发生褶皱，筒壁的圆环截面一瞬间变成了曲波形或破损，见图 6-1。这种在外压作用下，筒体突然失去原有形状的现象称失稳。发生失稳将使壳体不能维持正常操作，造成弹体失效。壳体横断面由原来的圆形被压瘪而呈现波形，其波形数可以等于两个、三个、四个等等，一般其失稳和轴向承受压力作用耦合进行。通常采用环向加筋肋、环向和纵向复合加筋肋对产品进行加强。

图 6-1　保护筒承外压失稳变形示意图

薄壁圆筒承受轴向外压，当载荷达到某一数值时，也会丧失稳定性，但破坏了母线的直线性，母线产生了波形，仍具有圆环截面，即圆筒发生了褶皱。

水下导弹结构承外压能力关系其战术性能指标和成败，圆筒壳和圆锥壳占有十分重要的地位，承受外压的筒壳通常采用环向加筋、环向与纵向加筋结构，而光筒壳的稳定性计算是加筋筒壳稳定性计算的基础，是弹体结构设计和强度计算的主要内容。

金属（泊松比 0.3）中长圆筒壳简化临界侧外压计算公式[3]

$$P_{lj} = 0.92E\left(\frac{t}{R}\right)^{2.5}\frac{R}{L} \qquad (6-2)$$

长圆筒壳简化临界侧外压计算公式

$$P_{lj} = 0.27E\left(\frac{t}{R}\right)^{3} \qquad (6-3)$$

其中，P_{lj} 为临界侧外压，E 为材料的弹性模量，t 为筒壳的厚度，R 为筒体外径，L 为光圆筒壳的长度。

$$z = 0.95\left(\frac{L}{R}\right)^{2}\left(\frac{R}{t}\right) \qquad (6-4)$$

当 $100 \leqslant z \leqslant 4.55(R/t)^2$ 时，为中长圆筒；$z \geqslant 4.55(R/t)^2$ 时，为长圆筒。

中长圆筒临界压力与相对厚度 t/R 有关，也随相对长度 L/R 变化。L/R 越大，封头的约束作用越小，长圆筒的临界压力仅与圆筒的相对厚度 t/R 有关，而与圆筒的长度无关，刚性封头对筒体中部变形不起有效支撑作用。

失稳是固有性质，不是由于圆筒不圆或材料不均或其它原因所导致。临界压力计算公式是在认为圆筒截面是规则圆形及材料均匀的情况下得到的。实际筒体都存在一定的圆度，不可能是绝对圆的，实际筒体临界压力将低于计算值。当外压达到一定数值时发生失稳，可能是壳体材料的不均匀性能使其临界压力的数值降低，使失稳提前发生。

6.3.3 水下发射导弹结构的振动特性分析

6.3.3.1 导弹结构动态固有特性的特点与设计要求

由于导弹结构不仅有纵向串联的各种舱段组成的弹身和沿弹身侧向连接的各种翼面，而且在弹内有各种形式固定的仪器、设备，它们形成了各种集中质量，因此，导弹结构是具有庞大自由度的十分复杂的空间分析模型。

1）在各种设计情况下，导弹的基本固有频率（一般指前三阶）应远离动载荷的激励频率、发射装置的基本固有频率、有效载荷的基本固有频率。

2）根据总体设计的要求，导弹弹体的结构频率通常应高于其控制系统通频带值 1.5 倍以上。

3）导弹固有频率必须使导弹不产生严重的耦合振动。主要耦合情况有：结构与气流相互耦合、水下结构与液相介质相互耦合、结构与控制系统相互耦合振动、弹体结构与内部装载（包括有效载荷）的相互耦合振动。

4）导弹的基本频率与振型应与敏感装置的位置设计相互协调，

以满足敏感设备的工作要求。因为导弹飞行中既有对质心的角振动，又有横向的弹性振动，而一般导弹横向振动的衰减系数比较小，故通常将速率陀螺安装在弹体弹性振型的波峰或波谷位置。

6.3.3.2　导弹模态分析的方法

随着计算机技术和特征值问题求解技术的发展，对导弹模态分析所用的大型有限元分析模型，在进行导弹结构的模态分析时，应根据分析的目的、结构特点以及不同方法的特点适当选择分析方法，必要时也可以采用不同方法进行分析比较。对于不易进行简化或者简化中难以确定参数的局部结构进行试验，根据试验数据进行建模，可以有效地提高模态分析的准确性。例如弹身舱段之间的连接刚度试验、翼面根部接头的连接刚度试验，重要大型设备与弹身结构之间的支持刚度试验等，都对模型拟定的准确性有重要作用。

6.3.3.3　导弹水下航行模态影响分析

水下导弹结构体的模态分析与传统的空气中模态分析有很大不同，水下固定结构或航行体在水下运行时，受到周围水介质的作用，在水流、波浪等流体动力激励下，结构体将发生振动，影响周围的流场，产生流固耦合效应，表现为附连质量的存在和影响。同时受到静水压力的作用，随着水深的增加，静水压力的影响不可忽略。由于外压的作用，使得结构体具有初应力。因此在深水时，结构体同时承受轴压和外压的联合作用。在这种力学环境下，结构体不仅存在外压稳定性问题，还面临着有载荷情况下的振动模态特性问题。

目前，承受载荷作用的航行体结构静强度问题与振动问题是分开研究的。而实际上两者同时作用于弹体，两者是有耦合的。深水下航行体振动问题变为受外压载荷下的振动模态问题。研究结果发现，受轴压和外压的结构件，其固有频率随外载荷而变化，其规律是固有频率随外载荷的升高而降低。水下及出水状态下的模态频率相对空气中模态频率的变化反映了水附加质量的影响。对于薄壳类导弹结构，附连水质量将引起导弹动态特性参数特别是频率的较大变化，进行潜射导弹结构动态设计时必须予以考虑。

附连水质量对结构弯曲模态频率影响较大，这种影响与黏湿程度及模态阶数相关。空气中、水下以及出水状态的模态参数对比分析结果表明，弹体各阶模态频率均有大幅度下降，出水状态模态频率也有一定程度的下降，振型基本一致。

6.4　水下发射导弹防腐与水密设计

6.4.1　结构耐海水腐蚀设计

水下导弹常采用鱼雷管或专用发射筒发射，在发射装置内，潜射导弹在服役过程中所处的海水或盐雾环境具有强烈的腐蚀性，导弹有可能长期处于海水或是高湿盐雾环境中，海水对金属有着强烈的腐蚀作用，导弹结构复杂，材料腐蚀成为影响导弹结构强度、密封失效和工作可靠性的重要因素。

海水是一种含有多种盐类近中性的电解质溶液，海水中的腐蚀离子种类主要为阳离子（Na^+，Mg^{2+}，Ca^{2+}，K^+）和阴离子（Cl^-，SO_4^{2-}，HCO_3^-，Br^-，F^-）；含盐量直接决定了海水的导电性，海水含盐量为 $3.3\% \sim 3.7\%$；海水溶氧量范围一般为 $0 \sim 9\ mL/L$，上述特征决定了大多数金属在海水中腐蚀的电化学特征。

海水和盐雾中含有的大量 Cl^- 能阻碍和破坏金属的钝化，其主要破坏氧化钝化膜，并对氧化膜具有渗透破坏作用。Cl^- 在金属表面或在薄的钝化膜上吸附，形成强电场，排挤并取代氧化物中的氧而在吸附点上形成可溶性的氯化物，致使金属离子易于溶出，并导致保护膜的这些区域出现小孔，从而破坏金属的钝性，进入主体金属并与之发生反应，加速金属腐蚀溶解[4]。

导弹弹体由多种材料制造，由多个结构件装配连接组成，海水中不同金属接触时很容易发生电偶腐蚀。因此弹体结构的腐蚀预防与控制就是必须解决的难题之一。

在腐蚀防护方面，美欧许多国家根据腐蚀防护的系统工程性质，从防腐蚀设计技术、防腐蚀材料技术和防腐蚀表面技术三个方面进行了大量研究并取得了显著成效。

6.4.1.1　腐蚀机理

腐蚀是材料在环境作用下引起的破坏和变质。按腐蚀的机理不同，腐蚀可分为化学腐蚀和电化学腐蚀。化学腐蚀是指金属及其合金表面与环境中物质发生化学作用而引起的，服从多相化学反应动力学的基本规律，如金属及其合金在高温气体中或非电解质溶液中的腐蚀。电化学腐蚀是在组成环境的介质中有凝聚态的水存在时，金属及其合金的腐蚀，按电化学腐蚀的过程和规律进行，这是一种普遍存在的腐蚀现象。

具有不同电位的两种或两种以上金属（或同一金属的各个部位）在电解质溶液中接触时，各自的腐蚀速度可以发生很大的变化，由于腐蚀电位不同，在这些异金属间有电偶电流流动。通常，电位较低的金属溶解速度增大，造成接触处的局部腐蚀，而电位较高的金属溶解速度反而减小，这就是电偶腐蚀。发生电偶腐蚀必须同时具备三个前提条件：

1）腐蚀电解液。电解液主要是指凝聚在零件表面上的、含有某些杂质（氯化物、硫酸盐等）的水膜或海水。电解液必须连续地存在于不同金属之间，构成腐蚀电池的离子导电支路。

2）电位差。电位不同的金属或可导电的非金属（如碳纤维复合材料），该电位是指材料在所处腐蚀介质中的腐蚀电位。

3）电连接。指两种不同金属的直接接触或通过其他导体连接构成腐蚀电池的电子导电支路。

按腐蚀产物的破坏可分为均匀腐蚀和局部腐蚀，局部腐蚀又可分为点腐蚀、缝隙腐蚀、电偶腐蚀等[5]。

4）均匀腐蚀。是一种常见的腐蚀形态，其特征是与腐蚀环境接触的整个金属表面上几乎以相同速度进行的腐蚀。均匀腐蚀在明确了腐蚀速度和材料寿命后，可以在设计上留出腐蚀的容许量。

5）点蚀或坑蚀。从金属表面向内部扩展，形成孔穴。在铝合金、低合金钢的金属表面出现蚀点、蚀坑是常见的腐蚀形态，点与坑的区别是前者直径小于深度，蚀坑的直径则大于深度。点蚀是不锈钢和铝合金在海水中典型的腐蚀形式。

6）缝隙腐蚀。在金属与金属或金属与非金属之间存在狭缝时所产生的腐蚀称为缝隙腐蚀。缝隙腐蚀在各类电解质溶液中都会发生，钝化金属如不锈钢、铝、钛等合金对缝隙腐蚀的敏感性最大。

7）电偶腐蚀。又称接触腐蚀，不同电位的两种金属在电解质溶液中相互接触时产生电位差，由此构成宏观腐蚀电池而引起的腐蚀，属于电化学腐蚀的范畴。这种电偶腐蚀的防护最为常见的是把腐蚀电位较低的锌、铝、镁等材料作为牺牲阳极对其进行阴极保护。

6.4.1.2　腐蚀控制原则

在防腐蚀材料技术方面，开发新型耐腐蚀"轻，强，刚"材料是解决腐蚀问题的行之有效的重要措施。但是新型耐腐蚀材料如钛合金、碳纤维复合材料与钢、铝合金材料接触时，钢、铝合金等会出现严重的电偶腐蚀，这些问题必须在设计时预先考虑，妥善解决。

腐蚀控制是一项复杂的工程，需要在选材、装配、使用维护的过程中遵循防腐蚀设计原则。防腐蚀控制原则包括：

1）选择合适的防腐蚀材料，既要考虑材料的防腐蚀性能，又要考虑防腐蚀措施的适应性；

2）进行合理的结构防腐蚀设计，应了解腐蚀的种类及破坏形式；

3）选择方便操作和使用维护的防护工艺对产品进行防护；

4）进行水密、气密和防腐蚀密封设计，使不同材料隔离，防止水分、湿气进入弹内。

6.4.1.3　防腐蚀设计方法

由于导弹从生产到使用寿命结束是一个很长的过程，在这个过程中弹体要在海水或者高湿盐雾环境下长时间存放，弹体外部与腐蚀介质直接接触的部分就有可能发生化学反应而产生腐蚀。金属材料如铝合金容易产生点蚀或者剥蚀，碳钢会产生均匀腐蚀或者点蚀。非金属材料化学腐蚀后可能引起退化、老化、生物腐蚀等，使其丧失原有的性能。

随着科学技术的发展，除了耐腐蚀材料的不断出现，新的防腐蚀方法也在不断发展。从防腐机理上看，防腐蚀方法大体上可分为三类，即选择耐腐蚀材料、环境介质处理、表面处理，如图 6－2 所示。因此，在导弹设计和工艺中，选择耐腐蚀方案时，均可遵循这三个方面去考虑。水下导弹应用比较多的防腐方法是：选用耐腐蚀材料，有机涂料覆盖层保护，金属覆盖层和表面处理，电化学保护等[5]。

- 防腐蚀方法
  - 选择耐蚀材料
    - 耐蚀金属材料
      - 黑色金属——不锈钢、耐海水不锈钢、耐蚀合金钢、耐酸碱合金钢等
      - 有色金属——钛合金、铜合金、铜镍合金、稀有合金等
    - 非金属材料
      - 有机材料——橡胶、塑料、纤维
      - 无机材料——陶瓷、玻璃、石棉、混凝土等。
    - 复合材料
      - 异种金属复合——银/铜、铌/钛、不锈钢/碳钢、镍合金/钢、钛/钢等
      - 金属与非金属复合——无机纤维增强金属、金属陶瓷等
      - 有机、无机复合——纤维增强塑料（玻璃钢）、掺碳增强树脂等
    - 非晶弥散材料
      - 非晶态体——镍/磷、钴/磷、镍铜/磷、铁/磷等
      - 微细弥撒材料——微粒金属弥散和纳米材料等
  - 环境介质处理
    - 改变介质物理性能——改变介质流向、流速等
    - 改变介质化学及电化学性能——络合缓蚀处理、改变电阻、pH 值等
    - 净化环境、减轻或消除腐蚀介质——沉淀净化、干燥处理、空气除氧等
  - 相界表面处理
    - 覆盖层保护
      - 金属覆盖层——化学镀、电镀、热浸、扩散、喷涂、气相沉积等
      - 有机覆盖层——浸涂、刷涂、喷涂、电泳涂、包缚、贴衬、热轧等
      - 无机覆盖层——浸涂、刷涂、喷涂、扩散、搪涂烧结等
    - 表面转化膜
      - 化学转化膜——氧化、磷化、铬化等
      - 电化学转化膜——阳极氧化和阴极处理
      - 物理法处理——抛光、喷丸、碰撞、辐射、激光处理等
    - 电化学防护
      - 阴极保护——牺牲阴极法和外加电流法
      - 阳极保护

图 6－2　防腐蚀方法

满足金属防腐蚀要求的措施主要是合理选择抗腐蚀性能好的材料；进行正确的表面处理；合理选择相接触的金属，做到相接触材料腐蚀电位相近，保证接触材料相容或基本相容。防止该类腐蚀主要的设计方法如下：

1）合适选材。通过设计阶段正确选用材料是实现导弹防腐蚀目标的关键，从材料性能、耐蚀性能、工艺性能和经济性全面综合考虑，长期接触腐蚀介质的部位，在满足零件性能要求的前提下，优先考虑其抗腐蚀性能，如不锈钢、钛合金等高耐蚀性的材料。

2）施加防护层（漆层、镀层）。几乎所有潜射导弹都需要采用镀层、覆盖层、涂层或沉积层以提高材料的耐蚀性；涂抹润滑脂可以在非承力接触部位有效隔离海水和盐雾与弹体的接触，从而起到防腐作用。具体选用时应根据构件功能和材料、所处环境严酷程度、使用维护要求、结构形状去确定表面防护层方法。

由于导弹结构材料较多，要采取措施防止电偶腐蚀、缝隙腐蚀，并且方便使用维护。

6.4.2　耐海水腐蚀试验

为了评估导弹结构涂层与基体腐蚀使用年限的变化规律，以确定合理的维修间隔与使用方法，主动实现腐蚀控制，以达到寿命要求，必须进行不同使用年限对应的模拟试件环境腐蚀试验。导弹的使用年限均以年计，且使用环境具有很大的不确定性，直接将试件置于实际使用环境中进行若干年限的腐蚀由于设备和周期限制，实际是不可能的。采用实验室加速腐蚀的方法，即针对关键件的类别、材料与涂层状况、连接形式及腐蚀失效形式，建立相应的加速试验环境谱，进行加速腐蚀试验。针对具体结构对象，实际环境产生腐蚀的主要因素及作用情况，通过合理的准则和方法，建立加速试验环境谱与实际环境之间的当量加速关系（加速因子），建立合理的加速试验环境谱与加速腐蚀试验技术，是耐海水腐蚀试验的关键。

6.4.3　水密设计

水下发射导弹在战备值班和发射过程中均浸泡在海水里，弹体结构应采取水密设计，泄漏会造成弹内气体损失、海水进入，从而造成结构加剧腐蚀或产品失效。其结构的密封可如下分类：按密封性质分为水密封与气密封；按密封方法分为活动密封与固定密封；按密封形式分为端压密封和侧压密封；按密封部位分为舱段密封、开口密封、连接件（结构、电气）密封等。

根据密封的技术指标和结构特点，采用不同的密封结构，基本的技术措施是：

1）采用机械压贴方法，通过密封结构，使密封件（例如密封圈）在密封处达到一定的压缩量，防止气体或水的泄漏。

2）在被密封界面填充密封填料。

3）涂敷可固化物质形成密封膜，例如涂密封胶、发泡剂。

产品出现泄漏的位置随机性较大，产生泄漏的原因也是多种多样的。工程实践中容易出现泄漏的部位：1）结构及其它接头对接密封面；2）动密封部位；3）变形不协调接缝处；4）受环境高低温变化较大部位；5）出现应力集中的部位；6）焊缝特别是起弧、收弧和搭接部位；7）多次补焊部位；8）焊接后又经机械加工的部位；9）长期与某些气、液接触产生腐蚀的部位。

6.4.4　水密检查

水下导弹发射对结构产品密封性的要求严格，除设计和加工过程中应采取有效措施，防止泄漏外，在产品的生产、组装、调试及使用过程中，还要运用有效的检漏手段，判断产品的密封性能是否符合要求。表征漏孔大小的最直观的量有两个，一是漏孔的几何尺寸，另一个是单位时间内流过漏孔的气体质量或分子数。而实际漏孔是极其微小的，截面形状极不规则，漏气路径也各式各样。因此，漏孔的大小既难以用其几何尺寸来度量，也难以直接测量气体的质

量和分子个数。把单位时间内流过漏孔的气体量叫作漏率，以 Q 表示。即

$$Q = \frac{\mathrm{d}(PV)}{\mathrm{d}t} \qquad\qquad (6-5)$$

其中，Q 为漏率，P 为容器内外压差，V 为容器体积，t 为时间。

漏率单位为 Pa·m³/s（Pa·L/s）。影响漏孔漏率的因素很多，当漏孔几何尺寸一定时，漏孔的漏率主要与漏孔两端的压力差、介质分子大小、环境温度等有关。

按检漏时被检件内部所处的压力状态，检漏方法可以分为两类：加压检漏法和负压检漏法。

加压检漏法是将被检件内部充以比外部压力更高的示漏气体，在被检件外面用适当的方法判断有无示漏气体漏出，由此判断被检件有无漏孔、漏孔的位置和大小。这类方法有：气泡检漏法、静态压降检漏法、卤素检漏法、着色检漏法、氦质谱吸枪检漏法等。

负压检漏法是将被检件内部抽成接近真空，将示漏气体施于被检件外部，将漏进的示漏气体检测出来，从而判断出漏孔的存在，漏孔的位置和大小。这类方法有：静态压升检漏法、卤素检漏法、真空计检漏法、离子泵检漏法、氦质谱喷吹检漏法等。

常用的检漏方法中，气泡检漏、压力变化检漏、氦质谱检漏使用最为普遍。对于水密，根据工程经验漏率控制在 1×10^{-7} Pa·m³/s 以上可确保水密。

6.5　水下发射导弹结构材料及其选用原则

材料是构成导弹结构的物质基础，随着水下导弹发射深度、飞行高度和速度的不断增加，为应对综合工作环境，对材料性能不断提出高要求。先进结构材料能明显提高导弹系统的性能，如增大导弹的射程、减小尺寸以及提高整个武器系统的生存能力等。从材料技术发展趋势来看，结构材料总的发展趋势是轻质化、高强度、高

模量、耐高温、低成本；而功能材料则朝着高性能、多功能、多品种、多规格、功能承载一体化的方向发展。

结构材料着重利用其力学性能，用来承受外载荷，保证结构强度、刚度，常常是一些力学性能较高的金属、非金属材料。功能性材料则着重利用其光、电、热、声、磁等功能与效应，在透波、导电、隐身、隔耐热、吸振、粘结、涂敷、密封、防腐蚀等方面有独特性能，这些材料常常是各种非金属材料。

结构使用的材料种类很多，按材料的功能可分为结构材料和功能材料；按材料的性质可分为金属材料、非金属材料和复合材料。

目前金属材料仍占主要地位，金属材料中应用较多的有铝合金、镁合金、钛合金、高强度合金钢、不锈钢、耐高温和难熔合金、金属基复合材料等。非金属材料及功能材料主要有树脂基复合材料、密封材料、隐身材料、烧蚀防热材料、阻尼材料、陶瓷基复合材料、碳碳复合材料、塑料、疏水材料等。高性能碳纤维复合材料、芳纶纤维复合材料、功能性材料及其相应的新工艺取得了突破性的进展，用新一代材料代替传统材料极大提高了导弹总体性能。

导弹结构与材料科学的发展和工艺的进步息息相关，结构的新需求直接推动材料科学和工艺发展。反之，性能优良的新材料能明显提升导弹的品质和战术性能。因此，材料的选择是设计中很重要的工作，选择材料要综合考虑各种因素，通常的选用原则如下：

1）在满足导弹总体性能和技术要求下，充分利用材料的力学性能、物理性能，使结构质量最小，刚度最好，尽量采用高比强度、高比刚度、高韧性的轻质材料。

2）材料应具有良好的工艺性能，材料的成型、机加、铸造、焊接性能易实现。材料工艺的选取要基于现有生产设备能力，并尽量选取已形成标准规范和质量品质稳定的产品。

3）材料要满足导弹环境使用要求，具有足够的环境适应性和稳定性，能够保持正常的机械、物理、化学性能。例如耐海水和盐雾腐蚀、防潮湿和防霉菌能力，适应高低温环境的能力等。

　　4）功能材料应尽可能选择具备高性能、多功能、结构功能一体化和功能复合化的材料，例如耐热和隔热要求、介电性能要求、隐身要求、阻尼要求、抗冲击要求等。

　　5）选用的材料成本要低，供货有保障，材料品种和规格尽量简化统一。导弹是一次性使用武器，应尽量避免选用贵重材料。

　　6）优先选用已成功应用于导弹上的材料，尽可能继承成熟技术，采用标准化、规格化和性能稳定的材料。

　　水下发射导弹所用材料除了要求轻质、高强和低成本外，还应考虑有好的断裂韧性和耐腐蚀性能。目前水下发射导弹的构件仍然以金属为主。

6.5.1　铝合金

　　铝合金是应用较早、使用最广泛的有色金属材料。铝合金的种类多，根据生产工艺的不同，可分为变形铝合金、铸造铝合金和铝锂合金。根据材料性能特性，又可分为工业纯铝、防锈铝、硬铝、超硬铝、锻铝等。变形铝合金有良好的塑性变形能力，工艺性好，适宜于锻造、轧制、挤压、压延、拉伸、切削等工艺。

　　铝合金由于具有较高的比强度和比刚度，同时具有良好的工艺成型性能和高的耐腐蚀性，在航天、航空飞行器上获得广泛应用。水下战术导弹弹体结构中，铝合金常用来制造导弹的蒙皮、弹翼和一些受力构件，如翼梁、桁条、翼肋等。铝合金适合在 120 ℃ 以下长期工作。铝合金材料强度一般在 450 MPa 以下，近年来 7 系高强度铝合金发展较为迅速，抗拉强度可达 600 MPa，已逐渐广泛应用于导弹主承载结构部件、翼面接头、承力框、承力梁、发动机壳体、助推器喷管、承压气瓶等。目前新型铝合金主要放在铝－锂和铝－锂－镁合金上，Al－Li 合金具有密度低、比强度高、比模量高、裂纹扩展速率低和耐腐蚀性能好等优点，具有广泛的应用前景。盐雾和海水环境下，铝合金容易发生点蚀、晶间腐蚀和剥蚀、应力腐蚀。热处理工艺对其耐腐蚀性，特别是应力腐蚀性能有较大的影响。

硬铝时效后有较高的硬度和强度，硬铝中应用最多的是 2A12、2A10 铝合金，切削加工性能良好，锻造和焊接性能一般。硬铝除了可以冷变形硬化外，还可以热处理（淬火＋时效）强化，常用来制造导弹的骨架、蒙皮、舱段、支架等承力结构件。耐腐蚀性能比防锈铝差，通常表面进行阳极化处理来提高抗腐蚀能力。

防锈铝是固溶强化型铝合金，不能通过热处理强化，只能通过冷变形加工进行强化。特点是抗腐蚀性能好，塑性好，易于加工成型，可焊性好。应用较多的有 5A06、5A03、3A21 等，其中强度稍高的 5A06 应用最多，主要用于制作导弹壳体和蒙皮、燃油贮箱、焊接结构、端框、支架、导管等。防锈铝具有良好的耐海水腐蚀和抗腐蚀性能，表面阳极化处理，可以进一步提高表面硬度和抗蚀性能。

锻铝特点是有优良的热塑性，具有好的锻造性能。应用较多的有 2A50、2A14、6A02 等。2A50 主要用于舱体对接框、支架、连杆、接头等锻件和模锻件。2A14 强度较高，但热塑性不如 2A50，广泛用于形状简单高负荷舱体端框、接头零件或支架。2A14 具有晶间腐蚀与应力腐蚀倾向，不能用于制造薄壁零件。锻铝不适宜焊接。

超硬铝在变形铝合金中室温强度是最高的，常用牌号有 7A04、7A09、7055、7075 等。其锻造、焊接性能差，切削加工和冷变形性能尚可，缺口敏感性大，易产生微裂纹，在负载下容易产生应力腐蚀。超硬铝淬火后均采用人工时效而不采用自然时效。一般用在受力较大的筋梁、壁板、隔框、连杆摇臂和支座等结构件。

铸造铝合金的强度普遍比变形铝合金低，塑形和韧性较差，铸造和切削性能好，部分牌号焊接性能良好，可以铸造和组焊各种形状复杂的零件。应用较多的有 ZL101A、ZL114A、ZL102、ZL104、ZL201A、ZL205A 等合金，可广泛应用于形状复杂的舱体壳体、支架、对接框、燃油贮箱等。

铝锂合金是一种新型铝合金材料，具有密度更低，强度、刚度更高等优点，可使结构质量减小 10％～20％，并且具有较高的断裂韧性、抗应力腐蚀及较好的高低温性能。可以进行热处理强化，可焊性和切削性能好。应用成熟的有 2090、2091、8090 等多种产品，铝锂合金减重效果明显，但成本较高，处于小批量研制应用阶段。

6.5.2　镁合金

镁合金具有密度小（$1.75\sim1.90$ g/cm^3）、比铝合金低 1/3，比强度和比刚度比较高，镁合金的屈服强度与铝合金大体相当，能承受较大的冲击载荷，有较好的焊接性能、切削加工性能、抗疲劳性能、阻尼减震性能优越；同时具有良好的导热导电性、机加工性能及电磁屏蔽性能。

镁合金按照加工方式分为铸造镁合金与变形镁合金两大类，目前国内镁合金铸造和机加技术已比较成熟。变形镁合金主要有 MB3，MB8 等，都以棒材、型材、板材等品种供应。铸造镁合金可分为高强铸造镁合金（ZM1，ZM2，ZM5 等）和耐热铸造镁合金（ZM3，ZM6）。ZM5 应用较多，特点是强度较高、铸造流动性好、线收缩率小、热裂倾向小、可热处理和淬火时效。压力加工如挤压、锻造、轧制、拉拔等是镁合金材料成型的重要方法，相对于铸造，变形镁合金具有更高强度、更好延展性，能满足铸造产品无法满足的更多条件下的应用需求。镁合金多用于导弹上的次承力构件，如轻型导弹舱体、副翼蒙皮、壁板、加强框、舵面等。

镁合金存在着易氧化、耐腐蚀性差、刚强度绝对值低、铸造性差等缺点。空气中形成的氧化膜很脆，不致密，需要采取辅助保护措施。在潮湿大气、与海水接触的环境下尽量避免使用。镁合金零件在加工、使用、保存期间要注意防护，表面应进行氧化或保护处理。国内目前主要的表面处理技术有无铬转化膜、金属镀层、有机涂层、微弧氧化以及其相互之间的复合层等。

6.5.3　钛合金

钛及钛合金是导弹上重要结构材料之一。钛的密度介于铝、铁之间。钛的熔点为 1668 ℃，比铁的熔点还高，高温热应力低，线膨胀系数小，磁导率低。钛合金是较新的金属材料，具有比强度高和抗腐蚀性能好等优点，首先在航空航天领域得到应用。我国钛合金的研制、开发、生产和应用起步较晚，明显落后于俄、美、英、法等钛合金发达国家。但在航空工业尤其是航空发动机对钛合金材料的需求牵引下，根据我国钛工业的发展，参考国外标准体系逐渐建立了航空用钛合金材料体系，包括第一代、第二代战机用 TC4、TB3、TB4 钛合金，第三代战机用 TA15、TC11、TA12 钛合金，第四代战机用 Ti60、TC21 等钛合金体系，已获得工程应用。目前正在开展进一步的材料成分优化、热处理制度优化等研究，以期进一步挖掘材料性能潜力，拓宽材料的产品规格，优化材料的热机械加工工艺，稳定和提高材料的性能和产品质量，满足型号工程化应用需求。

钛合金材料体系主要包括两方面，一是导弹承载结构用钛合金，主要采用的是中强高韧 TC4 - DT 和高强高韧 TC21，主要用于翼面承力接头、紧固件、主承力框等高应力部位。二是发动机叶盘、叶片、加力燃烧室等用高温钛合金，主要关注钛合金材料的热稳定性、低应力水平条件下的疲劳性能和损伤容限等，在 400℃ 以下主要有 TC4、TC17，在 500℃ 左右主要有 TA15、TC11。材料及加工形式主要为铸造、锻造、机加、焊接等。

近年来，超声速导弹型号已经成为重点发展的方向，飞行速度达到 $Ma = 3.0 \sim 4.2$，射程越来越远。在高速、长时飞行环境条件下，弹体表面温度达到 $400 \sim 700$ ℃，中/高温钛合金成为弹体结构材料的首选，并且对钛合金的耐温性、强度、刚度、韧性以及持久蠕变强度等要求越来越高。Ti55 板材是目前国内继 TA15 之后技术最成熟、最接近工程化应用的高温钛合金板材，使用温度比 TA15 板材提高 $50 \sim 100$ ℃，在航天领域具有广阔应用前景。

钛在含氧环境中易形成一层薄而坚固的氧化物薄膜。这层膜和基体结合牢固致密，破坏后还能自愈合，从而起到保护作用。钛在潮湿大气、工业气氛（SO_2，CO_2）、海水、氯化物水溶液、氧化性酸（硝酸、铬酸等）及低浓度碱溶液中都是稳定的。钛在 550 ℃以下抗氧化能力好，但当温度超过 550 ℃时，钛便能与氧、氮等气体强烈反应，使金属迅速脆化[1]。

钛及钛合金在海洋大气中具有极高的抗腐蚀性，在常温下不会发生缝隙腐蚀、点蚀和均匀腐蚀，它在海水中的抗腐蚀性能远优于不锈钢，在静止的海水中数年其表面仍非常光亮，即使有缝隙的连接件、焊接件，在海水雾气和海洋大气中也没有明显的腐蚀。钛合金与电位较负的合金如铝合金、合金钢接触时，会引起与之接触的合金产生电偶腐蚀。钛合金有镉脆的倾向，易发生镉脆，应禁止镀镉件与钛合金接触。

6.5.4　黑色金属材料

在导弹结构用材中，黑色金属钢材是基础材料，主要具有高温、高强、高刚等性能，目前使用较多的是优质碳素结构钢、合金结构钢、不锈钢和高温合金等，主要用于导弹上重要承力部位，如吊挂接头及其安装螺钉、舱段对接螺钉、连接紧固件、局部关键承力件等。由于这些材料在各种腐蚀环境中的容易腐蚀，在海洋环境中，钢会产生严重的点蚀和均匀腐蚀，含碳量越高越容易腐蚀，使用时要求进行必要的表面处理和防护措施。

（1）碳素结构钢

碳素钢以铁、钢为主要成分。导弹上应用较多的有 Q235、20、35、45 等，主要用于一般壳体、气导管、机架、配重等，45 钢主要用作低强度紧固件、转轴和摇杆等。

（2）合金结构钢

为了改善和提高钢的力学、耐热、抗腐蚀性能，添加部分合金元素成为合金结构钢。按其所含合金元素的多少，可分为低合金钢，中、高合金钢。导弹常用的合金钢有 30CrMnSiA、30CrMnSiNi2A、30Si2MnCrMoVE（简称 D406A）、35CrMo、40Cr、40CrNiMoA、45CrNiMo1VA、3J33A 等。常用于端框、接头、发动机支架、紧固件、支座、吊耳、气瓶、发动机壳体等重要承力结构件。

弹簧钢用作弹上弹簧与储能件，常用 65Mn、60Si2MnA、50CrVA 等，需要通过合理的热处理工艺提高其强度、硬度和塑性。

（3）不锈钢

不锈钢具有抵抗大气、水、酸碱、盐等具有良好的抗腐蚀性能。在盐雾环境中，奥氏体不锈钢具有良好的耐蚀性，马氏体不锈钢的耐蚀性能最差，铁素体不锈钢的耐蚀性能居中。导弹常用不锈钢有 17 – 4PH、17 – 7PH、1Cr18Ni9、1Cr18Ni9Ti、1Cr17Ni2、2Cr13、1Cr18Ni9Ti、316L 等。不锈钢材料的热处理和表面处理状态对其抗腐蚀性能有较大影响，因此，在制造中要根据零件的工况条件确定和选择合适的工艺路线及材料状态。试验表明，在海水中，不锈钢以局部腐蚀为主，平均腐蚀速率不高，但力学性能损失严重。

（4）高温合金钢

高温合金钢在高温下具有良好的力学性能和抗高温氧化性能。高温合金主要应用于涡轮发动机、冲压发动机等各种承受高温大于 600℃、高温氧化和燃气腐蚀的结构部件。用得较多的高温合金有 GH36、GH44、GH99、GH2036、GH4169 等。

6.5.5　树脂基复合材料

随着导弹设计的轻质、全隐身和低成本要求，复合材料具有广泛的应用前景。导弹用复合材料主要是指树脂基复合材料、先进聚合物基复合材料等，它本身具备了较高的比强度、比模量，抗疲劳、耐腐蚀、成型工艺性好及可设计性强等特点，现已成为飞行器结构中与铝合金、钛合金和钢并驾齐驱的四大结构材料之一。飞行器结构中最常用的结构复合材料是各种树脂基复合材料，比重为 1.5～1.7 g/cm³，约是铝合金的 59% 左右。最突出特点是比强度、比刚度高，在合理设计的情况下可以很好地实现减重目标。树脂基复合材料具有很强的可设计性，可以用复合材料的成型特点来制造异型面、不规则体等金属材料很难加工的结构组件，复合材料还适合制造各向异性和整体共固化的零件。复合材料还具有减振性能好、破损安全性好、耐化学腐蚀、电性能好等特点。其组成的多样化与可设计性为复合材料满足防隔热、透波、阻燃等功能性要求创造了条件。缺点是价格贵，抗冲击、湿热性能差。

军用高强标准模量型碳纤维复合材料的应用研究从 20 世纪 70 年代开始直至 80 年代中期，以 T300/5208、AS4/3501-6 和 T300/913C 这一类韧性较差的碳纤维/环氧树脂复合材料为典型代表。20 世纪 70 年代初，日本 Toray 公司 T300 为代表的第一代标准模量、高强碳纤维的批量化生产引发了高性能复合材料在先进飞行器结构上对铝合金材料替代的革命性进展。如空客 A300/A310/A320 安定面采用 T300/913C 环氧体系、法国 Rafale（阵风）前机身蒙皮等部位采用了 T300/Ciba 913 环氧体系、美国洛克希德 L-1011 垂尾安定面采用了 T300/5208 环氧体系。在此基础上以提高复合材料强度为目标，发展了 T700G 级碳纤维，其模量与 T300 级碳纤维相同，均为 230 GPa，而拉伸强度从 3.5 GPa 提高至 4.9 GPa，使结构的设计许用值得到显著提高，有利于提高结构轻量化水平。美国 Hexcel 公司开发了等同于 T300 级别的 AS4 系列碳纤维，并服务于多型美国军机与战术导弹体系，如麦克唐纳 F-18A/B 机翼、AV-8B 机翼均采用 AS4/3501-6 环氧体系。高强中模型碳纤维复合材料的应用研究始于 20 世纪 80 年代中后期，其增强纤维以美国 Hexcel 公司的 IM6、IM7、IM8 和日本东丽的 T800 及 T1000 碳纤维为代表，树脂的耐温性、耐湿热性能进一步提高，如双马来酰亚胺树脂（5245C、5250-4 等）和增韧环氧树脂（6376、977-3 等）等。碳纤维的拉伸模量由 T300/T700 级的 230～240 GPa 提高至 295～305 GPa，强度也由 T700 级的 4.9 GPa 提高至 5.6～6.9 GPa，模量与强度的提升使相应的复合材料力学性能也得到了显著提高。以空客 A380 中央翼盒所采用的 IM7/M21 环氧体系复合材料为例，其纵向拉伸强度为 2860 MPa，拉伸模量为 160 GPa，而波音 787 所采用的 T800/3900-2 纵向拉伸强度为 2700 MPa，拉伸模量为 157 GPa。IM10/M91 环氧复合材料体系，拉伸强度达到 3523 MPa，几乎超过了 T300 级碳纤维的拉伸强度，而其纵向拉伸模量则达到了 176 GPa，已经与结构钢的弹性模量接近。

　　树脂基复合材料具有很强的可设计性，可利用复合材料的成型特点来制造复杂型面、不规则体等金属材料很难加工的结构组件，复合材料还适合制造各向异性的零件和整体共固化的零件。此外，复合材料还具有减振性能好、破损安全性好、耐化学腐蚀等特点。复合材料以纤维为承载与传力主体，纤维平直状态承载与传力最佳。复合材料结构热压固化工艺为结构整体化设计制造创造了前提条件，故其结构设计尽量采取整体化设计，尽量减少机械加工和机械连接。当前结构复合材料在设计、分析、制造、检测、维修等技术方面与金属材料相比尚存在一定差距，正处于不断发展的过程中，主要包括：破坏机理及分析预测技术、耐久性及损伤容限识别技术、无损评估技术、修理技术、寿命管理技术、试验技术等。

　　树脂基复合材料由增强材料和树脂基体两部分组成，其基体材料主要有环氧、酚醛、双马来酰亚胺、氰酸酯和聚酰亚胺等树脂体系，按照树脂体系的分类规划如图 6 - 3 所示。

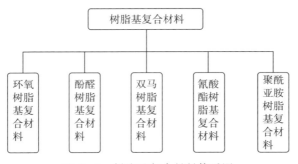

图 6 - 3　树脂基复合材料体系图

　　环氧树脂体系一般具有工艺性能好、力学性能优良、固化收缩率低、价格低等一系列优点，成为应用最广泛的一类复合材料树脂基体，但是环氧树脂一般使用温度不高于 130 ℃。酚醛树脂体系复合材料具有耐热性高，能在 150～200 ℃范围内长期使用，具有吸水性小、电绝缘性能强、耐腐蚀、耐燃烧、尺寸精确和稳定等特点，并且原料充足、价格低廉。双马树脂是多官能团化合物，它既有类似于环氧树脂的工艺性，又具有聚酰亚胺的耐高温性、耐辐射和耐湿热等优良特性，具有典型热固性树脂的流动性和模塑性，可适用于热压、RTM、RFI 和缠绕等多种成型工艺，适合制造各类复杂结构。

导弹用树脂基复合材料结构成型工艺包括模压、缠绕、热压罐、手糊、树脂传递模塑（RTM）、树脂浸熔渗（RFI）等成型工艺方法。由于弹体承载能力要求高，导致承力复合材料件纤维体积含量尽可能高；同时，舱段、翼面等主承力结构构型比较复杂，结构整体可靠性高，对整体成型要求愈发迫切。

水下发射导弹，结构复合材料的应用逐渐从次承力结构转向主承力结构、从简单结构转向复杂结构发展。目前的发展方向是充分发挥材料性能优势，扩大材料用量并进一步降低结构质量，提升生产工艺水平以实现低成本制造并提高产品可靠性，从单一功能的承力结构应用扩展到隐身、贮油等多功能复合结构应用，推动导弹用材料及工艺不断发展。

随着高性能碳纤维升级换代与高性能树脂体系的开发应用，树脂基复合材料已成为先进飞行器结构轻量化的重要技术途径，其应用从次承载、单一功能、示范性应用扩展至主承载、多功能集成、大面积工程应用，并逐渐成为航空航天主体结构材料之一。计算分析及试验均表明，树脂基复合材料取代铝合金一般可减重 20%～40%。

先进复合材料当前及今后的发展方向是：在增强材料方面，进一步提高碳纤维的强度和模量，降低成本；在树脂基体方面，主要提高树脂的冲击后压缩强度和耐湿热性；在复合材料成型技术方面，进一步实现整体成型技术，智能固化监控、自动化技术及三维数字复合材料成型技术，同时提高复合材料性能和降低制造成本，实现功能结构一体化设计，具备隐身、透波、智能或者防热/隐身等两种以上复合功能。

6.5.6　密封封装材料

水下导弹不同部件之间存在缝隙，选用合适的密封材料进行封装可以隔断不同材料的电偶腐蚀，同时用来防止流体介质泄漏，封装是常用的技术途径。常用的封装材料主要有以下两种：

（1）环氧封装材料

环氧封装材料是航空军品封装应用最广泛的材料之一。这主要是因为环氧封装材料具有优异的粘合力、电性能，容差大、纯度高、耐水和化学介质、防腐蚀性能优越，工艺性能好，反应过程中不产生小分子附产物，固化温度相对较低、工艺方便等优点。

（2）室温硫化硅橡胶

室温硫化有机硅密封剂又称室温硫化硅橡胶密封剂，在室温下无须加压即可硫化为弹性体，使用工艺简单方便。它主要应用在灌封、密封、粘合、防震、防热、抗烧蚀等方面。由于其电绝缘性能优异，也多用于仪表和电器元件及发动机的高温密封，可作为嵌缝密封胶、平面密封用的液态密封垫。用于电子产品的封装、密封、修补、堵缝、粘接等，如过滤器与容器的粘接，喷管组件和凹槽的填堵、密封等。

在零件表面形成一定厚度的保护功能的封装材料可称为涂层。涂层材料的种类很多，可以分为浸涂、刷涂、喷涂等，涂层与基材之间要具有良好的粘接强度和环境适应性，能够提高产品对工作环境的适应性。

6.6　导弹结构设计与制造方法发展

结构系统是飞行器的躯体，维系着飞行器各系统之间的协同工作。结构系统的可靠、稳定工作是飞行器达成使命的基本保证。为确保结构系统各项指标满足飞行器总体要求，同时尽量降低飞行器结构质量，需要在结构总体、结构部件、零件等环节充分考虑相应的传力路线设计，使得结构的承载性能得到最大化有效利用；同时，伴随着导弹由亚声速到超声速，进而到高超声速的快速发展，整个飞行器系统对于结构质量比的要求越来越高，对于结构设计提出了更高的要求。

6.6.1　导弹设计方法发展

现代导弹设计运用系统工程方法，对设计进程、设计战略、设计方案和数据选择进行广义优化，以动态、优化、产品数字化为现代设计法的核心；实行结构一体化设计，采用动态分析方法，使问题分析动态化。

现代设计方法和技术是在传统设计方法基础上发展起来的，它继承了传统设计方法中的精华，如设计的一般原则和步骤、价值分析、类比原则和方法、相似理论和分析、调查研究、冗余原则、积木式组合设计法等。新的导弹产品随着现代设计方法和技术的完善必将有新的突破。传统设计方法的优点是方法简便易行，但经验设计的成分大。对动态载荷往往用经验的动载荷系数转化为静载荷进行设计，分析精度低。尤其是，只有到了校核计算时才重点进行结构动力学分析，因此，往往在动力学校核时造成返工，甚至造成设计方案的大反复。

结构设计与分析面临着三大现代设计技术转变，即：由静态设计向动态设计转变；由校核计算、综合设计向优化设计转变；由传统的安全系数法向可靠性和损伤容限设计转变。同时，由于计算机的高度发展和广泛应用，计算机的参与不断增加，形成了计算机辅助设计（CAD）、计算机辅助工程（CAE）、计算机辅助制造（CAM）、计算机辅助试验（CAT）等新领域，并进一步发展成为包括上述各项内容的数字化设计技术。数字化设计技术的应用使得用虚拟样机替代实物样机成为可能，极大地缩短了产品的研制周期并降低了成本[1]。

传统设计的模式是串行设计，各个阶段的工作是按既定顺序进行的，每个阶段都有自己的输入输出，设计错误往往要在设计的后期甚至在制造阶段才被发现，这样就形成了设计—制造—修改设计—重新制造的大循环。由于串行设计存在大量的反复修改设计，在各阶段中互相影响，导致研制周期长、成本高等问题。随着导弹数字化设计制造技术、增材成型技术发展和各单位数字化平台的建设，导弹结构的设计、工艺、生产、维护过程朝着并行工作和协同工作模式发展，产品研制过程的各个阶段工作交叉进行，可以在产品设计初期及早发现与相关过程不匹配的地方，及时评估、决策，以达到缩短产品研制周期、提高产品质量、降低成本的目的。

为了保证产品的研制质量、加快研制速度、减少研制成本、少走弯路，各国都在总结以往成功经验的基础上，编制出各种设计手册、设计指南以及设计规范（标准），并使之成为结构设计、生产制造、试验、验收、使用和维修的通用性指令性文件。在贯彻所有设计准则时都应遵循相应的设计规范（标准）[1]。

6.6.2　导弹数字化设计制造技术应用发展

现代导弹是当代高科技成果的综合体，系统复杂，研制难度和风险很高，随着计算机技术和有限元结构分析理论和方法的发展，产品从二维设计和试装已转向三维设计、数字制造、虚拟装配和运动仿真，并在数字化模型基础上逐步实现虚拟现实、虚拟试验和检测等。美国和欧洲基于数字化产品的系统工程、数字孪生、虚拟/增强现实等先进设计技术在装备研制过程中得到深度应用和快速发展，数字化、虚拟化的设计方法和工具极大地改变着新产品的研制和开发方式。数字化设计制造技术集成了计算机、信息技术、先进制造技术、仿真技术和人工智能，是衡量一个国家科技、工业水平和综合国力的重要标志之一。随着移动互联、云计算、物联网和大数据的发展与融合，新型的信息化与数字化融合研制模式正在彻底改变传统导弹制造的方式。

导弹数字化设计制造中，其关键技术包括：

（1）基于统一模型的产品数字化技术

产品模型作为导弹研制过程中的唯一数据源，是包含设计、试验、制造、综合使用保障全寿命过程的工程数据集，记录着从产生、改进到定型的全过程。故需要统一的应用环境、规范、协议。

（2）基于数字产品的虚拟验证技术研究

虚拟验证是在产品数字化的基础上，在虚拟环境中利用数字样机验证产品的可使用性、可制造性及可维护性，实现在设计阶段提前暴露出设计缺陷的目的。虚拟验证包括虚拟试验、虚拟制造和虚拟使用和维护。虚拟试验是在导弹数字样机的基础上建立仿真模型，加载各种使用环境条件，在设计完成后进行导弹的综合性能验证，以部分取代实物试验的验证。虚拟制造是指在数字化产品基础上在计算机上实现对产品制造工艺进行数值模拟、仿真和分析。虚拟使用和维护是指在数字样机的基础上，利用虚拟现实技术，对导弹的综合使用和维护过程进行验证，验证产品的可维护性，重点基于产品构建装配、维修工作环境中的厂房、设备、工具等各种场景模型，搭建虚拟维修的工作环境，给出使用和维护的评价。

（3）基于数字样机的协同制造技术

数字样机是进行产品设计和制造协同的数据基础，以数字样机为制造依据，建设制造管理平台，实现基于数据中心的制造数据集成、三维工艺设计和虚拟制造仿真。数字化协同是以产品研制过程为中心，以产品生产制造流程为主线，数字样机贯穿工艺协同审查、标准审查、工艺规划、工艺设计、工艺装备设计、虚拟制造仿真、零部件数字化制造实现等各主要环节，具有跨地域、多企业的、动态的研制特征。协同模式由原来的基于 IPT 的集中式协同，发展成为基于网络的非统一区域分布式协同。

（4）面向物联网的数据管理和管控技术

面向物联网对产品数据管理和智能管控的所有相关数据，包括设计、制造、试验、维护和使用等全寿命周期所有数据，对过程中的数据进行分类、组织、存储、传递与控制，形成统一的数据规范和标准。首先需要实现对产品的数字化标识，明确标识的编码标准和规则，以及编码的生成方法，并在此基础上对标识进行统一的存储和管理，随着不同的研制生产阶段而传递，实现基于数字产品对设计数据、测试数据、试验数据、制造数据、综合保障数据的全寿命周期管理。

数字化技术的迅速发展和广泛应用，使传统的导弹产品研制过程发生了根本性的变革，大幅度地提高了导弹设计制造技术水平，加快了现代导弹研制的整体进程。导弹数字化设计将在数字化产品设计、分析、虚拟验证、数字化制造、综合保障、产品全寿命周期协同等过程中集成应用，构建支持导弹产品异地跨单位协同研制、生产、保障的集成环境，将虚拟产品开发技术全面应用于全寿命周期过程中，实现设计、试验、制造、综合使用保障等过程的数字样机传递、管理与控制，以及导弹实物产品的智能化识别和管控。

6.6.3　弹体结构优化设计

结构优化的目的是在满足强度和刚度前提下，遵循力学原理优化布局设计，在工艺可实现的前提下，尽可能充分发挥材料性能，实现减重、降耗以及综合性能提高。结构优化设计是在规定的外形和内部空间、载荷环境（力、热、振动）等指标要求下，以结构在强度、刚度、动力学特性、几何体积、变形、工艺、成本或其他因素作为约束条件，通过改变某些设计变量，使得结构系统性能达到期望的目标。结构设计具体为满足上述所有要求的输出，而设计过程为基本原理（力学、热学、动力学等）的合理应用。

传统型号的结构设计中，基本是先根据经验给出一个结构形式和工艺方案，进而完成初步设计，然后对设计进行校核，不满足的话返回修改设计、重新校核，如此迭代多轮完成结构设计，更多的是一种"试错式"、"经验式"被动结构设计方法。这种自下而上的校核式设计，在顶层设计层面对结构性能指标和传力路线的关注度较低，往往导致结构的有效利用率低、减重空间小等问题。

优化设计有三要素，即设计变量、约束条件和目标函数[6]。

1）设计变量是在优化过程中发生改变从而提高性能的一组参数。如结构尺寸、材料物理力学属性、结构外形参数即是典型的结构优化设计变量。

2）约束条件是对设计的限制，是对设计变量和其他性能的要求，是对约束条件的具体限制要求，约束条件也是设计变量的函数。

3）目标函数是结构设计的目标，即是要求的最优设计性能。目标函数是用来作为选择的标准，如结构质量最小、整体刚度最大等。

在设计变量、约束条件和目标函数确定后，建立结构优化设计数学模型，利用数学手段，寻求满足约束条件下使目标函数最小（或最大）的设计变量，形成最好的结构方案。

结构优化设计的数学模型为：

求设计变量

$$\boldsymbol{x} = [x_1, x_2, \cdots, x_n]^{\mathrm{T}}$$

满足约束条件

$$g_i(\boldsymbol{x}) \leqslant 0, (i = 1, 2, \cdots, p)$$

$$h_j(\boldsymbol{x}) = 0, (j = 1, 2, \cdots, q)$$

使目标函数 $f(\boldsymbol{x}) \rightarrow \min(\text{或} \max)$

$$f(\boldsymbol{x}) = f(x_1, x_2, \cdots, x_n)$$

式中，p 个不等式类型约束和 q 个等式类型的约束规定了优化的可行域。

结构优化设计是将工程设计问题的物理模型转化为理论数学模型，运用最优化数学理论，选用适合的优化方法，借助计算机求解该数学模型，结合工程实际情况，得出较优设计方案的一种设计方法。结构优化是实现导弹结构轻量化、性能最优化的重要技术手段，而这其中也蕴含着新的结构设计思想和方法。

导弹结构设计中越来越广泛地采用结构优化设计、有限元法、结构动态设计、可靠性设计技术；在结构优化设计方向，多目标综合结构优化设计、结构模糊优化设计越来越受到重视；结构可靠性设计由静力设计向动力设计发展。结构优化设计经历了从尺寸优化到形貌优化再到拓扑优化的历程[6]。

（1）结构尺寸优化

在设计人员对模型形状有了一定的形状设想后，通过改变结构单元的尺寸参数达到设计要求，如筋杆的截面积、板厚等，进行尺寸优化的细化设计。目前许多大型有限元分析软件具有可靠通用的尺寸优化模块，尺寸优化技术已经较为成熟、普遍。

（2）结构形貌优化

形貌优化是一种形状最佳化的方法，即在结构中寻找最优的几何轮廓分布的概念设计方法，在减轻结构重量的同时可满足强度、频率等要求。形貌优化不删除材料，而是在可设计区域中根据节点的扰动生成加强筋。

形貌优化为形状优化的高级形式，其方法与拓扑优化类似，所不同的是拓扑优化使用单元密度变量，形貌优化使用形状变量。

（3）结构拓扑优化

结构拓扑优化的基本思想是将寻求结构的最优拓扑结构问题转化为在给定的设计区域内寻求最优材料分布、传力路径的问题。拓扑优化技术属于概念布局设计，以结构的整体布局形式为设计内容，根据一定的准则，在满足设计、材料和工艺约束条件下，在结构上开孔、打洞、去除不必要的构件和材料使结构达到最优。通过拓扑优化设计，设计人员可以全面了解产品的结构和功能特征，有针对性地对导弹总体结构布局和具体结构进行设计。特别是在产品设计初期，在适当的约束条件下，充分利用拓扑优化技术进行分析，结合设计经验，设计出满足技术和工艺条件的产品。

结构拓扑优化研究是从桁架结构开始的，拓扑优化最大的优点是在不知道结构拓扑形状的情况下，可根据已知边界条件和载荷条件确定较合理的结构形式，不涉及具体结构尺寸设计，但可以为技术人员提供全新的设计和最优的材料分布方案。

结构优化技术在工程应用中受到限制的一个重要问题就是其结

果的可制造加工性。而 3D 打印技术是基于离散-堆积原理,实现结构数字模型直接驱动材料降维堆积成型,原则上几乎没有限制。结构拓扑优化是以材料分布为优化对象,借助有限元分析手段在设计空间里寻求最优分布方案,以最少材料实现结构的最佳性能。结构拓扑优化技术和 3D 打印技术均基于数字化技术,两者有机结合,易于突破多指标约束和多学科耦合条件下的分析与优化设计技术,解决跨学科、多指标全局优化结构设计难题,提升结构系统多专业协同和耦合设计能力,实现从材料体系、设计仿真及制造工艺多层面挖掘潜力,研制轻质、高效的新型先进结构,支撑型号研制工作。

参 考 文 献

［1］ 余旭东，等 . 导弹现代结构设计［M］. 北京：国防工业出版社，2007.

［2］ 黄瑞松 . 飞航导弹工程［M］. 北京：中国宇航出版社，2004.

［3］ 导弹结构强度计算手册编写组 . 导弹结构强度计算手册［M］. 北京：国防工业出版社，1978.

［4］ 高荣杰，等 . 海洋腐蚀与防护技术［M］. 北京：化学工业出版社，2011.

［5］ 孙自考 . 潜射导弹典型结构耐海水腐蚀及防护技术研究［D］. 北京：北京机电工程研究所，2009.

［6］ 常新龙，等 . 导弹总体结构与分析［M］. 北京：国防工业出版社，2010.

第7章　水下发射动力技术

水下发射动力技术是导弹水下发射技术的重要组成部分，包括将导弹从发射装置中推出的发射动力技术和导弹自身携带的动力装置技术。其中将导弹从发射装置中推出的发射动力技术在本书第9章"水下发射装置"中作详细介绍。导弹自身携带的动力装置一般采用火箭发动机。

火箭发动机是一种不依靠环境中的大气，利用飞行器自身携带的工质，由反作用原理直接产生推力的喷气发动机[1]，包括化学火箭发动机（chemical rocket engine）、核火箭发动机（nuclear rocket engine）和电火箭发动机（electric rocket engine）等。火箭发动机由于其工作不需要外界提供氧气，因此它既可以在空气中工作，也可以在没有空气的外太空工作，还可以在水下工作。其中化学火箭发动机根据其推进剂的物理状态又分为液体推进剂火箭发动机（liquid propellant rocket engine）、固体推进剂火箭发动机（solid propellant rocket engine）和混合推进剂火箭发动机（hybrid propellant rocket engine）三种类型[2]。现代水下发射导弹一般采用固体推进剂火箭发动机，简称固体火箭发动机。

根据水下发射导弹动力装置是否在水中工作，有水面点火和水下点火两种形式。采用水面点火的水下发射导弹发动机点火时在干燥空气环境中，因此发动机与普通地面发射导弹的发动机要求并无特别之处；而采用水下点火方式的水下发射导弹要求发动机在水下环境中点火工作，需要解决水下点火、可靠工作等一系列问题。

7.1　固体火箭发动机

7.1.1　概述

7.1.1.1　固体火箭发动机的组成

固体火箭发动机一般由装药燃烧室、喷管和点火装置等组成，如图 7-1 所示，另外还包括一些将这些部件连接组装在一起的连接密封件。水下发射导弹固体火箭发动机一般是装药耗尽后关机，因此不带推力终止装置。

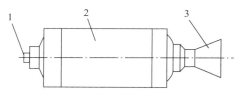

图 7-1　固体火箭发动机一般组成示意图

1—点火装置；2—装药燃烧室；3—喷管

（1）装药燃烧室

装药燃烧室是用来贮存装药，并作为发动机工作时装药发生化学燃烧反应的耐高压容器，一般由燃烧室壳体、绝热层、衬层和装药组成，如图 7-2 所示。

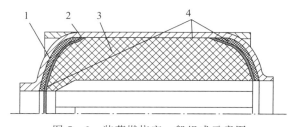

图 7-2　装药燃烧室一般组成示意图

1—绝热层；2—燃烧室壳体；3—装药；4—衬层

燃烧室壳体是承受发动机工作时高压燃气内压载荷的重要部件，并承担导弹外在载荷，提供发动机与导弹前后舱段连接在一起的连接接口。燃烧室壳体一般采用金属材料通过焊接和机械加工而成，高性能发动机燃烧室壳体也有采用复合材料与金属接头组合在一起的结构形式。

绝热层用于阻挡发动机工作时燃烧室内的高温燃气向燃烧室壳体传热，使发动机工作期间燃烧室壳体的温度处于较低的水平，保证燃烧室壳体结构可靠。

衬层用于将装药与绝热层或燃烧室壳体黏接在一起，并起到一定的装药应力释放作用。

装药是发动机的能量来源，目前应用最广泛的是复合固体推进剂，它由氧化剂、黏合剂、金属燃料以及各种调节剂等通过混合、浇铸固化而成。装药的几何形状和尺寸取决于发动机需要的内弹道性能。

（2）喷管

喷管是将发动机工作时燃烧室内高温高压燃气热能转换成发动机推力的能量转换装置。固体火箭发动机喷管一般为典型的拉瓦尔喷管，由收敛段、喉部和扩散段组成。水下发射导弹固体火箭发动机喷管附近一般装有推力矢量控制装置，用于改变喷管燃气流动方向，从而提供导弹发射初期姿态变化所需的控制力。

（3）点火装置

点火装置是用于发动机点火启动的多个部件的统称，一般包括安全点火装置和点火器两大部件。安全点火装置包括安全控制机构和发火元件，安全控制机构用于防止发动机意外点火，发火元件用于提供将发动机点火信号转换成热点火源的初始能源。点火器用于将发火元件提供的点火热源放大成点燃发动机装药的热源，确保发动机装药迅速点燃。

7.1.1.2　固体火箭发动机的分类

固体火箭发动机按照不同的标准有多种分类，如图 7-3 所示。

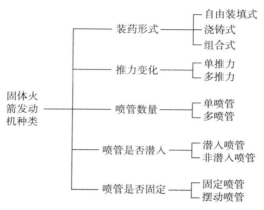

图 7-3　固体火箭发动机种类示意图

（1）按装药形式可分为自由装填式、浇铸式和组合式

自由装填式发动机装药单独在燃烧室外成型，与燃烧室壳体可完全分离，药柱一般为圆柱状或管状，每台发动机可以装单个药柱或多个药柱，工作时可以是端面燃烧、内孔燃烧或者内外孔同时燃烧等形式，燃面变化较为简单。

浇铸式装药发动机是将装药与燃烧室壳体和绝热层通过衬层黏接在一起，因生产过程中是将流动的药浆浇铸到燃烧室内固化成型而得名，因为装药与燃烧室内壁面紧紧黏在一起，又称为贴壁浇铸式发动机；浇铸式发动机工作时装药一般是内孔燃烧形式，燃面变化比较复杂。

组合式装药发动机是指在一个发动机内，既有自由装填式装药，又有浇铸式装药的发动机，一般用于有特殊性能要求的发动机。

（2）按推力变化可分为单推力和多推力发动机

单推力发动机是指发动机工作期间推力基本恒定，没有明显推力变化台阶的发动机。大多数固体火箭发动机都是单推力发动机。

多推力发动机是指发动机工作期间推力存在较大幅度台阶性变化的发动机，可以是双推力、三推力等。多推力发动机一般用于需要为导弹提供加速、巡航等多种推力需求的情况。

（3）按喷管数量可分为单喷管和多喷管发动机

受喉部材料生产能力或发动机结构要求限制，早期研制的不少发动机采用多喷管结构，由于结构复杂，存在许多缺点，现在一般没有结构限制的发动机基本上都采用单喷管结构。

（4）按喷管是否潜入分为潜入式和非潜入式喷管发动机

潜入式喷管是指喷管结构部分深入到发动机燃烧室内腔的喷管，采用这种喷管形式的发动机由于充分利用了燃烧室内腔靠近轴线部分（容积较小）的空间，增大了燃烧室直径较大部分（容积大）的长度尺寸，在发动机总长不变的情况下可以增加装药量，提高发动机性能。非潜入式喷管是指喷管的全部结构都在发动机燃烧室内腔之外的喷管，一般用于发动机总长尺寸相对宽松的情况。

（5）按喷管是否固定分为固定喷管和摆动喷管发动机

不需要进行推力矢量控制的发动机都采用固定喷管结构，发动机工作期间，喷管的推力线与发动机轴线之间相对位置保持固定不变。需要进行推力矢量控制的发动机有的采用摆动喷管结构，发动机工作期间，通过改变喷管推力线与发动机轴线之间的相对位置关系，在提供向前轴向推力的同时，可以为导弹提供俯仰、偏航甚至滚转的侧向推力或力矩。

7.1.1.3　固体火箭发动机的特点

与其他弹用发动机相比，固体火箭发动机特点明显：

1）结构简单。相比液体火箭发动机需要另外的推进剂贮箱、复杂的推进剂输送系统和燃烧室冷却系统，涡喷、涡扇和液体冲压发动机需要油箱、燃油系统和进气道，固冲发动机需要进气道而言，固体火箭发动机推进剂装填在自身的燃烧室内，所有部件采用被动热防护，结构最为简单，除安全点火装置和部分发动机喷管的推力矢量控制装置外，没有活动部件。

2）使用维护方便。固体火箭发动机零部件少，基本没有活动部件，除了安全点火装置和推力矢量控制装置需要随弹进行状态检查外，正常存放一般不需要维护工作。

3）可靠性高。固体火箭发动机由于零部件少，而且基本没有活动部件，因此可以达到很高的可靠性，现代固体火箭发动机可靠性一般可达 0.995（置信度 0.8）以上。

4）体积比冲高。虽然推进剂质量比冲相比液体发动机要低，只能达到 2 200～2 700 Ns/kg，但由于固体火箭发动机推进剂密度较大，一般达到 1 650～1 850 kg/m³，而且充分利用了燃烧室内的空间作为推进剂贮箱，因此，固体火箭发动机体积比冲比液体火箭发动机更大，相比一般中近程导弹采用的涡喷、涡扇和冲压发动机的体积比冲（这里体积比冲包含油箱、进气道和发动机本体所占的空间）也并不低。

7.1.1.4　固体火箭发动机的发展

固体火箭发动机最早出现在中国，早在南宋时期，中国就将以黑火药为推进剂的固体火箭发动机应用到军事领域。

20 世纪 30 年代，以硝化棉、硝化甘油为基料的双基推进剂的出现，将固体火箭发动机技术向前推进了一大步；20 世纪 40 年代，沥青复合推进剂出现，为固体火箭发动机技术发展开辟了广阔的前景。

20 世纪 50 年代，复合固体推进剂的能量水平和力学性能得到进一步提升，使得采用浇铸工艺制造大型内孔燃烧装药成为可能，由于推进剂能量水平的提升和贴壁浇铸生产工艺可以充分利用装药对燃烧室壳体进行热防护，大大地提升了固体火箭发动机的整体性能水平，其在导弹领域的优势迅速凸显出来，各种类型的固体火箭发动机产品，尤其是战略导弹固体火箭发动机的研制得到了极大的重视。

中国的现代固体火箭发动机技术起步较晚，1958 年开始研制复合推进剂，20 世纪 60 年代中期，固体火箭发动机技术开始向实用型发动机发展。1983 年 2 月 4 日，装药量达到数十吨的大直径固体火箭发动机地面试验取得成功，标志着中国固体火箭发动机技术进入了一个崭新的阶段[3]。

当前，随着更高能量和更好综合性能的推进剂的研发，更好耐烧蚀材料技术、更好力学性能壳体材料技术的发展，以及检测诊断技术的进步，发动机工作压强日益提高，固体火箭发动机正在向高比冲、高质量比、高可靠性方向发展。同时，具有推力调节、多次点火工作能力的固体火箭发动机研究应用也正在增加，固体火箭发动机研制与导弹总体联合设计、一体化设计也日益受到重视。

7.1.2　固体火箭发动机设计指标

作为水下发射导弹的重要分系统，固体火箭发动机的设计与导弹总体设计密切相关。发动机的外形尺寸、结构形式、推进剂类型、内弹道变化规律、喷管形式、点火装置形式、点火方式、点火启动水深环境等，均要根据导弹总体设计来进行选择。水下发射导弹的固体火箭发动机研制通常需要考虑以下因素。

7.1.2.1　性能指标因素

1）总冲、平均推力或工作时间；

2）根据弹上设备承受过载能力要求明确发动机的最大推力限制；

3）推力偏差，根据工作环境温度要求和导弹飞行弹道设计，提出发动机在高低温工作环境条件下的推力偏差范围；

4）推力变化规律，导弹水下运动阻力较大，对发动机的推力变化有特殊要求；

5）其他如推力矢量等。

7.1.2.2　发射环境因素

应明确导弹水下发射深度范围，这与发动机水密设计和喷管效率设计密切相关。

7.1.2.3　工作环境因素

应明确发动机工作环境，尤其是发动机工作温度和存放温度范围。由于水下发射导弹战备值班环境温度变化范围较小，在库房存放条件能够保证的情况下，可适当限制发动机的工作和贮存温度范围，这样有利于发动机设计更高的推进剂装填分数，采用更高能量推进剂，提高总体性能。

7.1.2.4　结构因素

发动机点火工作后，燃烧室和喷管不可避免要出现一定的结构变形，应明确特殊部位的结构变形指标，以确保在结构变形情况下仍然可以保证相关部位水下密封。

7.1.3　固体火箭发动机设计原则

固体火箭发动机设计必须满足总体研制任务书要求，设计中还应贯彻如下设计准则[5]：

1）充分采用成熟技术，如采用新技术，需对新技术进行必要的试验验证；

2）选用的原材料应符合相关规范；

3）结构设计应合理，工艺性好；

4）考虑发动机设计对边界条件（自然环境、力学环境等）的适应性；

5）考虑发动机设计对全寿命周期（贮存）的适应性；

6）充分贯彻"三化"设计思想；

7）充分考虑产品经济性。

7.1.4　固体火箭发动机总体设计

固体火箭发动机总体设计的主要依据是发动机研制任务书或研制技术要求。发动机研制工作中，总体方案设计至关重要，在导弹总体和发动机各部件之间起着承上启下的桥梁作用。

7.1.4.1　总体设计参数

发动机总体设计参数主要有直径、长度、工作压强、平均推力、工作时间和喷管扩张比等。

发动机的直径和长度一般由导弹总体确定，发动机总体参数设计时按照规定的直径和初步接口关系，进行长度核算。

发动机工作压强选择关系到发动机装药燃烧工作稳定性、发动机比冲效率、结构质量、烧蚀性能等。选定发动机工作压强应该首先保证装药能够正常燃烧，其次要使发动机冲质比尽可能大。

在导弹总体给定总冲 I 的条件下，发动机工作压强增大，比冲效率会提高，推进剂质量可以减少，但相应的燃烧室壳体壁厚和接口需要增强、喷管烧蚀有所加剧，发动机的结构质量会有所增加。因此发动机存在一个最佳工作压强，在此压强下，满足总冲要求情况下，发动机总质量最小，即：

$$\begin{cases} \dfrac{\mathrm{d}(M_\mathrm{m})_I}{\mathrm{d}P_\mathrm{c}} = 0 \\ M_\mathrm{m} = M_\mathrm{c} + M_\mathrm{p} + M_\mathrm{ti} + M_\mathrm{n} + M_\mathrm{d} + M_\mathrm{t} \end{cases} \tag{7-1}$$

式中，M_m 为发动机总质量，M_c 为燃烧室壳体质量，M_p 为装药质量，M_ti 为绝热层质量（含衬层），M_n 为喷管质量，M_d 为点火装置质量，M_t 为装配直属件质量。

其中点火装置及装配直属件质量基本与工作压强无关，一般采用标准化的零部件结构；燃烧室壳体质量是工作压强的函数，装药质量等于总冲除以比冲，绝热层及衬层质量与装药结构有关，可设计为装药质量的函数，喷管质量与扩张比 ε 和工作压强均相关，根据总体对发动机工作环境（影响喷管出口背压）的规定，选择发动机工作压强时，一并选择喷管喷张比，代入 M_c、M_p、M_{ti} 和 M_n 的质量方程，用数值法求解可得到最佳工作压强及其对应的喷管扩张比。

实际工程实践中，因为扩张比 ε 直接影响喷管长度、发动机长度和装药燃烧室可用长度，上述方法所得的最佳工作压强和扩张比只能作为初期论证的参考；发动机的比冲与推进剂种类密切相关，因此总体初步设计一般可遵循以下过程[5]：

（1）装药量估算

根据高能、廉价、使用广泛和满足使用环境的原则初步选择推进剂种类。

根据所选推进剂在典型工作压强下的比冲和发动机总冲要求，计算所需推进剂的装药量 M_p，具体见式（7-2）。

根据所需装药量 M_p（考虑一定的余量）、选择合理的体积装填系数 υ 和推进剂的密度 ρ_p，计算装药所需空间 V，具体见式（7-3），预估所需长度。

$$M_p = \frac{I}{I_s} \tag{7-2}$$

$$V = \frac{M_p / \rho_p}{\upsilon} \tag{7-3}$$

式中　M_p ——所需推进剂质量，kg；

　　　I ——发动机总冲，N·s；

　　　I_s ——推进剂比冲，N·s/kg；

　　　V ——装药所需体积，m³；

　　　ρ_p ——推进剂密度，kg/m³；

　　　υ ——体积装填系数。

（2）装药形式选择

长时间、小推力的固体火箭发动机推荐采用自由装填药柱形式，短时间、大推力发动机推荐采用贴壁浇注形式；装药形式同时要考虑推进剂燃速，目前推进剂的燃速一般为 5～50 mm/s（8 MPa、15 ℃），考虑到工艺性和质量稳定性，一般不推荐通过添加金属丝增速的药型方案。

自由装填药柱和贴壁浇注装药燃速预估按式（7-4）和式（7-5）进行。

自由装填药柱燃速计算见公式（7-4）：

$$r = L_p / t_b \qquad (7-4)$$

贴壁浇注装药燃速计算见公式（7-5）：

$$r = D_e / t_b \qquad (7-5)$$

式中　r——推进剂燃速，mm/s；

　　　L_p——自由装填药柱长度，mm；

　　　t_b——燃烧时间，s；

　　　D_e——贴壁浇注装药肉厚，mm。

（3）典型工作压强选择

根据选择的装药形式和推进剂，确定典型工作压强 P_c。

根据所需装药量 M_p 和燃烧时间 t_b，计算秒流量 $\dot{m}$ 和喉径 D_t，具体见式（7-6）、式（7-7）。

设计喷管膨胀比 β，一般按略欠膨胀进行，具体见式（7-8）。

根据选择型面，预估喷管长度 L_n，具体算法见本书 7.1.9.1。

$$\dot{m} = \frac{M_p}{t_b} \qquad (7-6)$$

$$D_t = 2\sqrt{\frac{\dot{m} C^*}{P_c \pi}} \qquad (7-7)$$

$$\beta = \frac{A_e}{A_t} = \frac{\sqrt{k}\,(\frac{2}{k+1})^{\frac{k+1}{2(k-1)}}}{\left(\frac{P_e}{P_c}\right)^{\frac{1}{k}}\sqrt{\frac{2k}{k-1}\left[1-\left(\frac{P_e}{P_c}\right)^{\frac{k-1}{k}}\right]}} \qquad (7-8)$$

式中　$\dot{m}$——质量流率，kg/s；

　　　D_t——喷管喉部直径，m；

$\quad C^*$ ——特征速度，m/s；

$\quad P_c$ ——发动机工作压强，Pa；

$\quad \beta$ ——喷管膨胀比；

$\quad A_e$ ——喷管出口面积，m^2；

$\quad A_t$ ——喷管出口面积，m^2；

$\quad k$ ——燃气比热比；

$\quad P_e$ ——发动机喷管出口压强，Pa。

（4）确定总体参数

根据装药长度和喷管长度 L_n，预估发动机长度及重量，如果满足总体要求，说明方案可行，反之，根据式（7-2）～式（7-8），反复优化，最终确定推进剂、工作压强、膨胀比、装药形式、装药长度和喷管长度。

7.1.4.2　总体结构设计

发动机总体结构取决于导弹总体布局和发动机的作用，水下发射导弹固体火箭发动机一般处于导弹尾部，采用单喷管形式，没有推力终止装置，但需要安装推力矢量控制机构。因此，发动机头部需要与导弹连接的前裙，用于传递发动机推力，并提供水密结构设计空间，可采用裙式套接结构，如果发动机与前面弹体还有过渡舱段，也可以采用端面对接结构；发动机尾部需要设计后裙，用于导弹尾舱连接；发动机后封头和喷管需要设计足够的刚性，以使工作时变形控制在较小的范围，防止尾部舱段设备与发动机干涉或在水下出现漏水的情况，另外还要设计推力矢量装置安装的接口。

各处涉及到与总体结构相关的接口，都需要与总体结构进行协调，明确在协调图上。

7.1.4.3　成本设计

发动机的成本与总体方案密切相关，因此应该将成本控制纳入到总体方案设计中。成本设计主要可以从以下几方面考虑：

1）尽可能选用成熟、生产质量稳定的材料，降低生产检测成本；

2）尽可能选用成熟、稳定的技术、零部件和标准件，如发动机的点火装置和直属件，在无特殊必要情况下，应尽可能直接采用成熟产品，降低研制成本；

3）满足指标的情况下，尽可能缩短发动机工作时间，降低工作压强，这样可以减少喷管烧蚀，降低对喷管烧蚀材料的要求，从而降低成本；

4）尽可能简化结构，减少加工和装配成本；

5）尽可能减少零部件种类，降低采购和库房管理成本。

7.1.4.4 总体优化设计[3]

发动机总体优化是利用多变量函数求极值的方法来得到一个最佳的总体设计方案，就是求一组满足一定约束条件的设计变量，使目标函数最大或最小。

发动机优化设计可以同导弹总体优化一起进行，也可以自己单独进行。作为水下发射导弹的固体火箭发动机，其随弹工作的时间一般较短，优化效果对总体影响较小，因此发动机优化一般都自己单独进行，在满足总体指标的要求下，一般可将成本最低和结构可靠性最高作为优化目标。

无论选择何种目标函数，都需要建立数学模型。最基本的优化是满足性能情况下设计出质量最低的发动机，这就需要建立发动机的质量方程。发动机的质量方程主要由装药、绝热层、燃烧室壳体、喷管、点火装置和装配直属件等几部分质量组成，其中点火装置和装配直属件与性能相关性低，可以不予考虑；绝热层质量与药型相关，可设计为装药的函数，由于其在装药基本形式确定后变化很小，也可以不予考虑。对发动机质量影响较大的主要是装药量、燃烧室壳体质量和喷管质量，而与之相关的参数则主要是工作压强、喷管扩张比、喷管型面参数（效率）等。通过建立这些参数与质量之间的函数，即可得到质量最优的设计参数。需要注意的是，优化方程中设计变量之间应该相互独立，避免优化过程中产生相互作用，导致寻优过程中出现死循环。

7.1.5　装药设计

装药设计最主要是要解决推进剂选择、装药结构设计和内弹道变化规律设计。

7.1.5.1　推进剂选择

推进剂选择是固体火箭发动机设计中最基础的工作，它几乎直接决定了发动机的内弹道性能，对发动机成本有着重大的影响，同时也直接影响发动机的安全性、贮存性能和使用环境条件。因此推进剂选择上，既应要求推进剂比冲高、密度大、力学性能好，也要求推进剂物理化学稳定性好、安全性高、长期贮存性好，还需要考虑推进剂组分来源是否广泛，成本是否能够接受等因素。

按照其细微结构，固体推进剂可分为均质推进剂和异质推进剂两大类。

均值推进剂的燃烧组分与氧化剂均匀混合，形成一种胶体溶液结构，其组成成分和性能在整个基体上都是均匀的，包括单基推进剂和双基推进剂。

异质推进剂的燃料组分和氧化剂虽然要求均匀混合，但只是整体上的机械混合，从细微结构看，其组成和性质是不均匀的，没有形成真正的均质结构。

目前常用的几类推进剂主要是双基推进剂、复合推进剂和改性双基推进剂，几种主要推进剂性能比较见表 7 - 1[3]。

表 7 - 1　几种主要推进剂性能比较表

推进剂类别	DB	DB/AP/Al	DB/AP/Al/HMX	CTPB/AP/Al	HTPB/AP/Al	NEPE
比冲(Ns/kg)	2 156～2 254	2 548～2 597	2 548～2 597	2 548～2 597	2 548～2 597	2 646～2 675
铝粉含量(%)	0	20～21	20	15～17	4～17	17～20
密度(g/cm³)	1.61	1.80	1.80	1.77	1.80	1.84
抗拉强度(MPa)/伸长率(%)/测试温度(℃)	31.7/1.5/－51	18.9/4.5/－51	16.4/2.7/－51	2.2/26/－51	2.6/46/－51	6.0/18/－40
	13/40/25	2.7/48/25	1.2/50/25	0.9/57/25	1.2/38/25	0.5/140/25
	3.3/60/71	1/45/49	0.4/3/71	0.6/7/54	0.7/45/70	0.3/120/70
成本评价	低	低	高	中	中	高

注:1)比冲是在 $P_c/P_e = 70$ 情况下的理论比冲;2)力学性能拉伸速率 5.08 cm/min。

（1）双基推进剂（DB）

双基推进剂属于均质推进剂，它以硝化纤维素（NC）和硝化甘油（NG）为基本组分，其中硝化纤维素作为推进剂的基体，硝化甘油作为溶剂将硝化纤维素溶解塑化形成均匀的胶体结构。为改善推进剂的性能，一般还会添加少量的其他添加剂成分。双基推进剂含氧量不足，燃烧组分在发动机内不能得到充分的燃烧，因此能量水平较低。

（2）复合推进剂

典型的复合推进剂一般由氧化剂、金属燃料和高分值黏接剂作为基本组分，另外添加少量的固化剂、增塑剂、老化剂、燃速调节剂、工艺助剂等添加剂成分，通过捏合固化而成。复合推进剂能量高，力学性能好，燃速可调范围宽，是目前导弹发动机应用最为广泛的推进剂类型。其中金属燃料和黏接剂主要提供燃料，氧化剂提供燃烧需要的氧分。

由于黏接剂将氧化剂和金属燃料等固体粒子黏接成具有一定弹性的基体，使推进剂成为具有必要力学性能的完整结构，对推进剂的力学性能、工艺性能具有决定性的影响，同时它还提供 C、H 等燃料元素，对燃气成分分子量有决定性的作用，是推进剂的主要能源和工质，因此复合固体推进剂一般以黏接剂的种类来命名。根据黏接剂的不同，复合推进剂主要分为以下几大类：聚硫（PS）推进剂、聚氯乙烯（PVC）推进剂、聚氨酯（PU）推进剂等。聚硫推进剂诞生于 20 世纪 50 年代，曾经作为部分双基推进剂的替代产品，由于含有大量的硫元素，燃烧产物分子量较大，因此能量较低，现在已经基本淘汰。聚氯乙烯推进剂能量水平有所提高，但其低温条件下力学性能较差，固化温度高，使用状态下热应力和收缩变形较大，很难适应现代导弹的使用温度环境，因此也很少在发动机上使用。聚氨酯推进剂主要有三类：聚酯型、聚醚型和聚丁二烯型。聚酯型推进剂能量低，低温力学性能差，应用很少；聚醚型推进剂能量稍高，老化性能好，适合于能量水平要求不高，贮存寿命超长的产品；聚丁二烯型推进剂是目前应用最为广泛的推进剂，其中端羟基聚丁二烯（HTPB）推进剂具有优良的力学性能和稳定燃烧特性，能量水平也较高，应用最为广泛。

由于金属燃料的热值很高，可以提高推进剂燃烧温度，从而提高推进剂的特征速度和发动机比冲；另外金属燃料燃烧中的凝相粒子对高频不稳定燃烧具有抑制作用，现代复合推进剂中已把金属燃料作为推进剂不可或缺基本组分之一；与此同时，燃气中的凝相粒子也会形成两相流，带来一定的性能损失，并加剧对喷管和绝热层的烧蚀。目前复合推进剂中常用的金属燃料有铝、铍、硼、镁等。其中铝虽然燃烧热不算最高，但其耗氧量低、密度高、原材料广泛，可在推进剂中添加较高的铝粉含量，较大程度地提高推进剂密度、燃温和比冲，且成本可控，因此成为目前推进剂中应用最为广泛的金属燃料。铍热值高、耗氧量较小、燃烧产物相对分子量低，对提高发动机性能效果明显，但由于铍及其燃烧产物有剧毒，原材料稀少昂贵，因此一般只用在高空工作的发动机上。硼的燃烧热也很高，并且有较大的密度，原料来源广泛，毒性小，是一种很有应用前景的高能燃烧剂；但由于它在燃烧过程中会生成沸点很高的三氧化二硼液体薄膜，难以很快挥发，使得包裹在内部的硼不能完全燃烧，导致添加硼粉的推进剂实际能量很难得到充分发挥，因此在固体火箭发动机推进剂中应用并不多，随着纳米技术的发展和二次燃烧的固体火箭冲压发动机技术的发展，硼燃料有望在固体火箭冲压发动机需要的贫氧推进剂中大放异彩。镁耗氧量小，与氧化剂混合所放出的热量高于铝粉，但其密度小，成本相对较高，因此实际提高推进剂性能方面和成本控制方面效果尚不及铝粉。

氧化剂在复合推进剂中为黏接剂和金属燃烧剂燃烧放热提供必须的氧元素，在推进剂中质量含量达到 $60\%\sim80\%$，是推进剂中最基本的组分，对推进剂的燃速、工艺性和特征速度有着重大的影响。作为氧化剂必须要满足以下条件：1）必须与黏结剂相容；2）有效含氧量高；3）生成焓高；4）密度大；5）燃气分子量小且尽可能不含有固体粒子和强腐蚀气体；6）价格便宜。可作为推进剂氧化剂的有高氯酸铵（NH_4ClO_4）、高氯酸钾（$KClO_4$）、硝酸铵（NH_4NO_3）、硝酸钾（KNO_3）、奥克托金（$C_4H_8O_8N_8$）和黑索金（$C_3H_6O_6N_6$）等。其中高氯酸铵（AP）具备上述要求的大部分特性，应用最为广泛。高氯酸钾燃烧反应快，用其作推进剂燃速较高，但同时压力指数也较高。硝酸铵作为氧化剂的推进剂能量水平中等、燃速低、压力指数低、燃温相对较低、价格低廉，一般用于燃速较低、性能不高的发动机或燃气发生器中，另外由于其中不含 Cl 元素，燃气中没有 HCl，因此作为无烟推进剂的氧化剂也常有应用。相比高氯酸铵为氧化剂的推进剂，奥克托金（HMX）为氧化剂的推进剂比冲高，燃温低，且燃烧产物中不含 HCl 和碳颗粒，没有烟迹，有利于提高导弹发射平台隐蔽性；但推进剂中奥克托金含量增加、粒度减小将降低推进剂的力学性能。采用黑索金（RDX）为氧化剂的推进剂也具有比冲高，燃温低，且燃烧产物中不含盐酸和碳颗粒，没有烟迹，有利于提高导弹发射平台隐蔽性的特点，但相比之下黑索金密度较低，推进剂密度低，体积比冲不高。

（3）改性双基推进剂

改性双基推进剂是在双基推进剂的基础上，借鉴复合推进剂的研制成果，在其中增加氧化剂和金属燃料组分而来的一种推进剂。由于增加了双基推进剂中的含氧量，使得推进剂燃烧更为完全，加之金属燃料进一步提高了热值，因此推进剂能量相比双基推进剂得到了明显的提高。

改性双基推进剂有两类：一类是加高氯酸铵氧化剂，称为 AP -CMDB，该类改性双基推进剂密度和能量相比复合推进剂更高，密度可达 1 850 kg/m³，海平面理论比冲可以达到 2 600 Ns/kg 以上；与此同时，改性双基推进剂力学性能变差，尤其是低温延伸率较低，导致发动机推进剂装填比难以提高，环境适应性较差，因此应用范围相对较窄，一般只用于工作温度 −10℃ 以上的导弹[2]。另一类是添加高能的奥克托金或黑索金来增加能量和氧分，称为 HMX -CMDB 或 RDX - CMDB；这类改性双基推进剂，密度相对稍低，但燃气分子量小，燃温低、燃气无烟、无 HCl，有利于发射平台隐蔽性和使用寿命，特别适合于采用激光、微波制导，对羽烟有严格要求的小型战术导弹发动机。

为改进改性双基推进剂的力学性能，一般采取两种途径。一是在双基中加入交联剂使硝化棉交联成网状结构，增加延伸率，这种推进剂称为交联改性双基推进剂（XLDB）[3]。这种推进剂密度高、比重大，燃速范围较宽，在大型战略导弹中得到了较好的应用，美国三叉戟导弹的一、二、三级发动机都采用了这类推进剂。新近研制的高能推进剂 NEPE 也是在 XLDB 的基础上，以聚醚和乙酸丁酸纤维素取代硝化棉作为黏合剂，以能量较高的硝酸酯类物质为增塑剂的新型推进剂，密度可达 1 840 kg/m³[3]。另一种是在双基中加入高分子聚合物来改善力学性能，这种推进剂称为复合改性双基推进剂（CDB）[3]。

（4）推进剂发展趋势

未来推进剂发展趋势是在高性能、高可靠性的基础上进一步降低成本，减少对环境的污染，开发研制低特征信号推进剂、钝感推进剂和用于可变能量的推进剂[2]。为了提高能量水平，减少烟雾，综合保证力学性能、适当控制生产成本，在丁羟三组元（主要成分AP＋HTPB＋Al）推进剂的基础上通过添加奥克托金或黑索金的丁羟四组元推进剂的研究和应用正在增加；改性双基推进剂在低特征信号方面具有天然的优势，当前正在此基础上进行新型含量材料研制以提高能量、新型燃烧催化剂和调节剂研制以改善燃烧性能、新型实用的键合剂研制以改善力学性能。另外随着推进剂固体含量越来越高，还需要研究新的工艺技术来解决生产工艺问题。

（5）水下发射导弹固体火箭发动机推进剂选择

由于导弹战备值班处于水下环境，工作温度环境一般在 $-10℃ \sim 30℃$ 之间，因此，在总体温度环境允许放宽的条件下，推进剂选择可以适当放宽高低温条件下的力学性能要求，更加重视内弹道性能、能量水平和价格成本。

7.1.5.2　药型设计

根据总体性能、环境条件和成本控制要求选定推进剂种类后，需要按照导弹对发动机推力变化规律要求，设计装药结构形式，使推进剂按照需要的规律燃烧。药型设计直接关系到发动机的内弹道性能和发动机的结构可靠性，是发动机设计工作的核心。

药型设计应满足发动机推力变化规律要求，以及相同燃烧室容积内装药体积尽可能大、装药结构完整性好、生产过程简单等基本要求。

按照装药燃面变化规律可分为恒面、增面、减面和变燃面（多推力发动机）药型，按照燃烧表面装药中所处的位置可分为端面、侧面和端面＋侧面燃烧药型，按照燃面法线方向可分为一维、二维和三维药型。其中端面燃烧药型属于一维药型、侧面燃烧药型属于二维药型，端面＋侧面燃烧药型属于三维药型。根据具体发动机结构形式，水下发射导弹固体火箭发动机各种药型均可选用，但一般以二维、三维药型居多。典型的二维、三维药型结构示意如图 7 - 4 所示。

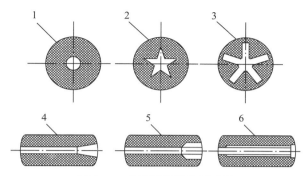

图 7 - 4　典型药型结构示意图

1—内燃管型；2—星孔型；3—车轮型；4—锥柱型；5—管槽型；6—星孔端燃型

内燃管型、星孔型、锥柱型、星孔端面型药型肉厚系数和体积装填系数均较大，平均燃面不大，比较适合于推力不大、工作时间较长、质量比高的发动机；车轮型药型的肉厚系数小，平均燃面大，装填系数不高，适合于短时间大推力发动机；管槽型装药肉厚系数大，平均燃面较大，装填系数较高，适合于质量比较高的短时间大推力发动机。

初步选定药型后，可根据装药的能量和密度水平估算需要的装药体积，综合考虑使用温度环境，推进剂能够实现的燃速范围，估算平均燃面大小，选择装药体积装填系数，从而估算需要的燃烧室容积。根据容积大小和发动机直径，可以进行装药外形设计和燃面变化规律详细设计。

双基推进剂和复合推进剂燃烧机理在微观上存在显著的差别，且推进剂的组分越多，燃烧机理越复杂。但就宏观燃烧而言，不添加金属丝的固体推进剂装药是基本均匀的，都可按照燃面"平行层燃烧规律"（装药表面各点的燃速相等；燃烧面向装药内部推进的方向，处处都是沿着燃烧表面的法向）[4] 来计算药型的燃面面积随装药肉厚的变化规律。随着三维造型技术的发展，现在燃面变化规律计算可以根据"平行层燃烧规律"直接采用三维模型通过燃面表面偏移累加得到。

7.1.5.3　内弹道计算

固体火箭发动机内弹道学中，内弹道计算是指计算发动机燃烧室压强随时间变化规律。燃烧室压强有零维和一维之分：如果压强与坐标位置无关，可将其看作"零维"处理，典型如端面燃烧装药的发动机燃烧室压强，燃气在燃烧室内流动速度变化很小，压强没有明显的变化；如果燃气在装药内孔通道中流动，沿轴向产生显著加速，压强沿轴向有显著的下降，这时燃烧室压强分布应看作是一维流动，其计算较为复杂。一般情况下，水下发射导弹固体火箭发动机长径比不大，燃烧室压强沿轴向变化很小，由此造成的压强和燃速的细微变化，工程上可以忽略不计，因此都可以看作是"零维"流动，按照"零维"内弹道进行计算。

（1）零维内弹道计算

零维内道道计算是在假设固体火箭发动机装药为等面燃烧、燃烧室各处压强相等、不考虑侵蚀燃烧、燃气可看作是理想气体并服从理想气体状态方程下的压强随时间变化规律的计算。

因此，压强计算所依据的基本关系是质量守恒和气体状态方程。按照质量守恒原理，装药燃烧产生的燃气生成率分成两部分：一部分经喷管排出，即喷管流率，另一部分用来增加燃烧室中燃气的贮量，即增长率，因此有：

$$\dot{m}_b = \dot{m}_d \frac{\mathrm{d}(\rho_c V_c)}{\mathrm{d}t} \tag{7-9}$$

经过一系列公式推导，可以得到燃烧室压强随时间变化的微分方程

$$\frac{V_c}{\Gamma^2 C^{*2}} \frac{\mathrm{d}P_c}{\mathrm{d}t} = (1-\varepsilon)\rho_P A_b a P_c^n - \frac{P_c A_t}{C^*} \tag{7-10}$$

$$\varepsilon = \frac{\rho_c}{\rho_P} = \frac{P_c}{RT_f\rho_P} \qquad (7-11)$$

其中，ρ_c 为燃气密度；V_c 为燃烧室燃气容积；t 为时间；ρ_P 为推进剂密度，A_b 为燃面面积；α 为燃速系数；P_c 为燃烧室压强；A_t 为喷管喉部面积；C^* 为推进剂特征速度；n 为推进剂压强指数；R 为气体常数；T_f 为燃烧温度；Γ 为与气体种类有关的系数。

在发动机稳定工作段，压强相对稳定，可认为压强变化率为零，即

$$\frac{\mathrm{d}P_c}{\mathrm{d}t} = 0 \qquad (7-12)$$

由此可得到

$$P_c = (\rho_P C^* \alpha K)^{\frac{1}{1-n}}(1-\varepsilon)^{\frac{1}{1-n}} \qquad (7-13)$$

其中 K 为燃喉比，即

$$K = \frac{A_b}{A_t} \qquad (7-14)$$

由式（7-11）可知，ε 数值极小，可以忽略不计，则得平衡压强公式

$$P_{c,\mathrm{eq}} = (\rho_P C^* \alpha K)^{\frac{1}{1-n}} \qquad (7-15)$$

（2）瞬时平衡压强

除了端面燃烧药型，一般情况下，发动机的燃面面积都是随时间变化的，如果燃气流动速度不大，可以不考虑燃气流动和侵蚀燃烧影响，也可以看作是零维问题。但由于其平衡压强不再是恒定不变，不能用公式（7-15）直接解析得到，只能用数值积分法来计算，即把工作过程看成是由许多瞬时平衡过程叠加而成的过程，每一个瞬时的压强代入当时对应的燃面数据，采用平衡压强公式进行计算，即"瞬时平衡压强法"。

7.1.6　燃烧室壳体设计

固体火箭发动机燃烧室壳体是装药贮存和燃烧的场所，也是导

弹结构的重要组成部分，需要承受装药燃烧产生的内压载荷和导弹转运和飞行过程中的外载荷，是发动机可靠工作的关键部件。燃烧室壳体设计应该满足以下基本要求：1）具有足够的强度和刚度，满足承受内压和外载荷的要求；2）结构质量尽可能小，提高发动机质量比；3）结构合理，连接可靠、气密性好，同轴性高；4）工艺性好；5）材料来源丰富，价格便宜[5]。

　　现代导弹固体火箭发动机燃烧室壳体一般采用金属材料，高性能固体火箭发动机为了减轻壳体结构重量，也可以采用高比强度的纤维增强复合材料。由于纤维增强复合材料结构复杂，成本很高，而水下发射导弹固体火箭发动机作为导弹一级，导弹发射后很快就将与导弹分离，其结构质量对全弹性能影响较小，因此一般采用金属材料壳体。

　　（1）燃烧室壳体结构和材料

　　典型的金属材料壳体有前后接头、前后封头、前后裙和圆筒段组成，如图 7 - 5 所示。前后接头、前后裙多用管材或锻件加工而成，封头采用板材冲压成型，圆筒段通过旋压成型或板材卷焊成型，零部件粗加工完毕后，通过焊接将各部件组焊在一起，经过热处理达到金属材料的最佳性能后，再通过对前后接头和前后裙进行精加工，保证各连接接口的尺寸精度，圆筒段部分热处理后一般不再进行去材料的加工。

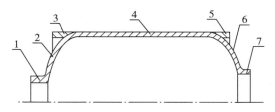

图 7 - 5　典型金属材料壳体组成示意图

1—前接头；2—前封头；3—前裙；4—圆筒段；5—后裙；6—后封头；7—后接头

根据具体产品需要，前裙或后裙结构不一定必须设计，形状也不一定为圆环形，其具体位置可以在靠近发动机的外径处，也可以根据连接需要设计在封头的椭球任意位置上；前接头一般开口较小，用于安装连接安装点火装置的顶座；后接头开口较大，用来连接发动机喷管和推力矢量伺服机构，后裙一般用于连接导弹尾舱。

根据性能要求不同，金属壳体材料可选用普通碳素结构钢或合金钢材料。常用的高性能合金钢有 32SiMnMoV、406、D406A、28Cr3SiNiMoWV 和马氏体时效钢等，它们的屈服强度均超过 1 300 MPa。其中 406 钢、406A 钢由于断裂韧性较低，可能出现低应力爆破现象或脆性断裂现象，已经逐步退出应用，D406A 钢（30Si2MnCrMoVE、31Si2MnCrMoVE）适当降低了碳含量，虽然强度略有降低，断裂韧性却得到了较大幅度的提高，获得了比较广泛的应用；28Cr3SiNiMoWV 含碳量较低，通过合金成分来保证钢种的断裂韧性，因此具有优良的工艺性能，也得到了较为广泛的应用；马氏体时效钢通过 480 ℃时效产生金属间化合物来强化，也具有良好的加工性能，在一些重要零件上得到了应用，由于含有国内贮量较少的 Co 元素，材料成本相对较高。

（2）壳体的应力分析和强度校核

燃烧室壳体结构设计过程中，必须进行应力分析和强度校核，具体方法可参见参考文献[5]。值得注意的是，水下发射导弹固体火箭发动机如果需要经历在深水中运动一段时间才点火工作的环境，需要对燃烧室壳体进行抗外压分析，保证发动机点火前在规定深度条件下不出现结构失稳。

（3）燃烧室壳体强度检验

为确保发动机可靠，在设计保证燃烧室壳体结构强度的基础上，一般要求生产过程中对燃烧室壳体实际承压能力进行液压试验检验。

液压强度试验。固体火箭发动机燃烧室壳体要求调质处理后逐台进行液压强度检验，以消除生产过程或局部材料缺陷带来的隐患。对于采用成熟金属材料的壳体，检验压强一般为发动机工作最高压强的 1.05～1.1 倍。

液压爆破试验。固体火箭发动机燃烧室壳体研制或批产过程中，通过随机抽取产品进行实际极限承载能力的液压爆破试验，以验证燃烧室壳体的实际安全系数。对于采用成熟金属材料的壳体，一般要求液压爆破压强不低于发动机工作最高压强的 1.2 倍。

7.1.7　燃烧室绝热层设计

燃烧室绝热层分为外绝热层和内绝热层，水下发射导弹固体火箭发动机一般不经历气动加热，因此不需要进行外绝热设计。内绝热层是指用于保护燃烧室壳体免受装药燃烧加热影响的结构。内绝热层由填料和黏合剂制成，填料多为石棉、二氧化硅，黏合剂则有橡胶和树脂两类。内绝热层材料一般要求热导率低、密度低、弹性模量低、伸长率高、强度适中；常用的内绝热层材料有 5-Ⅲ、9621和 EPDM 等，其性能详见表 7-2。

表 7-2　常用内绝热层性能[3]

名称	热导率/[W/(cm·K)]	抗拉强度/MPa	密度/(g/cm³)	伸长率/(%)
5-Ⅲ	1.88×10^{-3}	7.84	1.5	24
9621	2.59×10^{-3}	6.57～11.4	1.24	800
EPDM	2.42×10^{-3}	6.55	0.98	900

其中 EPDM 是新近研制的充填二氧化硅的三元乙丙橡胶，具有密度低、伸长率高的特点，应用范围日益广泛。

内绝热设计可根据装药燃面退移变化规律，掌握燃烧室壳体不同部位在燃气中暴露的时间和所处的位置，并通过内流场、温度场计算结果，根据内绝热层烧蚀模型预估各部位的绝热厚度。

对于自由装填装药，燃烧室壳体内表面都需设计内绝热层，并根据绝热层在燃气流动中暴露的时间长短进行厚度设计，一般由前向后绝热层厚度逐渐增加。

对贴壁浇铸装药而言，前封头是随着装药燃烧过程逐渐暴露在燃气中的，同时由于该部位一般没有流动，烧蚀量很少，主要根据热传导确定绝热厚度；筒体部分在发动机工作的绝大部分时间里有装药作为天然的保护，主装药工作期间几乎不接触燃气，因此该部分绝热层可以设计得很薄，主要起到过渡作用，许多小型发动机甚至在该部位不设计绝热层；后封头部分虽然也是在发动机工作期间逐渐暴露在燃气中的，但相比前封头，该部位装药一般设计有调整燃面的沟槽，且由于靠近喷管，因此后封头暴露时间更长，燃气流速较快冲刷严重，因此厚度相对较厚。另外，由于发动机装药的装填分数日益增加，一般在封头部分还会设计用于释放装药内部应力的人工脱黏结构。

7.1.8　燃烧室衬层设计

衬层由黏合剂、固化剂、固体填料和一些功能助剂等组成[3]。衬层是作为装药与内绝热层之间的过渡层，用于将装药与内绝热层和燃烧室壳体黏接在一起，要求有良好的伸长率，与装药和绝热层具有良好的黏接性能，一般采用与推进剂相同的黏合剂和固化体系，确保装药黏接界面可靠。

燃烧室壳体内绝热层制作完毕后，一般通过加热和旋转离心方式，将衬层材料均匀涂覆在燃烧室内绝热层表面上，待衬层呈现半固化状态时，直接将推进剂浇铸到燃烧室内，并通过装药的固化过程，使衬层与装药在界面上发生交联反应，形成可靠黏接。

7.1.9　喷管设计

喷管是发动机的能量转换部件，安装于燃烧室尾部。固体火箭发动机喷管一般采用拉瓦尔喷管，由收敛段、喉部和扩散段组成。

　　喷管通过喉部面积限制燃气排出流量，从而使燃烧室维持一定的工作压强，保证装药稳定燃烧；燃烧室高温高压燃气通过喷管特定型面气动加速后，燃气高温高压的热能和势能转换成高速向后排出的动能，从而产生反作用推力；另外，具有推力矢量功能的喷管在伺服系统控制作用下，还可以改变燃气排出的方向，为导弹提供控制飞行姿态的侧向力。

　　根据喷管结构与燃烧室之间的相对装配位置关系，可将喷管分为潜入式喷管和非潜入式喷管两种，如图 7-6 所示。

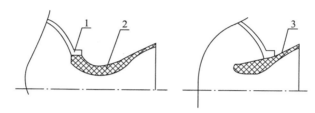

图 7-6　固体火箭发动机典型喷管形式

1—燃烧室；2—非潜入式喷管；3—潜入式喷管

　　现代大型固体火箭发动机一般都采用潜入式喷管，以增大长度尺寸空间利用率；对于中小直径导弹的固体火箭发动机，由于喷管直径尺寸相比燃烧室直径尺寸差异较小，装药内孔可供喷管收敛段占用的空间少，且潜入后燃烧室后段燃气流场变化剧烈，烧蚀明显加剧，喷管的生产难度和成本会增加，而增加的装药量有限，因此除非长度尺寸不得已，一般不强求采用潜入式喷管。

　　喷管设计包括气动设计、结构设计和热防护设计等。

　　（1）内型面设计

　　喷管内型面设计就是选择喷管收敛段、喉部和扩张段的形状参数，以使喷管在允许或需要的长度范围内达到最高的效率。

　　非潜入喷管的收敛段型面一般采用圆锥形，其收敛角一般选择范围为 30°～60°，为平衡长度和烧蚀量，一般选择 45°左右。喷管喉部设计对喷管效率影响较大，喉径位置一般设计为 2～20 mm 长的圆柱形，以保证发动机工作中喉径尺寸不至于因为烧蚀而过快扩大，降低发动机工作压强和喷管膨胀比；喉径的上下游采用圆弧过渡，过渡圆弧的半径一般与喉部半径尺寸大小相当，过小损失大，过大喷管长；喷管扩散段型面可有锥形、抛物线形和圆弧形等多种形式，锥形喷管结构简单易加工，抛物线形复杂但效率高，圆弧形长度最短。几种喷管长度初步设计可按照以下方法进行[6]：

①锥形型面喷管长度预估计算方法

锥形型面喷管长度预估计算方法见式（7-16）。

$$L_n = K_L \frac{(\sqrt{\beta}-1)\sqrt{A_t/\pi}}{\tan\alpha} \qquad (7-16)$$

式中　β ——喷管膨胀比；

　　K_L ——喷管长度系数，一般为 0.90～1.6；

　　α ——喷管扩散段半角，一般取 12°～15°。

②双圆弧型面喷管长度预估计算方法

双圆弧型面示意见图 7-7，喷管长度预估计算方法见式（7-17）～式（7-19）。

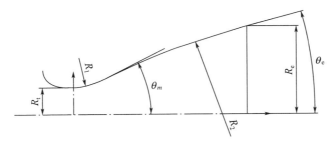

图 7-7　双圆弧型面示意

$$R_1 = (0.6 \sim 1.0)D_t \qquad (7-17)$$

$$R_2 = \frac{R_e - \dfrac{D_t}{2} - R_1(1 - \cos\theta_m)}{\cos\theta_e - \cos\theta_m} \qquad (7-18)$$

$$L_n = K_L\left[(R_2 + R_e)\sin\theta_m - R_2\sin\theta_e\right] \qquad (7-19)$$

式中　D_t——喷管喉径，mm；

　　　R_e——喷管出口半径，mm；

　　　θ_e——喷管出口半角，一般取 $13°\sim 20°$，推荐 $15°\sim 18°$；

　　　θ_m——喷管初始扩张半角，一般取 $25°\sim 32°$，推荐 $26°\sim 28°$。

③抛物线型面喷管长度预估计算方法

抛物线型面示意见图 7-8，喷管长度预估计算方法见式（7-20）～式（7-27）。

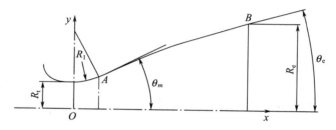

图 7-8　抛物线型面示意

$$R_1 = (0.6 \sim 1.0)D_t \qquad (7-20)$$

$$y = ax^3 + bx^2 + cx + d \qquad (7-21)$$

在 A 点满足下列条件：

$$x = R_1\sin\theta_m \ , \ y = R_1(1 - \cos\theta_m) + R_t \qquad (7-22)$$

$$x = R_1\sin\theta_m \ , \ \frac{\mathrm{d}y}{\mathrm{d}x} = \tan\theta_m \qquad (7-23)$$

$$x = R_1\sin\theta_m \ , \ \frac{\mathrm{d}^2 y}{\mathrm{d}x} = 0 \qquad (7-24)$$

在 B 点满足下列条件：

$$x = L \ , \ y = R_e \qquad (7-25)$$

$$x = L \ , \ \frac{\mathrm{d}y}{\mathrm{d}x} = \tan\theta_e \qquad\qquad (7-26)$$

通过上述可以计算出 a、b、c、d 和 L。

$$L_n = K_L L \qquad\qquad (7-27)$$

潜入式喷管收敛段与喉部在型面上经常设计成一个整体，收敛段一般设计成椭圆形，椭圆中心设计在喉径小圆柱段前端面中心上，长轴设计为 $1\sim2$ 倍喉部半径，短轴设计为长轴的 $60\%\sim70\%$。潜入式喷管喉部长度、喉部下游圆弧和扩散段设计与非潜入式喷管相同。

（2）气动计算

固体火箭发动机喷管为拉瓦尔喷管，燃烧室燃气经过喷管收敛段不断加速，至喉部达到声速，通过喉部后在扩张段继续加速至超声速喷出。如果把燃气看作理想气体，忽略流动损失，可认为燃气在喷管中的流动是一维等熵流动，则喷管任意截面 A 的燃气温度 T、压强 P、密度 ρ 和马赫数 Ma 满足以下关系：

$$\begin{cases}
\dfrac{T}{T_c} = \left(1 + \dfrac{k+1}{2}Ma^2\right)^{-1} \\[2mm]
\dfrac{P}{P_c} = \left(1 + \dfrac{k-1}{2}Ma^2\right)^{\frac{k}{1-k}} \\[2mm]
\dfrac{\rho}{\rho_c} = \left(1 + \dfrac{k-1}{2}Ma^2\right)^{\frac{1}{1-k}} \\[2mm]
\dfrac{A}{A_t} = \dfrac{\left(\dfrac{2}{k+1}\right)^{\frac{1}{k-1}} \sqrt{\dfrac{k-1}{k+1}}}{\sqrt{\left(\dfrac{P}{P_C}\right)^{\frac{2}{k}} - \left(\dfrac{P}{P_c}\right)^{\frac{k+1}{k}}}}
\end{cases} \qquad (7-29)$$

其中，T_c、P_c 和 ρ_c 分别为燃烧室燃气温度、压强和密度，A_t 为喉部面积，k 为燃气比热比。在界面位置不产生激波和气流分离时，根据喷管内型面参数和式（7-28），可以计算得到喷管轴向的燃气温度、压强和密度分布。

当截面为喷管出口时，计算得到的燃气压强即喷管出口压强

P_e，如果喷管出口压强 P_e 等于外界大气压强 P_a（即背压），则喷管处于完全膨胀状态，此时发动机推力系数最大；喷管出口压强 P_e 小于外界大气压强 P_a 时，喷管处于过膨胀状态；喷管出口压强 P_e 大于外界大气压强 P_a 时，喷管处于欠膨胀状态，这时燃气流会出现斜激波。

水下发射导弹固体火箭发动机在水下工作阶段，喷管出口外是处于水环境中的，其背压等于当地大气压加上工作深度的水压，当在水下采用扰流片或燃气舵实现推力矢量控制时，需要保证喷管出口压强高于实际背压，以避免出现过燃气过膨胀、燃气与喷管壁面分离，影响推力矢量控制效果。同时由于水下工作喷管出口背压升高，发动机实际产生的推力相对地面工作推力也将显著下降，下降的幅度随工作深度的增加而增加。

（3）喷管热设计

发动机燃气在喷管中高速流动，会对喷管内型面产生加热、并引起喷管内型面烧蚀，因此喷管需要进行热防护设计和热结构设计。热防护设计主要分析喷管烧蚀、绝热结构的烧蚀状态和热传递情况，目的是设计烧蚀结构散热、绝热结构隔热，防止燃气热量大量传递到喷管的支撑结构上，保证喷管支撑结构可靠；热结构设计的目的是分析组成喷管的各种材料之间的热应力情况，优化各种材料的结构和组合方式，保证在整个工作期间热应力处于各种材料允许的范围之内，确保喷管结构不出现热应力失效。

（4）防潮堵盖设计

水下发射固体火箭发动机喷管堵盖既要能保证发动机内部密封、在燃烧室内挥发份增加，空中运输时外压降低等情况下不至于脱落，发动机点火时具有一定的打开压强，更重要的是还要保证具有一定的抗外压能力，确保发动机未点火前随导弹在水下运动过程中燃烧室不至于进水。

7.1.10 点火装置

点火装置是安全点火装置、点火器和隔板发火管等与固体火箭发动机点火有关零部件的统称。

最简单的点火装置包括点火器和电发火管，可以不包含安全点火装置。

《GJB3387 火箭发动机术语》定义安全点火装置是装有安全机构的点火装置。安全点火装置一般分为电安全点火装置和机械安全点火装置。

7.1.10.1 电安全点火装置

电安全点火装置是在点火电路上采取如屏蔽、通断等措施来排除点火信号以外的干扰电信号，优点是体积小、质量小，可以防止电发火管意外引燃，不需外界动力或能源，使用方便；缺点是只能防止电干扰，不能防止误操作等其他干扰。

7.1.10.2 机械式安全点火装置

机械式安全点火装置是采用机械隔离的办法阻断点火通路，在电发火管意外发火时也能保证发动机安全的一种保险装置，一般由电发火管和安全控制机构组成，优点是可以防止各种干扰，即使电发火管意外发火也可以保证发动机安全；缺点是体积较大，需要占用一定的空间。机械式安全点火装置还可分为纯机械式安全点火装置和电驱动式安全点火装置，前者通过人工或发射装置、弹上级间分离等方式进行装置的状态转换，后者通过通电驱动电磁机构或电机来实现装置的状态转换。

7.1.10.3 非电传爆式安全点火装置

近年来，随着导弹空间利用率日益提高，级间空间越来越小，以至于无法容纳传统的安全点火装置，因而发展出来了一种非电传爆式安全点火装置，这种安全点火装置一般由电发火管＋安全控制机构＋非电传爆导爆索等构成，与安装在发动机燃烧室上的隔板发火管和点火器组成一套完整的点火装置。这种安全点火装置的工作流程是电发火管发火产生的点火能源通过安全控制机构点火通道后，引爆非电传爆导爆索的能量输入端，通过柔性的导爆索组件传导至能量输出端，激发隔板发火管从而点燃发动机点火器。由于导爆索组件为柔性绳索状的部件，可以实现隔板发火管与安全控制机构在安装位置上自由分离，实现远距离点火；安全控制机构可以安装在弹上任意位置，能够节省宝贵的长度尺寸，也有利于安全控制机构的检测和维护。

水下发射导弹尺寸空间宝贵，固体火箭发动机安全点火装置推荐采用非电传爆式安全点火装置。

7.1.10.4　激光点火装置

虽然钝感电发火管研究进步很大，但电磁、辐射环境也在不断增强，传统以电发火管作为点火初始发火元件的方案由于摆脱不了电能发热引爆起爆药的特点，固体火箭发动机电发火管意外引爆的阴影始终存在，即使是有安全点火装置确保发动机安全，一旦电发火管激发，导弹也将暂时失去战斗力，很可能贻误战机。

为彻底消除电磁、辐射环境的影响，激光点火装置得到了研究和发展。激光点火装置由激光发生器、传输光纤、分束器与激光起爆器或激光点火器组成。在激光器的电源中，采用了环境探测器、电脉冲安全控制与触发控制等安控技术，只有在两种安全控制条件完全满足的情况下，激光器的电路才能开始通电工作，处于待发状态。当给出触发指令时，激光器发出一束脉冲激光，通过光缆传输、分束、耦合到激光火工品，通过光学转换能源加热药剂使其爆炸或点火。激光点火装置以激光作为固体火箭发动机初始发火元件的起爆能源，通过光导纤维作为激光传导的介质，使炸药、烟火剂与电源彻底隔离，而电磁在光纤中完全不存在寄生信号，从而使发火元件在电磁、辐射环境条件下意外发火的危险得以避免。美国"侏儒"导弹、"飞马座"火箭、级间分离系统上已成功应用激光点火装置。

激光点火装置由于传导光纤也为柔性结构，因此在提高安全性的同时，也能像非电传爆安全点火装置一样实现远距离点火，尤其能够实现按程序集中控制多路火工品按需点火，在先进导弹各种火工品点火集中控制应用上前景广阔，在水下发射导弹固体火箭发动机上也具有良好的应用前景。

7.1.10.5　点火器

点火器是点火装置中的能量放大器，通过点火器工作产生足够量的高温燃气，保证发动机主装药及时可靠点燃。点火器一般分为烟火点火器和小火箭式点火器；前者由点火器壳体和点火药粒等组成，通过电发火管或隔板发火管引燃点火药粒，燃气通过点火器壳体上的喷火孔喷出点燃固体火箭发动机的主装药，一般用于尺寸较小、初始燃面和初始自由容积较小的固体火箭发动机；后者由发火件、药盒、点火发动机壳体、点火发动机装药及喷嘴等组成，结构类似一个小型的固体火箭发动机，通过其内装药产生的燃气通过喷嘴喷出点燃发动机主装药；由于产生的燃气量多、持续时间较长，一般用于尺寸较大、初始燃面和初始自由容积较大的固体火箭发动机。

7.2　固体火箭发动机试验

固体火箭发动机试验是发动机研制过程中的重要工作内容，贯穿整个研制周期。水下发射导弹固体火箭发动机在固体火箭发动机基本试验的基础上，一般还需要进行外压试验、推力矢量试验和水下点火试验等试验项目。

7.2.1　地面静止试验

地面静止试验是固体火箭发动机研制中最基础的整机试验，试验时发动机固定在地面试验台架上，通过试验台发出点火指令使发动机点火工作，用于考核发动机结构完整性和工作可靠性，获取发动机内弹道数据。一般地面静止试验至少包括高温点火试验（将发动机在规定的最高工作温度条件下保温至发动机整体温度达到平衡后直接进行点火试验）、常温点火试验和低温点火试验。不进行侧向力测量时，一般静止地面试验在水平试验台架上进行，测量发动机主推力、燃烧室压强、发动机各部位温度、变形和位移、振动和冲击等参数。作为水下发射导弹固体火箭发动机，喷管相对发动机后裙之间的变形量直接关系到导弹相关舱段水下密封的效果，尤其需要在发动机静止试验中进行实测验证。

7.2.2　推力矢量试验

推力矢量试验是地面静止试验的一种，一般将固体火箭发动机放置在垂直的六分力试验台架上进行。除了测量发动机一般静止试验可以测量的参数外，还可以测量发动机工作期间侧向力随控制指令的变化情况。在垂直试验台架上试验时，发动机的主推力受发动机工作期间装药燃烧、质量减小影响，需要进行修正。

7.2.3　外压试验

对于需要经历发动机不点火在水中运动一段时间的水下发射导弹，其固体火箭发动机必须进行外压试验，以确保在发动机点火工作前保持结构可靠。外压试验主要验证燃烧室壳体抗外压失稳的能力，一般是将燃烧室壳体前后开口堵上，放置在密闭容器中，对密闭容器加水增压至导弹需要经历的水深环境，测量燃烧室壳体各部位在此环境下的应变，用以判定燃烧室壳体的抗外压能力；也可对密闭容器不断加水增压，直到壳体应变达到屈曲预估值，用以判断发动机能够承受的最大水深环境。

7.2.4　温度环境试验

为考核发动机适应贮存环境的能力，需要对发动机进行温度环境试验。温度环境试验有温度循环和温度冲击两种。温度循环试验中装药内部温度梯度较小，热应力较小，试验时间周期很长；温度冲击试验装药内部温度梯度大，热应力更大，试验周期相对较短；目前许多装药结构裕度较大的产品直接进行温度冲击试验考核，不做温度循环试验。

温度循环试验是将发动机放置在保温箱中，保温箱温度按照一定的变化规律在发动机需要经历的极限温度环境之间循环变化，使发动机经历使用过程中可能出现的温度变化过程，然后检查发动机装药表面、装药界面以及喷管等部件的情况，并进行点火试验考核其工作可靠性。

温度冲击试验是将发动机首先放入高温箱（或低温箱），对发动机进行贮存条件下的最高温度（或最低温度）保温至发动机整体温度达到平衡，然后将发动机快速转移（不超过 5min）至已经达到发动机贮存条件下最低温度（或最高温度）的保温箱中保温至发动机整机达到新的温度平衡，然后再次快速转移至已经达到发动机贮存条件下最高温度（或最低温度）的保温箱中继续保温，如此反复多次后，检查发动机装药表面、装药界面以及喷管等部件的情况，并进行点火试验，考核其工作可靠性。

7.2.5　力学环境试验

为考核发动机适应运输、战备和导弹发射过程中各种力学环境的能力，需要对发动机进行力学环境试验。固体火箭发动机力学环境试验一般有加速度、冲击、振动、颠震和公路运输等试验项目。

水下发射导弹水下工作固体火箭发动机一般只经历公路运输、战备值班等力学环境，不经历导弹发射飞行过程的振动、冲击等过程，因此可只进行公路运输试验和颠震试验，经历力学环境试验后，需要对发动机装药表面、装药界面、喷管以及各连接部位进行检查，然后进行点火试验，考核其工作可靠性。

7.2.6　水下点火试验

由于发动机在水下点火工作时，水下环境与空气中的环境存在本质性的差别，发动机在水下点火时，由于水的密度远大于燃气的密度，水将限制燃气的迅速流动，影响喷管内超声速流动的快速形成；在燃气排开水的运动过程中，由于水的惯性远大于空气，其交界面上的压力会骤然升高，会导致激波在喷管内快速振荡，这个高压瞬间作用在导弹底部就会造成导弹巨大的点火冲击，严重时可能导致导弹结构出现破坏；深水环境的高背压引起激波通过喉部，可能引起气流壅塞，使发动机偏离设计点，造成发动机工作异常；由于背压升高，发动机在水下工作实际推力相比地面推力还将出现明显降低；因此，水下点火试验是水下发射导弹固体火箭发动机必须进行的验证试验，用以考核发动机水下点火工作的可靠性，研究发动机点火启动过程中水流环境特性、发动机振动特性、推力变化特性和推力矢量系统在水中工作的实际效果等。

水下点火试验分为固定水深的点火试验和变深度的点火试验。固定水深的点火试验是将固体火箭发动机置于需要检验的水下深度，或者通过试验设备模拟相应的水下深度环境，发动机点火及工作期间始终保持在该深度环境条件下的试验。变深度的点火试验是根据导弹发射后在水中的运动轨迹，控制发动机工作期间试验设备模拟水下深度的变化过程进行的试验，有利于掌握导弹实际运动过程中发动机推力变化和推力矢量控制效果。

7.2.7　三防环境试验

水下发射导弹固体火箭发动机很可能受到霉菌、盐雾和潮湿环境影响，因此需要对发动机进行三防环境试验，以确定该环境对发动机及各部件是否存在危害性影响。随着战场快速反应的要求越来越高，全备弹要求日益受到重视，裸弹发射的情况逐渐退出舞台，导弹和发动机贮存、发射包装条件的日益改善，固体火箭发动机三防环境试验的要求正逐渐弱化。

参 考 文 献

［1］ 王莉，蒋家荣，等 . GJB 3387 — 1998 火箭发动机术语 ［M］. 北京：国防科工委军标出版发行部，1998.

［2］ 关英姿 . 火箭发动机教程 ［M］. 哈尔滨：哈尔滨工业大学出版社，2006.

［3］ 薛成位 . 弹道导弹工程 ［M］. 北京：中国宇航出版社，2002.

［4］ 杨月诚，等 . 火箭发动机理论基础 ［M］. 西安：西北工业大学出版社，2010.

［5］ 王铮，胡永强 . 固体火箭发动机 ［M］. 北京：宇航出版社，1993.

［6］ 安海军，等 . Q/Hf 336—2011 飞航导弹固体火箭发动机设计规范 ［R］. 北京：航天科工集团三院三十一所，2012.

第8章　水下发射控制技术

潜射导弹在水下运动过程中，先后穿过了发射筒与海水间的边界及海水与大气的海面边界，导弹从发射、水下航行到出水过程中，潜艇运动、海流、海浪等干扰因素对导弹水下运动过程影响很大，而且导弹水下航行外形多呈静不稳定状态，某些条件下还可能伴随着水下空泡非定常发展、出水空泡溃灭冲击等影响，流体动力呈现高动压、非定常及多相介质等特点，使导弹水下航行过程的受力十分复杂。为增强导弹水下航行的稳定性，满足导弹出水弹道要求，引入控制系统进行水弹道控制，以提高水下发射导弹的环境适应能力。

8.1　水下发射控制总体技术

8.1.1　控制系统组成

实现水下发射控制，需依靠导弹控制系统中的测量系统、信息处理系统和操纵弹体运动的执行机构。测量系统测得导弹水下航行过程中的位置、速度、姿态等导弹运动信息，信息处理系统采集导弹运动信息并进行解算产生控制信号，操纵执行机构控制导弹按预定弹道航行。

8.1.2　控制系统设计特点

水下发射导弹控制系统的设计目的是保证导弹水下航行稳定，实现按预定的出水弹道水下航行，主要是出水姿态要求，因此水下弹道以控制姿态角为主，滚动通道只需进行稳定控制，偏航通道根据需要稳定在发射方向上或偏转一定的角度，俯仰通道按照期望值设计相应的程序信号控制导弹俯仰角以期望值出水。

8.1.3　控制系统设计步骤

（1）确定控制系统设计要求

将导弹总体对控制系统的技术要求和工作条件转化为控制系统的设计要求，包括控制系统在导弹水下航行过程中的性能需求、工作环境和干扰条件[1]。导弹水下航行段对控制系统的性能需求一般相对简单，主要需求是保证导弹水下航行稳定，将导弹稳定控制出水，满足出水姿态要求。出水姿态要求主要是对出水俯仰角有比较严格的要求，确定出水俯仰角大小与很多因素相关：发射方式、抗海浪能力、控制能力以及空中弹道对初始姿态的要求等，一般来讲，出水俯仰角越大抗海浪干扰能力越强。

（2）选择系统方案

导弹水下航行段控制一般对于测量系统、信息处理系统没有特殊要求，关键是水下控制段执行机构的选取。一般有水力舵和推力矢量两种控制机构，受发射装置结构尺寸的制约，要求潜射导弹外形尺寸相对较小，布局相对简单，常规水力舵的结构布局一般较难实现，更多采用的是推力矢量控制方式。另一方面，导弹空中飞行和水下航行差别很大，在出水后需要转换控制，因此还要考虑导弹出水判断采取何种测量装置。

（3）分析被控对象，设计控制规律

首先建立导弹水下航行的受力模型，对导弹所受的重力、浮力、推力、流体动力进行分析和描述，选取相应的坐标系，建立导弹的动力学方程以及运动学方程，利用小扰动方程线性化方法，得到弹体传递函数，进行弹体动态特性分析，在此基础上选取控制参数，完成控制规律初步设计，同时确定执行机构主要性能指标。之后，在给定的控制规律下，完成导弹水下航行过程的数学推演或者称弹道仿真，检验设计结果是否满足指标要求，在此过程中修改控制参数、优化弹道，进行分析计算与仿真，直到满足要求为止。

（4）控制系统半实物仿真试验

完成所有设计，并且控制系统设备软硬件状态到位后，开展控制系统半实物仿真试验验证工作。半实物仿真是在地面实验室中创造足够逼真的控制系统工作环境，使控制系统所有实物按照飞行控制过程来实现动态运行[1]，发现设计与研制中的缺陷，以保证产品的质量。试验过程中，如果发现弹道控制性能不能满足设计指标要求，则应对控制规律的有关参数进行修改及优化，甚至修改系统方案。有时可能要经过若干次反复，才能满足设计指标的要求。

8.2　水下发射导弹控制方式

导弹水下控制系统的任务是测量导弹与预定弹道的偏差，根据每时刻测量出的偏差解算出控制信号送执行机构，使舵面偏转或控制推力矢量的方向，产生必要的控制力和力矩，减小以至于消除这些偏差，最终控制导弹水下稳定航行及出水。

8.2.1　控制方式的分类

水下发射导弹的控制主要采用水力舵和推力矢量两种控制方式，如图 8-1 所示。水力舵与空气舵类似，一般安装于弹体尾部，依靠舵面偏转产生控制力和力矩。推力矢量控制方式通过改变发动机主推力方向，从而产生控制力和力矩。对于采用固体火箭发动机的推力矢量控制系统，根据实现方法可以将其分为三类：摆动喷管、燃气舵和扰流片。

8.2.1.1　水力舵控制

采用水力舵的导弹运动通常是利用横舵、直舵以及差动舵对导弹三通道进行控制。舵面偏转产生的控制力和力矩可表示为：

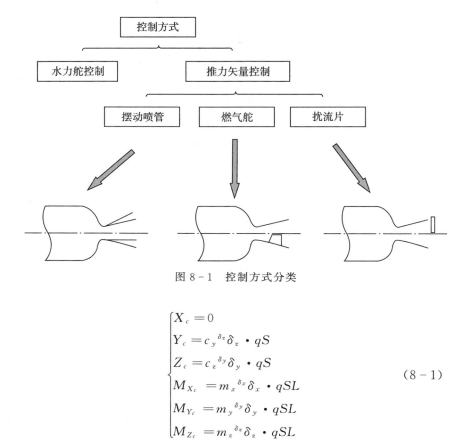

图 8-1　控制方式分类

$$\begin{cases} X_c = 0 \\ Y_c = c_y{}^{\delta_z}\delta_z \cdot qS \\ Z_c = c_z{}^{\delta_y}\delta_y \cdot qS \\ M_{X_c} = m_x{}^{\delta_x}\delta_x \cdot qSL \\ M_{Y_c} = m_y{}^{\delta_y}\delta_y \cdot qSL \\ M_{Z_c} = m_z{}^{\delta_z}\delta_z \cdot qSL \end{cases} \qquad (8-1)$$

式中　$c_y{}^{\delta_z}$，$c_z{}^{\delta_z}$ ——动力系数对舵面偏转角的偏导数；

$m_x{}^{\delta_x}$，$m_y{}^{\delta_y}$，$m_z{}^{\delta_z}$ ——力矩系数对舵面偏转角的偏导数；

δ_y，δ_z ——分别为弹体 Y 向和 Z 向两个方向的舵偏角；

q ——动压头，$q = \rho V^2 / 2$；

S ——参考面积；

L ——参考长度。

8.2.1.2　推力矢量控制

推力矢量控制是一种通过控制主推力相对弹轴的偏移产生改变导

弹方向所需力矩的控制技术[2]。这种方法不依靠气/水动力，即使在弹速很低的条件下仍可产生很大的控制力矩。水下发射导弹通过推力矢量控制方式可实现在外界环境条件干扰作用下对水弹道的有效控制，从而可适应更宽范围的发射条件要求，提高潜射导弹的作战能力。推力矢量控制技术是依靠推力矢量控制系统装置来实现的[3]，目前普遍采用的推力矢量控制系统装置中执行机构有如下几种方式：

（1）摆动喷管

采用柔性接头喷管，通过摆动喷管轴线，使发动机产生推力侧向分量。此种方式控制效率高，推力损失较小，但伺服系统的设计难度较大[3]。

摆动喷管产生的控制力和力矩的一般形式为：

$$\begin{cases} X_c = P\cos\delta_y\cos\delta_z \\ Y_c = P\cos\delta_y\sin\delta_z \\ Z_c = -P\sin\delta_y \\ M_{Xc} = 0 \\ M_{Yc} = Z_c \cdot L_x \\ M_{Zc} = -Y_c \cdot L_x \end{cases} \qquad (8-2)$$

式中　　P ——发动机推力；

　　　　δ_y、δ_z ——分别为弹体 Y 向和 Z 向两个方向的推力矢量角，这里即为摆动喷管摆角；

　　　　L_x ——控制力矩的力臂，即摆动喷管到全弹质心的距离。

（2）扰流片

图 8-2 为典型的臂式扰流片系统的基本结构。在火箭发动机喷管出口平面上对称安装四个扰流片，不工作时扰流片停在喷管外侧，工作时扰流片插入喷管内，遮挡住部分喷管出口，当燃气流经过时就会在喷管扩展段产生斜激波，改变了喷管出口附近的压力分布产生侧向力，对导弹的偏航和俯仰进行控制[5]，不能提供滚转控制力矩。扰流片这种控制结构可应用于任何正常的发动机喷管，只有在叶片插入时才产生推力损失，系统体积小，质量轻，对伺服系统的

功率要求也不高。

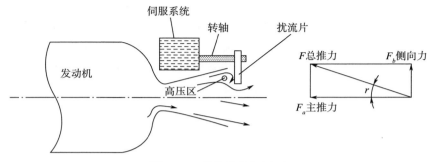

图 8 - 2　扰流片控制原理

扰流片产生的控制力和力矩的一般形式为：

$$\begin{cases} X_c = P\left[1 - k\left(\left|\delta_y\right| + \left|\delta_z\right|\right)\right] \\ Y_c = P\sin\delta_z \\ Z_c = -P\sin\delta_y \\ M_{Xc} = 0 \\ M_{Yc} = Z_c \cdot L_x \\ M_{Zc} = -Y_c \cdot L_x \end{cases} \qquad (8-3)$$

式中　k ——推力损失系数，由推力矢量特性试验获得；

　　　δ_y、δ_z——分别为弹体 Y 向和 Z 向两个方向的推力矢量角，推力矢量角与扰流片转角的关系由推力矢量特性试验获得；

　　　L_x ——扰流片到导弹质心的距离。

（3）燃气舵

在火箭发动机的喷管尾部对称安装四个燃气舵片，通过四个舵面的组合偏转产生要求的俯仰、偏航和滚转操纵力矩和侧向力[2]，如图 8 - 3 所示。燃气舵工作原理与空气舵完全相同，两者区别是燃气舵工作介质为燃气，空气舵工作介质为空气。燃气舵方式的优点是不仅可以提供俯仰和偏航控制，也能提供滚转控制，而且其响应时间相对较快、致偏能力较强；缺点是由于燃气舵的工作环境比较恶劣，存在严重的冲刷烧蚀问题[2]，所以对燃气舵片的耐烧蚀性能要求很高。

以"＋"字布置四片燃气舵方案为例，从弹尾顺弹轴向前看，设右为 1，顺时针依次为 2（下）、3（左）、4（上），面对舵轴，向舵根看，舵面逆时针旋转为正，顺时针旋转为负。

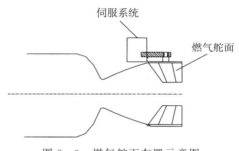

图 8 - 3　燃气舵面布置示意图

燃气舵产生的控制力和力矩为：

$$
\begin{cases}
X_c = P - X_{rq1}(\delta_1) - X_{rq2}(\delta_2) - X_{rq3}(\delta_3) - X_{rq4}(\delta_4) \\
Y_c = F_{rq1}(\delta_1) - F_{rq3}(\delta_3) \\
Z_c = F_{rq2}(\delta_2) - F_{rq4}(\delta_4) \\
M_{Xc} = -[F_{rq1}(\delta_1) + F_{rq2}(\delta_2) - F_{rq3}(\delta_3) - F_{rq4}(\delta_4)] \cdot L_{yz} \\
M_{Yc} = Z_c \cdot L_x \\
M_{Zc} = -Y_c \cdot L_x
\end{cases}
$$

$$(8-4)$$

式中　δ_i——第 i 片燃气舵的舵偏角；

　　　$X_{rqi}(\delta_i)$——第 i 片燃气舵产生的阻力；

　　　$F_{rqi}(\delta_i)$——第 i 片燃气舵产生的法向力；

　　　L_x——燃气舵面压心位置到全弹质心的距离；

　　　L_{yz}——燃气舵面压心位置到弹体轴线的垂直距离。

其中，$X_{rqi}(\delta_i)$ 和 $F_{rqi}(\delta_i)$ 由推力矢量试验获得，可以为插值表形式或拟合公式。

　　无论采用哪种推力矢量控制方式，都需要经过大量的数值模拟计算，以及固体火箭发动机水下推力矢量特性试验。通过试验，一方面研究推力矢量特性，获得推力矢量角与执行机构的转角关系，另一方面检验执行机构的耐烧蚀性。

8.2.2　控制方式的选取

　　采用无动力运载器发射方式的导弹采用水力舵控制方式，水力舵的舵面安装在弹体尾部周围，如果舵尺寸较大，在发射状态需要折叠，导弹发射出筒后舵面展开。采用水力舵一般有开环和闭环两种控制方式，可根据弹体结构实际情况、导弹成本以及发射条件，确定选取开环控制或闭环控制。开环控制无须安装伺服系统，但发射条件适应范围相对较小，根据预先设定好的一组舵角，按时序进行操舵，使运载器按预定弹道爬升出水。

　　水下有动力发射导弹一般都采用上述三种推力矢量控制方式。其中摆动喷管控制力最大，但其系统相对复杂，对伺服系统的功率要求高，结构空间要求大，而且喷管的摆动使尾舱的密封结构设计较为复杂。燃气舵与扰流片相比，由于燃气舵转轴需要穿过喷管并密封，结构复杂，相比之下，扰流片与发动机喷管不直接发生联系，结构相对简单，对伺服系统功率要求也较低。另外，燃气舵若布置在小尺寸的喷管内，对燃气流会形成堵塞，而且燃气舵的结构方式决定了其在零位时仍存在较大的推力损失。具体选取哪种控制方式，与导弹总体方案设计密切相关，需要通过多方案对比论证，也有采用水力舵与推力矢量复合控制的，如法国的飞鱼导弹。

8.3　导弹水下航行动力学

　　对于控制系统设计，最重要、最基本的问题是必须建立一个描述系统运行的数学模型。本节介绍作用在水下航行的导弹上的各种力、力矩的表达式，在此基础上建立导弹的水下运动方程。

8.3.1　坐标系及姿态角

8.3.1.1　坐标系

描述导弹水下运动用到的坐标系与空中飞行一致，一般经常采用的坐标系有以下几种：

（1）地理坐标系 S_t

原点 o_t 取在导弹发射瞬时导弹质心在地球表面的投影位置上；x_t 轴指向北；y_t 轴垂直于当地水平面指向天；z_t 轴指向东。即北-天-东地理坐标系。这一坐标系相对于地球是静止的，它随地球自转而旋转，所以严格地说是非惯性坐标系，不过在初步研究导弹运动或导弹的航程不大时可近似地当作惯性坐标系。

（2）弹体坐标系 S_b

原点 o 取在导弹质心上；x_b 轴与导弹纵轴一致，指向弹头；y_b 轴位于导弹纵向对称平面内，垂直于 x_b 轴向上；z_b 轴按照右手坐标系确定。

（3）弹道坐标系 S_d

原点 o 取在导弹质心上；x_d 轴与导弹的地速方向一致；y_d 轴位于包含 ox_d 的当地地垂面内，垂直于 ox_d 轴向上；z_d 轴按照右手坐标系确定。

（4）地速坐标系 S_v（简称 V 坐标系）

原点 o 取在导弹质心上；x_v 轴与导弹的地速方向一致；y_v 位于导弹纵平面内，垂直于 x_v 轴向上；z_v 轴按照右手坐标系确定。

8.3.1.2　姿态角

姿态角表示弹体坐标系与地理坐标系之间的关系，传统三个姿态角定义分别为：

俯仰角 ϑ：弹体纵轴 ox_b 与地平面的夹角，即 ox_b 轴与其在地平面的投影之间的夹角，导弹抬头为正。

偏航角 ψ：弹体纵轴 ox_b 在地平面上的投影与地理坐标系 $o_t x_t$

之间的夹角，以弹头左偏为正。

滚动角 γ ：弹体轴 oy_b 与包含弹体 ox_b 轴的铅垂面之间的夹角，弹体右倾为正。

弹体相对地理坐标系的转动角速度为姿态角速度 $\dot{\vartheta}$、$\dot{\psi}$、$\dot{\gamma}$，把姿态角速度转换成弹体坐标系各轴上分量，则有：

$$\begin{bmatrix} \omega_x \\ \omega_y \\ \omega_z \end{bmatrix} = \begin{bmatrix} 1 & \sin\vartheta & 0 \\ 0 & \cos\vartheta\cos\gamma & \sin\gamma \\ 0 & -\cos\vartheta\sin\gamma & \cos\gamma \end{bmatrix} \begin{bmatrix} \dot{\gamma} \\ \dot{\psi} \\ \dot{\vartheta} \end{bmatrix} \tag{8-5}$$

8.3.1.3　坐标转换矩阵

（1）弹体坐标系和地理坐标系

弹体坐标系和地理坐标系之间的关系由三个姿态角 ψ，ϑ，γ 来描述，其转换矩阵 $\boldsymbol{C}_t^b$ 为：

$$\boldsymbol{C}_t^b = \begin{bmatrix} \cos\vartheta\cos\psi & \sin\vartheta & -\cos\vartheta\sin\psi \\ -\sin\vartheta\cos\psi\cos\gamma + \sin\psi\sin\gamma & \cos\vartheta\cos\gamma & \sin\vartheta\sin\psi\cos\gamma + \cos\psi\sin\gamma \\ \sin\vartheta\cos\psi\sin\gamma + \sin\psi\cos\gamma & -\cos\vartheta\sin\gamma & -\sin\vartheta\sin\psi\sin\gamma + \cos\psi\cos\gamma \end{bmatrix}$$

$$\tag{8-6}$$

（2）弹体坐标系和速度坐标系

弹体坐标系和速度坐标系之间的关系由攻角 α 和侧滑角 β 来描述，其坐标转换矩阵 $\boldsymbol{C}_b^v$ 为：

$$\boldsymbol{C}_b^v = \begin{bmatrix} \cos\alpha\cos\beta & -\sin\alpha\cos\beta & \sin\beta \\ \sin\alpha & \cos\alpha & 0 \\ -\cos\alpha\sin\beta & \sin\alpha\sin\beta & \cos\beta \end{bmatrix} \tag{8-7}$$

（3）速度坐标系和弹道坐标系

速度坐标系和弹道坐标系之间的关系由速度倾斜角 γ_v 来描述，其坐标转换矩阵 $\boldsymbol{C}_v^d$ 为：

$$\boldsymbol{C}_v^d = \begin{bmatrix} 1 & 0 & 0 \\ 0 & \cos\gamma_v & -\sin\gamma_v \\ 0 & \sin\gamma_v & \cos\gamma_v \end{bmatrix} \tag{8-8}$$

（4）地理坐标系和弹道坐标系

弹道坐标系和地理坐标系之间的关系由两个欧拉角：航迹角 ψ_c、弹道倾角 θ 决定。其坐标转换矩阵 $\boldsymbol{C}_t^d$ 为：

$$\boldsymbol{C}_t^d(\psi_c,\theta)=\begin{bmatrix} \cos\theta\cos\psi_c & \sin\theta & -\cos\theta\sin\psi_c \\ -\sin\theta\cos\psi_c & \cos\theta & \sin\theta\sin\psi_c \\ \sin\psi_c & 0 & \cos\psi_c \end{bmatrix} \tag{8-9}$$

8.3.2　作用在导弹上的力和力矩

8.3.2.1　作用在导弹上的力

作用在导弹上的力可表示为：

$$F=G+B+P+R \tag{8-10}$$

式中　F——外力的合力；

　　G，B，P，R——分别表示重力、浮力、推力和流体动力。

重力 $G=mg$，m 是导弹质量，g 是重力加速度，重力方向铅垂向下。

浮力 $B=\rho gV$，V 是导弹体积，ρ 是海水的密度，浮力方向铅垂向上。

当 $G-B>0$ 时，即浮力小于重力时，一般称为负浮力；当 $G-B<0$ 时，即浮力大于重力时，一般称为正浮力。

推力 P 的作用方向与导弹纵轴一致，当推力线不通过导弹质心时，会产生力矩。

重力与浮力均沿地理系铅垂线，方向相反，故将其投影到弹道系上，得到：

$$\begin{bmatrix} G_x \\ G_y \\ G_z \end{bmatrix}=C_t^d\begin{bmatrix} 0 \\ B-G \\ 0 \end{bmatrix}=\begin{bmatrix} (B-mg)\sin\theta \\ (B-mg)\cos\theta \\ 0 \end{bmatrix} \tag{8-11}$$

设发动机推力沿弹体纵轴，则将其投影到弹道坐标系上，得到：

$$\begin{bmatrix} P_x \\ P_y \\ P_z \end{bmatrix} = C_b^d \begin{bmatrix} P \\ 0 \\ 0 \end{bmatrix} = C_v^d C_b^v \begin{bmatrix} P \\ 0 \\ 0 \end{bmatrix} = \begin{bmatrix} P\cos\alpha\cos\beta \\ P(\sin\alpha\cos\gamma_v + \cos\alpha\sin\beta\sin\gamma_v) \\ P(\sin\alpha\sin\gamma_v - \cos\alpha\sin\beta\cos\gamma_v) \end{bmatrix}$$

$$(8-12)$$

若采用推力矢量控制方式，则推力在三个方向产生的控制力投影到弹道坐标系上为

$$\begin{bmatrix} P_x \\ P_y \\ P_z \end{bmatrix} = C_v^d C_b^v \begin{bmatrix} X_c \\ Y_c \\ Z_c \end{bmatrix}$$

$$= \begin{bmatrix} X_c\cos\alpha\cos\beta - Y_c\sin\alpha\cos\beta + Z_c\sin\beta \\ X_c(\sin\alpha\cos\gamma_v + \cos\alpha\sin\beta\sin\gamma_v) + Y_c(\cos\alpha\cos\gamma_v - \sin\alpha\sin\beta\sin\gamma_v - Z_c\cos\beta\sin\gamma_v) \\ X_c(\sin\alpha\sin\gamma_v - \cos\alpha\sin\beta\cos\gamma_v) + Y_c(\cos\alpha\sin\gamma_v + \sin\alpha\sin\beta\cos\gamma_v) + Z_c\cos\beta\cos\gamma_v \end{bmatrix}$$

$$(8-13)$$

流体动力 R 的计算参照第 5 章，包括位置力 X_a，Y_a，Z_a，阻尼力 X_ω，Y_ω，Z_ω 和惯性附加力 X_i，Y_i，Z_i。由于位置力在速度坐标系下给出，阻尼力和惯性附加力在弹体系下给出，三者不在一个坐标系下定义，为建立导弹水下运动方程，将其在弹道系下进行合并，则有：

$$\begin{bmatrix} R_x \\ R_y \\ R_z \end{bmatrix} = C_v^d \begin{bmatrix} X_a \\ Y_a \\ Z_a \end{bmatrix} + C_b^d \begin{bmatrix} X_\omega + X_i \\ Y_\omega + Y_i \\ Z_\omega + Z_i \end{bmatrix}$$

$$= C_v^d \begin{bmatrix} X_a \\ Y_a \\ Z_a \end{bmatrix} + C_v^d C_b^v \begin{bmatrix} X_\omega + X_i \\ Y_\omega + Y_i \\ Z_\omega + Z_i \end{bmatrix}$$

$$= \begin{bmatrix} 1 & 0 & 0 \\ 0 & \cos\gamma_v & -\sin\gamma_v \\ 0 & \sin\gamma_v & \cos\gamma_v \end{bmatrix} \left(\begin{bmatrix} X_a \\ Y_a \\ Z_a \end{bmatrix} + \begin{bmatrix} \cos\alpha\cos\beta & -\sin\alpha\cos\beta & \sin\beta \\ \sin\alpha & \cos\alpha & 0 \\ -\cos\alpha\sin\beta & \sin\alpha\sin\beta & \cos\beta \end{bmatrix} \begin{bmatrix} X_\omega + X_i \\ Y_\omega + Y_i \\ Z_\omega + Z_i \end{bmatrix} \right)$$

$$= \begin{bmatrix} 1 & 0 & 0 \\ 0 & \cos\gamma_v & -\sin\gamma_v \\ 0 & \sin\gamma_v & \cos\gamma_v \end{bmatrix} \begin{bmatrix} X_a + (X_\omega + X_i)\cos\alpha\cos\beta - (Y_\omega + Y_i)\sin\alpha\cos\beta + (Z_\omega + Z_i)\sin\beta \\ Y_a + (X_\omega + X_i)\sin\alpha + (Y_\omega + Y_i)\cos\alpha \\ Z_a - (X_\omega + X_i)\cos\alpha\sin\beta + (Y_\omega + Y_i)\sin\alpha\sin\beta + (Z_\omega + Z_i)\cos\beta \end{bmatrix}$$

$$(8-14)$$

弹道坐标系三个方向的合力可表示为：

$$\begin{bmatrix} F_x \\ F_y \\ F_z \end{bmatrix} = \begin{bmatrix} G_x \\ G_y \\ G_z \end{bmatrix} + \begin{bmatrix} P_x \\ P_y \\ P_z \end{bmatrix} + \begin{bmatrix} R_x \\ R_y \\ R_z \end{bmatrix} \qquad (8-15)$$

8.3.2.2 作用在导弹上的力矩

作用在导弹上的力矩可表示为：

$$M = M_G + M_B + M_p + M_R \qquad (8-16)$$

式中，M_G，M_B，M_p，M_R 分别为对应各力对坐标原点的力矩。

当采用以导弹质心为坐标原点的弹体坐标系时，重力矩为 0，即

$$M_G = 0 \qquad (8-17)$$

如果导弹浮心在弹体坐标系中的坐标位置为（x_b，y_b，z_b），则浮力矩为[4]

$$\begin{bmatrix} M_{Bx} \\ M_{By} \\ M_{Bz} \end{bmatrix} = \begin{bmatrix} 0 & -z_b & y_b \\ z_b & 0 & -x_b \\ -y_b & x_b & 0 \end{bmatrix} C_t^b \begin{bmatrix} 0 \\ B \\ 0 \end{bmatrix} = \begin{bmatrix} -B\cos\vartheta(z_b\cos\gamma + y_b\sin\gamma) \\ B(x_b\cos\vartheta\sin\gamma + z_b\sin\vartheta) \\ -B(y_b\sin\vartheta - x_b\cos\vartheta\cos\gamma) \end{bmatrix}$$

$$(8-18)$$

浮心是导弹的体积中心，一般都位于弹体纵向对称轴上，如果质心也位于对称轴上，则上式中 $y_b = z_b = 0$。

推力作用线一般沿弹体 X 向对称轴，过导弹浮心，所以可以认为推力对质心的力矩，其 Y 向和 Z 向的力臂与浮力矩一致，X 向不产生力矩，于是可以写成

$$\begin{bmatrix} M_{Px} \\ M_{Py} \\ M_{Pz} \end{bmatrix} = \begin{bmatrix} 0 & -z_b & y_b \\ z_b & 0 & 0 \\ -y_b & 0 & 0 \end{bmatrix} \begin{bmatrix} P \\ 0 \\ 0 \end{bmatrix} = \begin{bmatrix} 0 \\ Pz_b \\ -Py_b \end{bmatrix} \qquad (8-19)$$

若采用推力矢量控制方式，在忽略推力偏心的情况下，则推力在三个方向产生的控制力矩为：

$$\begin{bmatrix} M_{Px} \\ M_{Py} \\ M_{Pz} \end{bmatrix} = \begin{bmatrix} M_{X_c} \\ M_{Y_c} \\ M_{Z_c} \end{bmatrix} \qquad (8-20)$$

推力矢量控制力矩具体表达式见 8.2.1.2 节。

流体动力矩 M_R 同样参照第 5 章进行计算，包括位置力矩 M_{ax}，M_{ay}，M_{az}，阻尼力矩 $M_{x\omega}$，$M_{y\omega}$，$M_{z\omega}$ 和惯性附加力矩 M_{xi}，M_{yi}，M_{zi}。力矩在弹体坐标系下合并，则有：

$$\begin{bmatrix} M_{Rx} \\ M_{Ry} \\ M_{Rz} \end{bmatrix} = \begin{bmatrix} M_{ax} + M_{x\omega} + M_{xi} \\ M_{ay} + M_{y\omega} + M_{yi} \\ M_{az} + M_{z\omega} + M_{zi} \end{bmatrix} \tag{8-21}$$

弹体坐标系三个方向的合力矩可表示为：

$$\begin{bmatrix} M_x \\ M_y \\ M_z \end{bmatrix} = \begin{bmatrix} M_{Bx} \\ M_{By} \\ M_{Bz} \end{bmatrix} + \begin{bmatrix} M_{Px} \\ M_{Py} \\ M_{Pz} \end{bmatrix} + \begin{bmatrix} M_{Rx} \\ M_{Ry} \\ M_{Rz} \end{bmatrix} \tag{8-22}$$

8.4　导弹的运动方程组

导弹运动方程是表征导弹运动规律的数学模型，也是分析、计算或模拟导弹运动的基础。本节介绍描述导弹水下航行的动力学方程和运动学方程。

8.4.1　动力学方程

8.4.1.1　导弹质心运动的动力学方程

与传统的建立导弹动力学方程的方法一致，仍在弹道坐标系下建立描述导弹质心运动的方程。地理坐标系视为惯性坐标系，弹道坐标系是动坐标系，它相对惯性坐标系既有位移运动，又有旋转运动，位移速度用 V 表示，旋转角速度用 $\boldsymbol{\Omega}$ 表示[5]。

将导弹视为刚体，设 m 表示导弹的质量，F 表示作用在导弹上的外力的合力，则描述导弹质心移动的动力学方程表达式为：

$$m \frac{\mathrm{d}\boldsymbol{V}}{\mathrm{d}t} = \boldsymbol{F} \tag{8-23}$$

$$\frac{\mathrm{d}\boldsymbol{V}}{\mathrm{d}t} = \frac{\delta\boldsymbol{V}}{\delta t} + \boldsymbol{\Omega} \times \boldsymbol{V} \tag{8-24}$$

式中　$\dfrac{d\boldsymbol{V}}{\mathrm{d}t}$——在惯性坐标系中矢量 $\boldsymbol{V}$ 的绝对导数；

$\dfrac{\delta\boldsymbol{V}}{\delta t}$——在弹道坐标系中矢量 $\boldsymbol{V}$ 的相对导数。

$$m\frac{\mathrm{d}\boldsymbol{V}}{\mathrm{d}t} = m\left(\frac{\delta\boldsymbol{V}}{\delta t} + \boldsymbol{\Omega} \times \boldsymbol{V}\right) = \boldsymbol{F} \tag{8-25}$$

设 $\boldsymbol{i}$、$\boldsymbol{j}$、$\boldsymbol{k}$ 分别为沿弹道坐标系 S_d 各轴的单位矢量；Ω_x、Ω_y、Ω_z 分别为弹道坐标系相对地理坐标系的旋转角速度 $\boldsymbol{\Omega}$ 在弹道坐标系 S_d 各轴上的分量；V_x、V_y、V_z 分别为导弹质心速度矢量 $\boldsymbol{V}$ 在弹道坐标系 S_d 各轴上的分量。

$$\boldsymbol{V} = V_x\boldsymbol{i} + V_y\boldsymbol{j} + V_z\boldsymbol{k}$$
$$\boldsymbol{\Omega} = \Omega_x\boldsymbol{i} + \Omega_y\boldsymbol{j} + \Omega_z\boldsymbol{k}$$
$$\frac{\delta\boldsymbol{V}}{\delta t} = \frac{\mathrm{d}V_x}{\mathrm{d}t}\boldsymbol{i} + \frac{\mathrm{d}V_y}{\mathrm{d}t}\boldsymbol{j} + \frac{\mathrm{d}V_z}{\mathrm{d}t}\boldsymbol{k} \tag{8-26}$$

根据弹道坐标系定义可知：

$$\begin{bmatrix} V_x \\ V_y \\ V_z \end{bmatrix} = \begin{bmatrix} V \\ 0 \\ 0 \end{bmatrix} \tag{8-27}$$

于是：

$$\frac{\delta\boldsymbol{V}}{\delta t} = \frac{\mathrm{d}V}{\mathrm{d}t}\boldsymbol{i} \tag{8-28}$$

$$\boldsymbol{\Omega} \times \boldsymbol{V} = \begin{vmatrix} \boldsymbol{i} & \boldsymbol{j} & \boldsymbol{k} \\ \Omega_x & \Omega_y & \Omega_z \\ V_x & V_y & V_z \end{vmatrix} = \begin{vmatrix} \boldsymbol{i} & \boldsymbol{j} & \boldsymbol{k} \\ \Omega_x & \Omega_y & \Omega_z \\ V & 0 & 0 \end{vmatrix} = V\Omega_z\boldsymbol{j} - V\Omega_y\boldsymbol{k}$$

$$\tag{8-29}$$

弹道坐标系相对于地理坐标系的旋转角速度由沿地理系 o_ty_t 轴的 $\dot{\psi}_c$ 及沿弹道坐标系 oz_d 轴的 $\dot{\theta}$ 两个矢量合成，于是，可得到弹道坐标系的旋转角速度在弹道系上的投影为：

$$\begin{bmatrix} \Omega_x \\ \Omega_y \\ \Omega_z \end{bmatrix} = C_t^d \begin{bmatrix} 0 \\ \dot{\psi}_c \\ 0 \end{bmatrix} + \begin{bmatrix} 0 \\ 0 \\ \dot{\theta} \end{bmatrix} = \begin{bmatrix} \dot{\psi}_c \sin\theta \\ \dot{\psi}_c \cos\theta \\ \dot{\theta} \end{bmatrix} \tag{8-30}$$

将式（8-30）代入式（8-29）中，可得：

$$\boldsymbol{\Omega} \times \boldsymbol{V} = V\dot{\theta}\boldsymbol{j} - V\dot{\psi}_c\cos\theta\boldsymbol{k} \tag{8-31}$$

式（8-28）、式（8-31）代入式（8-25）中，展开后得到：

$$\begin{cases} m\dfrac{\mathrm{d}V}{\mathrm{d}t} = F_x \\[2mm] mV\dfrac{\mathrm{d}\theta}{\mathrm{d}t} = F_y \\[2mm] -mV\cos\theta\dfrac{\mathrm{d}\psi_c}{\mathrm{d}t} = F_z \end{cases} \tag{8-32}$$

式中，F_x、F_y、F_z 为导弹所有外力分别在弹道坐标系各轴上分量的代数和，见 8.3.2 节。

8.4.1.2　导弹绕质心转动的动力学方程

设弹体坐标系相对地面坐标系的转动角速度用 $\boldsymbol{\omega}$ 表示。在弹体坐标系上建立导弹绕质心转动的动力学方程为

$$\frac{\mathrm{d}\boldsymbol{H}}{\mathrm{d}t} = \frac{\delta\boldsymbol{H}}{\delta t} + \boldsymbol{\omega} \times \boldsymbol{H} = \boldsymbol{M} \tag{8-33}$$

动量矩 $\boldsymbol{H}$ 在弹体坐标系各轴上的分量可表示为

$$\boldsymbol{H} = \begin{bmatrix} J_x & -J_{xy} & -J_{xz} \\ -J_{yx} & J_y & -J_{yz} \\ -J_{zx} & -J_{zy} & J_z \end{bmatrix} \begin{bmatrix} \omega_x \\ \omega_y \\ \omega_z \end{bmatrix} \tag{8-34}$$

式中　J_x，J_y，J_z——导弹对弹体坐标系各轴的转动惯量；

J_{xy}，J_{xz}，J_{yx}——对各轴的惯性积。

由于导弹质量分布对弹体轴基本上是对称的，可以认为弹体系的坐标轴为惯性主轴，因此所有惯性积为零。则上式简化为

$$\boldsymbol{H} = \begin{bmatrix} J_x & 0 & 0 \\ 0 & J_y & 0 \\ 0 & 0 & J_z \end{bmatrix} \begin{bmatrix} \omega_x \\ \omega_y \\ \omega_z \end{bmatrix} = \begin{bmatrix} J_x\omega_x \\ J_y\omega_y \\ J_z\omega_z \end{bmatrix} \tag{8-35}$$

于是有

$$
\left.\begin{array}{l}
J_x \dot{\omega}_x + (J_z - J_y)\omega_y \omega_z = M_x \\
J_y \dot{\omega}_y + (J_x - J_z)\omega_x \omega_z = M_y \\
J_z \dot{\omega}_z + (J_y - J_x)\omega_x \omega_y = M_z
\end{array}\right\}
\tag{8-36}
$$

式中，M_x、M_y、M_z 为导弹所有外力对质心力矩在弹体坐标系各轴上的分量，见 8.3.2 节。

8.4.2　运动学方程

8.4.2.1　导弹质心运动的运动学方程

要确定导弹质心相对于地理坐标系的运动轨迹（弹道），需要建立导弹质心相对于地理坐标系运动的运动学方程：

$$
\begin{bmatrix}
\dfrac{\mathrm{d}\,x}{\mathrm{d}\,t} \\[2mm]
\dfrac{\mathrm{d}\,y}{\mathrm{d}\,t} \\[2mm]
\dfrac{\mathrm{d}\,z}{\mathrm{d}\,t}
\end{bmatrix}
=
\begin{bmatrix}
v_{xt} \\
v_{yt} \\
v_{zt}
\end{bmatrix}
\tag{8-37}
$$

导弹质心速度在弹道坐标系上的分量为：

$$
\begin{bmatrix}
v_{xd} \\
v_{yd} \\
v_{zd}
\end{bmatrix}
=
\begin{bmatrix}
V \\
0 \\
0
\end{bmatrix}
\tag{8-38}
$$

利用地理坐标系与弹道坐标系的转换关系可得：

$$
\begin{bmatrix}
v_{xt} \\
v_{yt} \\
v_{zt}
\end{bmatrix}
= C_d^t
\begin{bmatrix}
V \\
0 \\
0
\end{bmatrix}
=
\begin{bmatrix}
V\cos\theta \cos\psi_c \\
V\sin\theta \\
-V\cos\theta \sin\psi_c
\end{bmatrix}
\tag{8-39}
$$

于是得到导弹质心运动学方程为：

$$\begin{cases} \dfrac{\mathrm{d}\,x}{\mathrm{d}\,t} = V\cos\theta\cos\psi_c \\[2mm] \dfrac{\mathrm{d}\,y}{\mathrm{d}\,t} = V\sin\theta \\[2mm] \dfrac{\mathrm{d}\,z}{\mathrm{d}\,t} = -V\cos\theta\sin\psi_c \end{cases} \tag{8-40}$$

8.4.2.2　导弹绕质心转动的运动学方程

要确定导弹在空间的姿态，需要建立描述导弹弹体相对于地理坐标系姿态变化的运动学方程，根据地理坐标系与弹体坐标系的转换关系可得：

$$\begin{bmatrix} \omega_x \\ \omega_y \\ \omega_z \end{bmatrix} = \begin{bmatrix} 0 & \sin\vartheta & 1 \\ \sin\gamma & \cos\vartheta\cos\gamma & 0 \\ \cos\gamma & -\cos\vartheta\sin\gamma & 0 \end{bmatrix} \begin{bmatrix} \dot{\vartheta} \\ \dot{\psi} \\ \dot{\gamma} \end{bmatrix} \tag{8-41}$$

经变换后得：

$$\begin{bmatrix} \dot{\vartheta} \\ \dot{\psi} \\ \dot{\gamma} \end{bmatrix} = \begin{bmatrix} 0 & \sin\gamma & \cos\gamma \\ 0 & \dfrac{\cos\gamma}{\cos\vartheta} & -\dfrac{\sin\gamma}{\cos\vartheta} \\ 1 & -\tan\vartheta\cos\gamma & \tan\vartheta\sin\gamma \end{bmatrix} \begin{bmatrix} \omega_x \\ \omega_y \\ \omega_z \end{bmatrix} \tag{8-42}$$

上式展开后得到导弹绕质心转动的运动学方程：

$$\begin{cases} \dfrac{\mathrm{d}\,\vartheta}{\mathrm{d}\,t} = \omega_y\sin\gamma + \omega_z\cos\gamma \\[2mm] \dfrac{\mathrm{d}\,\psi}{\mathrm{d}\,t} = \dfrac{1}{\cos\vartheta}(\omega_y\cos\gamma - \omega_z\sin\gamma) \\[2mm] \dfrac{\mathrm{d}\,\gamma}{\mathrm{d}\,t} = \omega_x - \tan\vartheta(\omega_y\cos\gamma - \omega_z\sin\gamma) \end{cases} \tag{8-43}$$

参 考 文 献

［1］ 黄瑞松．飞航导弹工程［M］．北京：中国宇航出版社，2004．

［2］ 杨军，等．现代导弹制导控制系统设计［M］．北京：航空工业出版社，2005．

［3］ 宋锦．潜射导弹水下运动主动控制方法［J］．导弹与航天运载技术，2012（3）．

［4］ 徐德民．鱼雷自动控制系统（第2版）［M］．西安：西北工业大学出版社，2006．

［5］ 钱杏芳．导弹飞行力学［M］．北京：北京理工大学出版社，2012．

第 9 章　水下发射装置

9.1　概述

　　发射装置是用于支承导弹、对导弹进行射前准备、并按预期方向发射导弹的专用设备，是导弹武器系统的重要组成之一。潜艇上的导弹发射装置，一般称为水下发射装置，主要功用是平时作为潜艇上导弹的运载工具，用来携带和贮存导弹；发射时，为导弹起飞提供规定的初始姿态和离艇速度。因此，水下发射装置在维护导弹与发射导弹方面具有显著的作用和重要的地位。

9.2　水下发射装置分类

　　目前，水下发射装置按导弹轴线与水平面的夹角，可分为水平发射装置、倾斜发射装置（导弹轴线与水平面成 30°或 45°等）及垂直发射装置；按导弹离艇初速的获得方式，可分为外动力发射装置和自动力发射装置；按装载导弹数量及类型，可分为专用发射装置和通用发射装置。其中，垂直发射装置按其所处潜艇的位置，又可分为内置式发射装置和外置式发射装置；通用发射装置按发射角度，又可分为水平通用发射装置和垂直通用发射装置。

　　水平发射一般都是利用潜艇原有鱼雷管发射，因此无特殊说明时，水平发射装置通常是指鱼雷发射装置。

　　内置式垂直发射装置又称为舱段式发射装置，主要特点是需在潜艇上专门设置导弹舱段，发射装置是该舱段的主体。弹道导弹多采用该类发射装置。

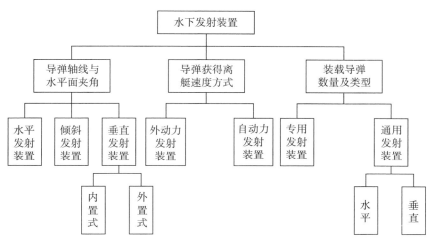

图 9-1　水下发射装置分类

外置式垂直发射装置又称为座舱式发射装置，主要特点是发射装置和导弹一起整体地"坐"在潜艇上，在艇体耐压壳外，一般位于艇艏声纳后与耐压壳体前之间的空间。

外动力发射装置是指依靠导弹以外的动力将导弹弹离潜艇的装置，根据弹射工质的不同，可分为气动式弹射发射装置和液压式弹射发射装置。

自动力发射装置是指导弹自带发射动力、依靠自身的动力装置（一般多为助推器）使导弹飞离潜艇的装置。

专用发射装置一般指只能发射一种导弹的发射装置。

通用发射装置又可称为共架发射装置，是指能装载和发射多种类型导弹的发射装置，分为水平通用发射装置和垂直通用发射装置。目前，水平发射导弹均采用标准鱼雷管发射，因此，水平通用发射装置也就是指鱼雷管发射装置。

9.3　水下发射装置功能

水下发射装置主要有两大功能：平时贮存导弹，发射时保证导弹以规定的速度和姿态顺利离开。

9.3.1　贮存功能

发射前的导弹在潜艇上主要由水下发射装置提供良好的贮存环境，使导弹具备随时发射的能力。因此，水下发射装置的贮存功能具体体现在：

（1）水密及承压功能

安装在潜艇上的水下发射装置，有的部分在耐压壳体内，部分裸露在潜艇耐压壳体外，有的则全部在耐压壳体外。即使在潜艇耐压壳体内的水下发射装置，在导弹发射前后内部也将充满海水。因此，无论是耐压壳体内还是耐压壳体外的发射装置均必须满足水密及强度要求，为导弹提供一个无水环境，同时发射装置也是潜艇的一部分，需保证海水不能通过发射装置漏入潜艇内。

（2）减振功能

为提高潜艇的战斗力，要求导弹在潜艇上能够长期值班。导弹在艇上长期值班期间，将长时间承受潜艇的各种机械振动以及潜艇在各种浪、涌作用下产生的纵摇、横摇、俯仰、升沉等的联合作用，这种以低频为主的多种振动载荷长期作用于导弹可大大降低导弹的寿命和可靠性。

另一方面，战时潜艇可能遭受敌人水中兵器攻击，即使是海水中的非接触爆炸，也会使潜艇壳体受到强大的水中冲击波压力作用，造成艇体剧烈的冲击振动，并通过舱体，将这一冲击振动传递到艇内结构及设备上，导弹上大量的精密电子设备和多种火工品都难以承受如此大的冲击载荷作用。

因此，应采取必要的措施降低传递到导弹上的冲击振动响应，确保导弹的安全和可靠。

（3）检修功能

导弹长期在艇上值班，需要通过定期维护保持导弹的作战能力。因水下发射装置是密封的，为了对导弹进行通电维护，并对发射前的导弹射击诸元参数进行装定，都需要把水下发射装置外的各种操作、各种检测指令和各种反馈信号通过电缆与导弹相连。电缆和相关连接件也是水密的。电缆插头可自动或手动插上，在发射时能够自动脱落。

（4）贮存环境控制功能

海水、盐雾、高温和高湿环境会降低导弹性能、寿命和可靠性，因此，必须采取有效措施，为导弹提供良好的贮存环境。使导弹处于良好的贮存环境一般有两种途径：一是导弹通过选用耐环境能力更好的元器件和材料，使其自身具有密封及防腐性能；另一种途径就是水下发射装置采取水密并充入干燥惰性气体隔离外部的恶劣环境。对导弹采取措施会加大导弹质量，增加导弹成本，从武器系统角度分析更为不利。因此，应尽可能在水下发射装置内采取措施，满足导弹对贮存环境的要求。

9.3.2　发射功能

（1）水密功能

导弹发射前需将水下发射装置前盖打开，以让开发射通道。由于导弹是在水下一定深度处发射，此处外部海水压力大于艇内压力。因此，在打开前盖前，首先需要使水下发射装置内外压力均衡。

当导弹采用湿式发射方式时，导弹运动前是浸泡在海水中的，因此，导弹必须水密以确保导弹弹上设备处于正常工作环境，这种情况下对导弹水密要求较高，应保证导弹发射前浸泡在海水及水下航行段均水密，即较长时间保证导弹在一定深度压力下水密。

当导弹采用干式发射方式时，为保证导弹不与海水接触，导弹与海水之间应仍保持水密。垂直发射时这一般是通过设置水密隔膜来实现的，水密隔膜在发射时自裂或冲破，这种情况下导弹只需保证发射离艇及水中航行段较短工作时间内水密，对导弹水密要求降低了；而水平发射时通常是通过保护筒来实现的，保护筒既可在发射装置内分离也可在导弹出水后分离。

无论采用哪种发射方式，导弹发射过程中均不允许发射工质漏入潜艇内。

（2）导弹初始精度

发射时，水下发射装置要向导弹提供有一定精度要求的初始姿态。这就要求水下发射装置在设计、制造、安装和测量时采取一定措施，满足发射时导弹的姿态角精度要求。

（3）发射通道顺畅

为保证导弹顺畅离开潜艇，要求水下发射装置必须让开导弹运动离开发射装置的通道，包括：与弹相连接的脱落插头应能自动脱落并避免与导弹相碰撞，发射装置前盖须提前开启到足够大角度并锁住，防止导弹运动离开发射装置过程中产生干涉等。

（4）内弹道要求

水下发射时，为了能将导弹推离潜艇，必须要有足够能量的动力源。为了保证导弹安全顺利离开发射装置，对作用在导弹底部的压力、推力、温度、最大加速度及离艇速度等都有严格要求，不管是外动力还是自动力发射方式，都需导弹与发射装置协调设计共同保障内弹道要求。

（5）防护要求

当采用高温、高压及高速燃气（蒸汽）作为工质发射导弹时，会使弹体表面及发射装置内壁受到工质的烧蚀和冲刷，因此必须对导弹和发射装置内壁进行防护，以减少工质对其产生的不利影响。另外，发射导弹后，因涌入发射装置内的海水不可能及时排出，海水将对发射装置内壁产生腐蚀，同时海水中的海生物有可能繁殖而附着在发射装置内壁上，影响发射装置再次使用。因此，发射装置需对海水的腐蚀进行防护，同时还要防止海水中的海生物附着生长。

对发射装置的其他要求，如可靠性、维修性、安全性、经济性等要求在有关规范中都有明确规定，在设计工作中必须予以充分考虑。

9.4　水下发射装置的基本组成

无论水平发射还是垂直发射，无论外动力发射还是自动力发射，水下发射装置一般由发射管（井）、导弹发射筒、口盖、发射动力装置及发射辅助设备等组成。

发射管是直接与潜艇连接的装置，一般通过焊接或螺接固定在潜艇上。发射武器的不同，对发射管的称呼亦不同。目前，水平发射装置多用来发射鱼雷，故水平发射装置中的发射管常被称为鱼雷发射管；垂直发射战略导弹的发射装置中，发射井常被称为发射筒。

导弹发射筒是直接用于贮存、运输和发射导弹的装置，不与潜艇直接接触，而是通过发射井安装在潜艇上。有时也可将发射井与发射筒一体化设计，这样，发射井结构就较为复杂，会带来使用维护方面等难题。

口盖安装在发射管上，平时关闭，保证导弹不与海水直接接触；发射前打开，让出导弹飞行通道。有的发射装置只有前盖，有的发射装置同时设有前盖和后盖。是否设置前盖或后盖，要根据武器系统的使用、作战和维护需求而定。

发射动力装置是给导弹发射提供一定动能的装置。根据导弹是否自带发射动力系统可分为外动力发射装置和自动力发射装置。外动力发射装置不安装在导弹上，一般安装在导弹发射筒上；自动力发射装置安装在导弹上，一般多指导弹的一级助推器。

发射辅助设备多指发射装置内的传感器、管路、阀门、电气线路、防海水腐蚀装置及防除海生物装置等。

9.5　水下发射装置所受载荷分析

水下发射装置所受载荷主要是由潜艇和导弹发射引起的。综合起来，主要有以下几方面：

（1）静水压载荷

水下发射装置随潜艇一起下潜或上浮，因此对处于潜艇耐压壳体外的发射装置所承受的静水压载荷与潜艇耐压壳体相同，必须满足潜艇极限下潜深度处的强度及稳定性要求。对潜艇耐压壳体内的发射装置，考虑到存在导弹发射后口盖万一产生故障关不上的可能性，为不影响潜艇的战斗力和生存能力，也要求其能够承受潜艇下潜极限深度处的载荷。此外，水下发射装置固连在潜艇壳体上，还需承受潜艇变形带来的载荷。

（2）航行摇摆及振动载荷

潜艇在水面或水下航行时，除航行方向的运动外，还有复杂的摇摆运动。潜艇摇摆运动的规律可以看作是以潜艇摆心为基点的轨道运动和绕摆心的摇摆运动所合成。其基本形式包括：横摇，潜艇绕其纵轴的旋转振荡运动；纵摇，潜艇绕其横轴的旋转振荡运动；升沉，潜艇在垂直方向的平移振荡运动。

振动载荷是指在潜艇航行过程中，艇上各种机械运动带来的振动载荷，主要是主机通过减速器带动螺旋桨转动产生的振动。

（3）发射载荷

发射载荷主要包括发射管口或导弹发射筒口形成的压力场及对潜艇产生的冲击振动载荷。

在水下发射导弹时，由于发射管内工质有一定的压力，能够将导弹以一定的速度推离潜艇。在弹尾离开潜艇的瞬间，具有一定压力的工质将从管口溢出，在发射管口附近就形成一个压力场。

水平发射装置采用较长发射管和提前降低发射压力措施使导弹离管时发射压力较低，因而降低了管口压力场影响。

垂直发射装置受潜艇直径限制，发射管长度一般与导弹长度相差不大而且导弹可承受载荷能力也较严格，因而导弹发射离艇时作用在导弹底部工质压力一般仍较大，导致管口压力场复杂，影响较大。当采用燃气或蒸汽发射时，从发射管（或导弹发射筒）内冲出的工质气体气泡内的压力值大大超过外界的静压，因此气泡将会迅速膨胀，气泡内压力逐渐减小，惯性膨胀使气泡内的压力下降至流体静压力值以下后，水的扩散运动停止，于是气泡开始被周围的水压缩。气泡表面的收缩运动一直延续到其压力升高至足以能改变压缩水流运动方向时为止。这是一个振荡过程。脉动压力波也就以所谓正压力和负压力的形式构成发射管口外的压力场。设计时必须考虑这种正负相间的压力脉动作用在发射井口附近潜艇上层建筑以及筒盖系统上的负荷。导弹离艇后，海水迅速涌入发射管或导弹发射筒内，与管内或发射筒内空气、高温发射工质气体相互作用，并发生相变。因各流体间速度、密度、温度差别较大，相互作用复杂并持续一定时间，将对发射管或导弹发射筒内壁和底部产生较大的冲击、振荡载荷。

9.6　水下发射装置主要指标

　　水下发射装置安装在潜艇上，因此其使用环境条件及战术技术指标将受到潜艇的制约，同时，水下发射装置主要用来贮存、运载和发射导弹，因此必须满足导弹的各项要求。因此，水下发射装置必须同时满足潜艇和导弹要求，须从系统工程角度出发统筹协调优化设计。

　　水下发射装置的主要指标包括下列各项：

　　1）主尺度。水下发射装置的主尺度一方面受到潜艇结构主尺度的限制，另一方面要满足装载导弹主尺度的要求，因此，水下发射装置主尺度必须在二者之间协调、折中。

　　2）口盖开盖角度及开关盖时间。口盖开盖角度一方面要考虑必须让出导弹飞行通道，保证导弹飞行安全；另一方面还要考虑潜艇在开盖状态下的操纵性要求。开盖和关盖时间一方面要满足完成开盖和关盖动作过程的需要，另一方面还要考虑两发弹之间连射时间间隔的要求。

　　3）减振性能。主要考虑水下发射装置在承受各种冲击和振动载荷条件下导弹所能承受振动响应值的能力。

4）导弹内弹道参数。主要包括导弹离艇速度、导弹在发射装置内运动的最大加速度、工质作用导弹上的压力，这是设计发射动力装置的主要依据。

5）可靠性。发射装置的可靠性包括基本可靠度和任务可靠度。任务可靠度是指从潜艇接受导弹攻击任务开始，在规定时间内规定条件下，将导弹按规定的要求推离发射装置的概率。由于发射装置一部分甚至大部分是在艇外，一旦发生故障航行中是难以修复的，故从方案设计开始的研制阶段就必须重点关注可靠性。

6）维修性。发射装置的维修性指标可分为定性与定量要求两部分。由于发射装置主要是机械装备，特别是有部分装置处于耐压壳外长期海水浸泡，对维修性应重点考虑。因此在其定性要求中主要应具有良好的维修可达性，提高标准化和互换性程度等。

7）安全性。由于潜艇在水下是一个完全封闭的环境，有害气体、噪声特别是火灾和爆炸可能对潜艇造成重大危害，因此应高度重视水下发射装置安全性设计。

9.7　水下发射装置与潜艇接口

发射装置与潜艇之间存在机械、液压、电气、气水路等接口。

9.7.1　机械接口

发射管一般作为潜艇的承力构件，通常采用焊接方式与潜艇连接。发射管在耐压壳体外的外伸段、口盖的开盖角度以及各种结构在潜艇上的布置（如开关盖机构等）都与潜艇结构存在协调关系，二者之间的机械接口需要进行结构协调。

9.7.2　液压接口

发射装置采用艇上液压源来实施机构动作，主要有开关盖、口盖松紧等，需要在艇上可提供的液压能力和机构动力需求之间协调平衡。

9.7.3　电气接口

发射装置在发射过程需接受系统指令并反馈相关信息，同时操作发射装置有关动作的实施，如对各液压机动作的操纵控制都采用电控等，因此发射装置与武器控制系统及艇之间存在相应的电气接口。

9.7.4　气水路接口

发射装置需要均压才能在水下海水压力下打开口盖，发射前需注水、充气，不发射或发射后需要将发射装置内海水排出，因而与潜艇存在水气路接口。

9.8　水下发射装置与导弹接口

导弹在发射前需要进行检测和发射控制，而导弹的发射控制设备安装在潜艇内，为了实现导弹检测及发射控制，导弹与发射控制设备之间的电缆以及脱落插头、插座均需通过发射装置连接。

9.8.1　机械接口

贮存期间导弹在发射装置内需要固定，发射过程中导弹需以一定的速度和姿态在发射装置内运动并离艇，因此必须合理设计导弹与发射装置之间的机械接口。

水下发射导弹存在导弹向发射管内装填、导弹随艇战斗值班以及导弹发射时在管内运动离艇三大阶段，因此，既需要保证导弹在发射前可靠固定，又需要保证在发射时顺利离艇。但导弹和发射装置均存在加工误差，因此二者之间必须进行适配性设计；另外，在发射导弹时需对发射工质予以适当密封，使导弹获得合适的离艇速度。一般设计时，需考虑的因素有间隙、配合部位、导向功能等。

9.8.2　电气接口

位于发射管内的导弹需通过潜艇内发射控制设备完成检查和发射控制，因而设置有水密电缆将导弹与发射控制设备相连；而当发射导弹时又必须将弹上插头及时脱落，并让开发射通道避免影响导弹离艇，水密电缆还必须穿过发射装置并保证水密。水下发射导弹与发射装置间一般采用水密脱落接插件作为电气接口，需要注意的是，水密脱落接插件在插合状态要长时间水密以确保电信号畅通，而发射时接插件分离后无论弹上还是发射装置上的插头或插座均与海水直接接触，故仍需保持水密。

9.9　潜射弹道导弹垂直发射装置

9.9.1　美国潜射弹道导弹垂直发射装置的发展[1]

1956 年 12 月，美国国防部批准了北极星研制计划。1960 年 7 月 20 日第一枚射程为 2 200 km 的北极星 A - 1 导弹从华盛顿号潜艇上发射成功，完成了全射程验证。1960 年 11 月 15 日开始服役。这种首次装艇使用的潜地弹道导弹发射装置是 MK15 型发射系统，主要由筒盖系统、筒体和发射动力系统三大部分组成。筒盖系统包括筒盖、开盖机构和筒口水密隔膜等。筒口水密隔膜为自裂式平板隔膜。当筒盖打开后，它起水密作用，不使海水进入发射筒。当发射导弹时，将平板隔膜引爆自裂，为导弹飞行让出通道。筒体为双筒结构，内筒由几十个液体弹簧和气动锁定筒用 "U" 型钩悬挂在外筒上，对内筒减振。发射动力系统采用 MK1 型压缩空气弹射系统，其结构复杂，体积庞大，如图 9 - 2 所示。

1961 年 10 月 23 日，射程为 2 800 km 的北极星 A - 2 导弹第一次成功地从艾伦号潜艇发射，于 1962 年 6 月开始服役。采用的潜地弹道导弹发射装置为 MK17 型发射系统，其结构和性能与 MK15 型基本相同。

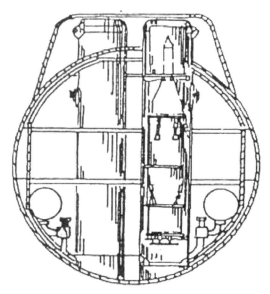

图 9-2 北极星 A-1 导弹发射装置

1963 年 10 月 26 日，射程为 4 600 km 的北极星 A-3 导弹首次从杰克逊号（619 号）弹道导弹核潜艇上成功发射，于 1964 年 9 月开始服役。它采用的潜地弹道导弹发射装置为 MK21 型发射系统，它与 MK15 型发射系统相比有较大的改进。主要有以下两方面：一是用聚氨基甲酸酯泡沫塑料代替了横向减振部分的液体弹簧减振器，其减振效果好，而且结构简单，便于发射筒在艇上安装，改善了工艺；二是用 MK7 型燃气-蒸汽弹射系统代替了原来的压缩空气弹射系统，从而取消了复杂的阀门和管路系统以及笨重的压缩空气瓶，如图 9-3 和图 9-4 所示。

1971 年 3 月，射程为 4 600 km 的海神 C-3 导弹首批装备在麦迪逊号（627 号）核潜艇上。海神 C-3 导弹的直径由北极星 A-3 导弹的 1.37 m 增至 1.88 m，导弹的长度也由北极星 A-3 的 9.85 m 增至 10.39 m，导弹起飞质量由北极星 A-3 的 16.4 t 增至 29.5 t。尽管导弹的长度、直径和起飞质量增加了，但由于海神 C-3 导弹的

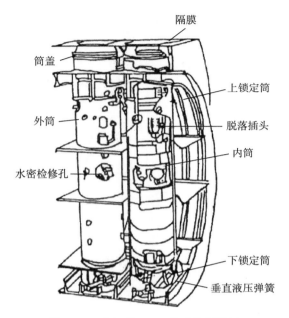

隔膜

筒盖

上锁定筒

脱落插头

外筒

内筒

水密检修孔

下锁定筒

垂直液压弹簧

图 9 - 3　北极星 A - 3 导弹发射装置

抗振能力有一定提高，同时挖掘了潜地弹道导弹发射装置的潜力，对发射装置结构等方面作了较大改进，因此，海神 C - 3 导弹仍能装填到原装北极星 A - 3 导弹潜艇的 16 个导弹发射筒内。海神 C - 3 导弹采用的是 MK24 型发射系统，它与 MK21 型发射系统相比，除内筒尺寸增大外，主要做了以下三方面改进，如图 9 - 5 和图 9 - 6 所示。

　　一是用黏贴在内筒内壁上的舌瓣形密封环（气密环）代替了适配器。二是用黏贴在内筒内壁上的弹性体衬垫（减振垫）代替了内外筒之间的泡沫塑料减振装置。由于进行了上述两项改进，使原来呈 "串联" 状态的气密装置（适配器）与横向减振装置（泡沫塑料减振装置）变成同时黏贴在内筒内壁上的 "并联" 状态（指气密环和减振垫），从而可缩小内外筒之间的间隙增加内筒直径，提高了发射筒的径向空间利用率，以便满足较大直径的海神 C - 3 导弹装填空

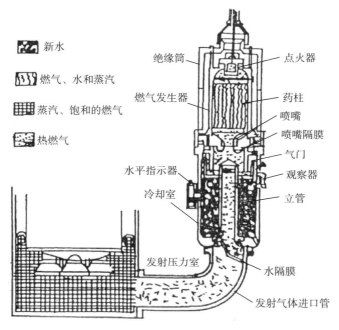

新水

燃气、水和蒸汽

蒸汽、饱和的燃气

热燃气

绝缘筒

燃气发生器

水平指示器

冷却室

发射压力室

点火器

药柱

喷嘴

喷嘴隔膜

气门

观察器

立管

水隔膜

发射气体进口管

图 9 - 4　燃气-蒸汽动力弹射系统工作原理

间的需要。三是用球冠形的石棉-苯已烯制成的筒口水密隔膜代替了平板形筒口水密隔膜，这样弹头可伸至筒口以上的筒盖空腔内，满足了海神 C - 3 导弹对长度增加的需要。由此可见，MK24 型发射系统主要是在提高发射筒空间利用率上作了明显的改进。与此同时，由于内筒外壁不再黏贴泡沫塑料减振装置，因此内筒外壁和外筒内壁也不必再加工，改善了加工工艺，缩短了建造周期。

1978 年开始服役的三叉戟 I C - 4 导弹武器系统在导弹性能上作了较大改进，如在海神 C - 3 导弹的基础上加上第三级火箭发动机等，因此其射程是海神 C - 3 导弹的 1.6 倍，达 7 400 km，但由于弹的直径和弹长没有变化，弹的起飞质量由 29.5 t 增至 31.5 t，因此，发射装置没有什么明显的改进。

1987 年开始研制三叉戟 II D - 5 导弹武器系统，在导弹性能上有

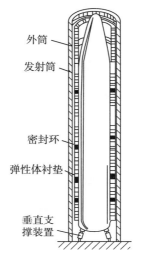

外筒

发射筒

密封环

弹性体衬垫

垂直支
撑装置

图 9-5　海神导弹发射装置

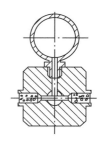

图 9-6　贴在内筒中的舌瓣密封环（左）及其密封气密原理（右）

了较大改进。如增大有效载荷，射程可达 12 000 km；提高命中精
度，采用多弹头方案及其他一些新技术，同时在导弹发射装置上也
作了明显的改进，如图 9-7 和图 9-8 所示。其主要表现在以下三方
面：首先在发射动力系统方面，采用了可调能量弹射动力装置，以
适应不同发射深度的需要，从而提高了导弹发射装置的快速反应能
力；其次，在自裂式球冠形壳内增加了能量吸收系统，这样在球冠
形壳爆炸自裂时产生的能量，不至于影响筒内的弹头，从而使弹头

离球冠形自裂球壳的距离缩短，有利于导弹长度的增加；第三，导弹的垂直支撑也由原来的几个液压弹簧改成整体式导弹支座，这样提高了稳定性，压缩了轴向尺寸，也有利于导弹长度的增加。

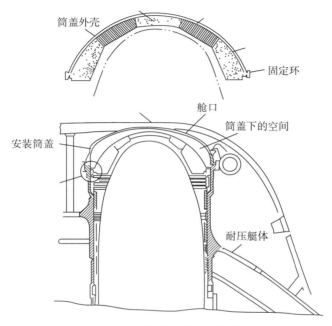

图 9 - 7　三叉戟Ⅱ导弹发射筒盖

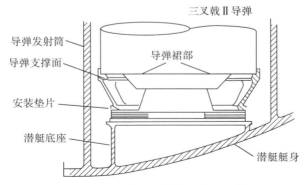

图 9 - 8　三叉戟Ⅱ导弹支座装配示意图

美国潜射弹道导弹从北极星 A - 1 导弹发展到现役三叉戟 Ⅱ D - 5 导弹，历经了六型三代导弹，而其水下发射装置为适应导弹的发展也得到了相应的改进和发展，如表 9 - 1 所示。

表 9 - 1　美国潜射弹道导弹水下垂直发射装置[2]

导弹型号	北极星 A - 1	北极星 A - 2	北极星 A - 3	海神 C - 3	三叉戟 Ⅰ C - 4	三叉戟 Ⅱ D - 5
弹长/m	8.69	9.45	9.85	10.39	10.39	13.41
弹径/m	1.372	1.372	1.880	1.880	1.880	2.108
弹重/t	12.7	13.61	15.88	29.48	29.48	57.15
射程/km	2200	2800	4600	4600	7400	12000
发射装置型号	MK15	MK17	MK21	MK24		
内筒长度/m	8.70	9.44	9.44	9.44	9.44	不详
内筒直径/m	1.45	1.45	1.45	1.96	1.96	不详
外筒长度/m	10.60	10.60	10.60	10.60	10.60	不详
外筒直径/m	2.14	2.14	2.14	2.14	2.14	不详
筒口水密装置	自裂式平面隔膜	自裂式平面隔膜	自裂式平面隔膜（或半球形）隔膜	自裂式半球形隔膜	自裂式半球形隔膜	
弹筒气密装置	三圈适配器	三圈适配器	三圈适配器	舌瓣式气密环导向垫	舌瓣式气密环导向垫	舌瓣式气密环导向垫
水平减振装置	内外筒间液压弹簧	内外筒间液压弹簧	内外筒间液压弹簧	内外筒间泡沫塑料	弹筒间减振垫	弹筒间减振垫
垂直减振装置	液压弹簧	液压弹簧	液压弹簧	液压弹簧	液压弹簧	整体式导弹支座
发射动力系统	MK1 型压缩空气弹射系统	MK1～MK4 型压缩空气弹射系统	MK7 型燃气-蒸汽弹射系统	燃气-蒸汽弹射系统	燃气-蒸汽弹射系统	能量可调燃气-蒸汽弹射系统
装载潜艇	华盛顿级潜艇	608 级、616 级潜艇	608 级、616 级、598 级潜艇	616 级潜艇	美国部分弹道核潜艇	美国部分弹道核潜艇

由上述潜地弹道导弹发射装置发展过程可以看出：为了适应对

潜地弹道导弹射程增加的需要，在潜艇导弹舱直径不可能随之增加的情况下，除了提高导弹本身的性能外，导弹发射装置主要在以下四方面作了改进和提高。首先提高发射筒空间利用率，以容纳导弹外形尺寸逐步增大的需要。其次，改进发射方式，由水面发射改为水下发射；用燃气-蒸汽弹射系统取代了压缩空气弹射系统，简化了发射动力系统，增加了发射动力系统的推力。第三，提高了发射装置快速反应能力，如采用能量可调发射动力系统，使定深度发射改进为变深度发射。第四，简化了发射装置结构，改善了工艺，缩短建造周期，降低了制造和使用过程中费用。由此可见，它是一个在结构上逐步完善、性能上逐步提高、经济上逐步合理的发展过程。

9.9.2　潜射弹道导弹垂直发射装置的组成[1]

一般来说，一座完整的潜射弹道导弹水下垂直发射装置主要由发射筒、筒盖装置、水/气密装置、减振装置、发射动力装置以及发射辅助装置等六大部分组成，如图 9-9 所示。

（1）发射筒

发射筒主要由发射筒筒体和筒上机构组成。

发射筒筒体一般为双筒结构，即由内筒、外筒及相应的密封装置组成。

外筒一般与潜艇的耐压壳体焊接而固定在潜艇上，外筒底部一般是潜艇耐压壳体的一部分，外筒上部穿过潜艇耐压壳体上开孔，并与耐压壳体焊接，这样，外筒实际上也已成为潜艇导弹舱的承力构件。

内筒座落在外筒内，与外筒的连接方式一般有两种：一种是内、外筒之间没有硬性连接，内筒下部有垂直减振装置支撑，外筒上安装上、下固定器及内筒方位归零装置。另一种是将内筒上端悬挂在外筒筒口上，使内筒筒口与外筒筒口基本齐平，并用螺栓固定。

内外筒之间的筒间密封环采用橡胶环作为密封件，它能保证外筒和内筒之间在上、下端面处或下端面处的密封性能，同时还允许内、外筒之间有一定的相对位移量，以满足减振位移量的要求。

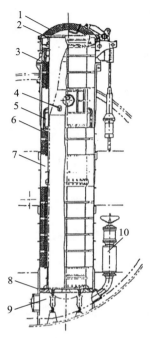

图 9 - 9　潜射弹道导弹水下垂直发射装置结构示意图

1—筒盖装置；2—筒口水密装置；3—水平减振装置；4—脱落插头插拔机构；

5—弹筒气密装置；6—外筒；7—内筒；8—筒间密封装置；

9—垂直减振装置；10—发射动力装置

　　筒上机构主要包括脱落插头插拔机构、内筒固定器（类似于刚弹转换机构）、方位归零装置等。

　　脱落插头插拔机构安装在导弹仪器舱相对应部位的内筒密封罩内，该机构的主要用途是给导弹插头的自动插拔以辅助动作。在发射筒底部一般设置被动式插头插拔机构，当导弹起飞时，就拔下导弹尾罩上的插头。

　　当内筒上端不与外筒口呈固定连接时，需设置内筒固定器。内筒固定器分上部固定器和下部固定器。平时内筒固定器处于松开状态，保证内筒有一定的相对位移；发射时将内筒固定，能矫正内筒的微量倾斜，以满足发射时的垂直度要求，并能防止内筒往上移动。

若内筒呈自由状态的结构形式，则对内筒实施方位归零；若内筒悬挂在外筒筒口上，则对导弹支撑环实施方位归零。方位归零装置平时处于解脱状态，保证内筒或导弹支撑环有一定相对位移量；发射时，将内筒或支撑环可能产生的方位偏移转至零位，并固定住，以满足发射导弹时方位精度的要求。

（2）筒盖装置

筒盖装置的主要用途是：平时将盖关闭，保证潜艇在水下航行时发射筒上部的水密性及导弹在筒内的环境条件要求；发射导弹前将筒盖打开，为导弹飞行让出通道，保证导弹顺利发射。

筒盖装置主要包括带围栏的盖、松紧盖传动装置及开关盖传动装置等三大部分，有的还有锁定装置。带围栏的盖安装在外筒上端，是保证发射筒密封和承受水压力的主要部件。松紧盖传动装置主要有一对旋松旋紧液压机及与其相配套的传动机构，对筒盖施行旋松或旋紧。开关盖传动装置主要有开关盖液压机及与之相配套的传动装置，对筒盖施行开盖或关盖。有的筒盖系统还有锁定装置，主要有一对锁定液压机。当筒盖开盖到位后，启动锁定液压机将其锁定；当需要关盖时，先启动锁定液压机，将筒盖解锁，然后再关盖并旋紧。

（3）水/气密装置

水/气密装置主要包括筒口水密装置及弹筒气密装置。

筒口水密装置一般有冲破式（非自裂式）平膜筒口水密装置和自裂式凸膜筒口水密装置，其作用都是将筒内导弹与海水隔离，保证筒盖开盖过程中及开盖后发射筒的水密性，使导弹处于正常工作状态。发射导弹时，或导弹将筒口平膜顺利冲破，或凸膜自裂，从而保证导弹按正常的筒内弹道规律弹射出发射筒。

弹筒气密装置如适配器或气密环等如图 9 - 10 所示。每枚导弹一般配置上、中、下三圈适配器。适配器在导弹与内筒之间，补偿导弹与发射筒间径向公差，起适配作用；发射导弹时，起导向和气密作用；导弹出筒后，同一圈适配器能同步分离，不影响导弹的飞行姿态。

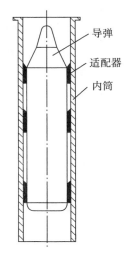

图 9-10 导弹与内筒间的气密装置示意图

气密环是黏贴在内筒内壁上的弹筒间的气密装置（如图 9-11 所示），其作用与适配器基本相同，只是结构形式不同而已。

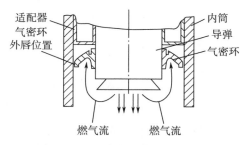

图 9-11 固定在弹体上的气密环

（4）减振装置

减振装置分为水平方向减振装置和垂直方向减振装置两大部分。

水平减振装置一般由布置在内、外筒之间的液压弹簧或泡沫塑料水平减振垫构成，也有用黏贴在内筒内表面的减振垫构成。它的主要功能是：当遇敌水中兵器攻击时，起缓冲减振作用，减小作用在导弹上的水平冲击载荷；在潜艇航行时，起隔振作用。

垂直减振装置一般由布置在发射筒底部的液压减振器或弹簧减振器构成。它的主要功用有二：一是能可靠地支撑导弹，起垂直支撑定位作用；二是当遭受敌水中兵器攻击而产生强烈冲击振动载荷作用时起缓冲减振作用，在潜艇航行时起隔振作用。

（5）发射动力装置

发射动力装置是给导弹运动提供一定动能的发射动力。无论是压缩空气发射动力装置，还是燃气-蒸汽发射动力装置，都能按设计要求产生发射工质气体，使导弹在发射筒内按预定的筒内弹道规律运动，从而使导弹获得所需的出筒速度将导弹弹射离潜艇。

压缩空气发射动力装置主要由高压气瓶、发射阀、电磁阀、爆炸阀等组成，如图 9-12 所示。发射导弹时，启动爆炸阀，接通电磁阀电路，开启发射阀，高压气瓶内的工质气体经发射阀，按一定的流量规律进入发射筒，在筒内建立起压力、形成弹射力，将导弹弹射出发射筒。

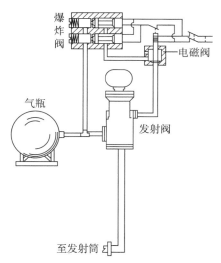

图 9-12　压缩空气发射动力装置工作原理

燃气-蒸汽发射动力装置由燃气发生器、冷却器、动力弯管、气密隔膜装置等组成，并由动力支架起部分支撑作用，如图 9 - 13 所示。

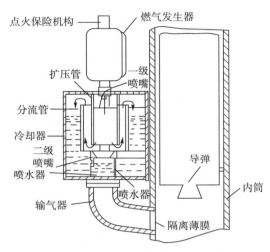

图 9 - 13　燃气-蒸汽发射动力装置工作原理

导弹点火前先打开点火保险机构的保险栓。当接到发射点火命令后，由发控台接通电源，使电爆管起爆，发火管的火药气体引燃火药，再引燃主装药，主装药按规律燃烧，产生高温高压的燃气流通过喷管进入冷却器。

当燃气流经冷却器导流管时，在喷水管两侧能自行建立起压力差，将冷却室内的冷却水按所要求的规律喷入燃气流中，从而使高温燃气流冷却到满足发射条件所要求的温度，变成燃气—蒸汽混合工质气体。该混合工质气体通过弯管，冲破气密隔膜，进入发射筒，在发射筒内建立起一定的压力，推动导弹按设计的筒内弹道规律运动，将导弹弹射出发射筒。

动力支架上端与冷却器下封头的法兰相连接，下端与焊接在艇体耐压壳体上的基座连接，主要作用是部分地支承发射动力装置，并能承受发射时部分反作用力。

变深度发射时，对不同的发射深度区段，通过调节喷入的冷却水量的多少可以调节燃气-蒸汽气体工质作用于导弹的有用能量，发射深度越深，喷入的水量就越少；发射深度越浅，喷入的水量就越多。利用这种方法可以使导弹的出筒速度在发射深度范围内处于最佳设计范围。定深度发射采用的是能量不可调装置，变深度发射时采用的是能量可调发射动力装置。

（6）发射辅助装置

发射辅助装置包括管路、电气线路、锌阳极保护装置、防除海生物装置等。

管路包括空调管路、均压管路、液压管路、注疏水管路以及退弹充气管路接头等。空调管路与艇上空调系统相连接，以保持发射筒内一定的温度和相对湿度，满足导弹在发射筒内贮存环境条件的要求。均压管路用来在开盖前向水密隔膜上腔注水以及对水密隔膜下的发射筒内充气，通过潜艇均压系统的工作，使筒口水密隔膜上、下的压力与舷外海水压力相均衡，从而保证筒盖在水下能正常开启及筒口水密隔膜的安全。液压管路是通过艇上液压系统给发射装置上各液压机输送一定压力的工作液压油，保证各液压机构正常工作。注疏水管路，其中一条对冷却器内的冷却水进行注入或放出，另一条安装在外筒底部，通过艇上疏水系统将发射筒内的水排出艇外。退弹充气管路接头安装于外筒底部，退弹时，由潜艇上的退弹供气系统通过退弹充气管接头，向导弹下部空间充气，以便提供一定的助推力，以减小提升机构的负载。

发射装置上的电气线路实际上是指在发射装置上设置的状态信号、开关信号及部分控制线路，不能构成完整的电气线路，它与艇上的发射装置集中控制台和发控台上的灯光显示信号及电气控制联锁电路相连接，以显示发射装置各机构所处的状态，并能使发射装置及其辅助装置上各机构的动作按一定程序进行，从而保证发射装置使用的安全性。

锌阳极保护装置是为了防止发射装置在长期浸泡海水过程中发

生腐蚀而设置的。发射装置处于舷外的外筒和筒盖从上到下间隔布置由锌、铝和镉制成的三元锌块，此外，在筒内由于发射后海水涌进而遭受海水浸泡，因而也布置了一些三元锌块。

内筒防除海生物装置是为了防止发射导弹后因海水涌进使发射筒长期浸泡海水过程中海生物在筒内生长并附着于筒壁，需要定时向密闭发射筒内的海水中注入无水亚硫酸钠水溶液，将海水中海生物赖以生存的溶解氧完全消除，使海生物因完全没有氧而窒死，从而达到防除海生物的目的。

9.9.3　潜射弹道导弹垂直发射装置的工作原理

当携带着潜地弹道导弹的核潜艇进行战斗巡航时，一旦接到战斗命令，潜艇、导弹及相应的设备都将按预定的发射程序工作。就发射装置来说，先将导弹定位，即由巡航时的松开状态转为定位状态，包括导弹方位归零等。然后向发射动力装置的冷却器内注水。当发射程序进行到准备均压开盖时，先往筒盖与筒口水密隔膜之间的空腔内注水，并往发射筒内充气，通过艇上均压系统的工作，使筒口水密隔膜上的水压与隔膜下的气压同舷外的海水压力均衡，并跟踪由于潜艇机动航行所造成的压力波动。开盖前，打开通海阀，使筒盖内的水与舷外的海水相连通，这样筒盖内外的海水压力均衡，才能较顺利地打开发射筒盖。接到指令旋松旋紧液压机动作，旋松筒盖上的锁紧环，开盖液压机动作，将筒盖打开，为导弹在发射筒内运动让出了通道。当发射条件满足后，打开点火保险机构的保险栓，由发控台按下发射按钮，若筒口水密隔膜是自裂形式的，则指令隔膜自裂，而后起爆电爆管，发射动力装置点火，点燃燃气发生器内的点火药，并使燃气发生器内的主装药开始工作，产生高温高压的燃气流入水冷却器，形成燃气-蒸汽混合工质气体。该气体通过弯管进入发射筒内，并在发射筒内建立起一定的压力作用于导弹底部尾罩上。由于导弹与发射筒之间装有气密装置，对发射工质气体起密封作用。这样作用在导弹底部的压力使导弹按设计的筒内弹道规律向上运动。若筒口水密隔膜为非自裂式水密薄膜，则冲破之，使导弹按要求的出筒速度弹射出发射筒进入水中，继而冲出水面上升到空中，火箭发动机自行点火，按预定的弹道飞向目标。

9.10　潜射巡航导弹水平发射装置

目前，国内外在潜艇上水平发射巡航导弹都是利用潜艇原有的鱼雷管进行发射，因此，潜射巡航导弹水平发射装置在本书就是指鱼雷发射装置。

9.10.1　国外鱼雷发射装置的发展[3]

1881 年出现了钢质鱼雷发射管之后，为了达到出其不意攻其无备之目的，人们在潜艇上运用了钢管水流式或气动式鱼雷发射装置。水流式是先将压缩空气注入水柜，利用水将鱼雷推出发射管，如图 9 - 14（a）所示；气动式是高压空气直接进到发射管中推鱼雷，如图 9 - 14（b）所示。

由于气动式和水流式发射过程中，气门开启不易控制，开快了鱼雷或水柜易被压坏，开慢了能量不够用，推不动鱼雷或造成鱼雷卡管，于是 1901 年研制了能自动调节气门开启速度和行程的发射阀，以后又经过逐步完善，成为现在使用的发射开关（发射阀），如图 9 - 14（b）所示。

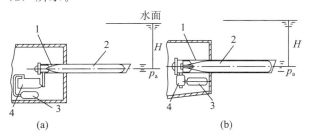

图 9 - 14　水流式及气动式鱼雷发射装置发射原理

1—发射管；2—鱼雷；3—发射气瓶；4—水柜

　　由于压缩空气随鱼雷冲出发射管，在水面上造成巨大气泡，暴露潜艇的位置，且由于失去鱼雷质量引起潜艇载荷的变化，破坏了潜艇的均衡，影响潜艇的操纵，因此在第二次世界大战前夕研制出了无泡无倾差系统，把发射管中的废气收回舱室，并吸入一定量海水以补偿均衡差。第二次世界大战的实践证明，这对提高潜艇的作战性能十分显著。随着潜艇和鱼雷性能的日益改进，特别是核潜艇出现后，作战深度增加了，要求鱼雷发射深度相应地增大。由于气动式或水流式发射装置必须使鱼雷后部的压力高于鱼雷前部所受海水静压力和潜艇航行引起的动压力，因此，深度越深，发射时收回舱室的废气量就越大，而舱室气压增加值是不能超出人体所能承受限度的，这就限制了发射深度的增加。20 世纪 50 年代以前的半个多世纪中，发射深度未能超过 60m。20 世纪 60 年代初将发射原理进行了改革，首先在发射时使发射管后部也通海，使鱼雷前后受的静压力相平衡，然后在鱼雷后部加力，将鱼雷推出发射管，这称为平衡式发射装置。鱼雷后部加的推力不随发射深度改变而变化，如图 9 - 15（a）所示。苏、美、英等国 20 世纪 50 年代初使用的液压平衡式发射装置，由发射管、水缸、舷侧管、气缸、高压气瓶等组成。20 世纪 70 年代法国研制成了冲压式发射装置。冲压器工作原理如图 9 - 15（b）所示，发射时将高压空气充入多级套筒组成的冲压器，推套筒节节向前伸展，将鱼雷顶出发射管。在导弹装备潜艇后，鱼雷发射装置还可担负发射导弹的任务。如法国 SAN72 级导弹核潜艇和阿戈斯塔级常规潜艇的冲压式鱼雷发射装置均能发射 SM39 型飞鱼导弹，其发射方法是将导弹装在一个鱼雷型的水密容器中，弹翼折起，因为容器中装有固体火箭发动机和燃气舱，故容器被发射出管后，可独立航行一段距离再冲出水面，其内部的燃气发生器便抛出导弹，同时弹翼展开，助推器点火。美、英等国的潜艇鱼雷发射装置以类似的方法发射捕鲸叉导弹。美国的一些潜艇鱼雷发射装置可发射战斧巡航导弹，苏联的一些潜艇可用鱼雷发射装置发射 SS - N - 15 反潜导弹[3]。

　　美国海军潜艇的发展和使用历史较为悠久，其潜射鱼雷发射装置技术性能较为先进，对发射装置的发射方式设置与使用较为合理，能够较好地满足发射隐蔽性和快速反应性等战术要求，具有相当的代表性。

　　美国现役核潜艇包括洛杉矶级、海狼级和弗吉尼亚级攻击型核潜艇，俄亥俄级弹道导弹核潜艇和由其改装的巡航导弹核潜艇。对应不同潜艇装备的鱼雷发射装置型号见表 9 - 2。表中所列各型鱼雷发射装置基本按照 MK67、MK68、MK69、EES 的先后顺序研制装备。

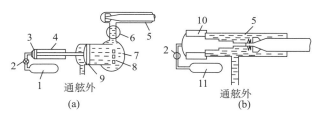

图 9 - 15　液压与气动冲压平衡式发射装置发射原理

1—发射气瓶；2—发射阀；3—活塞；4—气缸柜；5—发射管；6—球阀；

7—水环；8—特性孔；9—活塞；10—气动冲压器；11—气瓶

表 9 - 2　美国现役核潜艇鱼雷发射装置型号

潜艇类型	发射装置型号	发射装置发射原理
洛杉矶级	MK67	液压活塞式
俄亥俄级	MK68	空气涡轮泵式
海狼级	MK69	气动涡轮泵
早期弗吉尼亚级	MK69	气动涡轮泵
后期弗吉尼亚级	EES	弹性喷射式

　　MK67 型鱼雷发射装置主要装备在洛杉矶级核潜艇以及改进型洛杉矶级核潜艇上。这种发射装置采用液压活塞式发射原理，主要技术优点是可靠性高、可适应多种武器（鱼雷、水雷和导弹等）的水下发射、发射深度不受潜艇的深度限制，主要缺点是武器发射时

的瞬时噪声较大、设备自身比较笨重、发射周期较长、使用费用较高、安装与维修比较困难等。

MK68 型鱼雷发射装置全部装备在俄亥俄级核潜艇（包括由其改装的巡航导弹核潜艇）上，其采用空气涡轮泵式发射原理，具有结构布置较简便、占用安装空间相对较小、发射装置重量较小、能量利用率较高、发射前不需要注水从而避免产生注水噪声（与此相应的是 MK48 ADCAP 鱼雷能够长期在发射管内浸泡，可保证快速发射）、潜艇可在最大工作深度内发射鱼雷、武器系统快速反应能力强、发射武器间隔时间较短的特点，是现今世界上已装备潜艇的性能最好的鱼雷发射装置之一。但该型发射装置硬件设备复杂、制造工艺要求较高、制造成本也较大。

全部海狼级和已经先期服役的部分弗吉尼亚级核潜艇装备 MK69 型鱼雷发射装置，但该部分先期服役弗吉尼亚级核潜艇实际装备的是后续改进的 MK69 型鱼雷发射装置。MK69 型鱼雷发射装置也采用气动涡轮泵式发射原理，相对于 MK68 型鱼雷发射装置而言，MK69 型鱼雷发射装置的基本功能保持不变，但技术性能优点得到了进一步提升。

未来一定时期内服役的弗吉尼亚级核潜艇将装备弹性喷射式发射装置（elastomeric ejection system，EES）。EES 可保障快速隐蔽发射鱼雷。其采用全新的橡胶弹性圆盘硬件结构，通过拉伸、释放橡胶隔膜产生的力量来驱动水柱，进而发射鱼雷。EES 的主要技术特点是装置硬件结构更简单、技术性能更可靠、发射噪声更低、设备制造成本更低且不受发射深度限制，另外，橡胶隔膜产生的力量大小可控，便于控制武器发射出管的速度。美海军预期从第 4 艘弗吉尼亚级核潜艇开始使用 EES，但仅分别在 2006 年和 2010 年完成了 2 次 EES 海试，目前尚未实际装备弗吉尼亚级潜艇。当前美国在不断改进涡轮泵式发射装置的同时，主要发展 EES[4,5]。

不同国家的潜射鱼雷发射装置种类不尽相同，其技术与战术使用特点也不尽相同，实际难以一概而论究竟哪一种发射装置最好，或者能够完全取代其他发射装置。但在当前以及可预见将来的潜艇作战任务与作战环境条件下，美国潜射鱼雷发射装置所采用的空气涡轮泵式发射方式、自航式发射方式和弹射式发射方式可以更好地满足不同情况下潜艇发射鱼雷等武器的战术需求，是未来发展的主要趋势。

9.10.2　鱼雷发射装置的分类

鱼雷发射装置结构有的复杂，有的简单，这与发射装置的类型有关。发射装置按发射所用能量形式分，可分为空气发射、火药发射、液压发射、自航发射、机械冲压或抛射。按发射深度来分，可分为深水发射（大于 60 m）或普通深度发射（60 m 以内的）。按海水静压的利用情况来分，可分为平衡式和非平衡式。

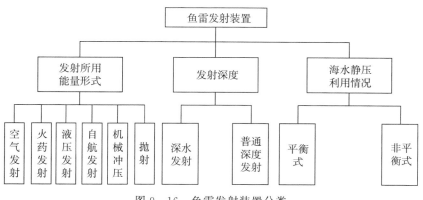

图 9-16　鱼雷发射装置分类

9.10.3　鱼雷发射装置的组成

9.10.3.1　一般组成

鱼雷发射装置一般由发射管、发射辅助器件、发射动力装置三部分组成。

（1）发射管

发射管是筒状的管子，内有导轨和气密环，装着各种仪器与装置，后端有可开闭的后盖，前端有可开闭的前盖，发射前通过舱内的传动机构将前盖打开，再发射鱼雷或导弹。发射管以管身固定于艇体上。

（2）发射辅助器件

发射辅助器件系指对鱼雷准备发射与储存所必须的一系列器件，它们是：

1）设定仪。用以设定鱼雷各个工作参数的仪器，有深度设定器、方向设定器等。

2）制止器。用来在发射前将鱼雷固定在发射管内以防止其摇动和前后移动，但在发射时又能自动解除制动以便鱼雷顺利射击。有边制止器、上制止器及后制止器等。

3）扳机栓。用来在发射时打开鱼雷扳机，启动鱼雷工作。

4）充/排水装置。用来向发射管中充水，以便打开前盖准备发射；在发射后将发射管中的水排出，以便打开后盖，重新装填鱼雷；或在发射管中干储鱼雷时，抽干管内的水。

（3）发射动力装置

发射动力装置用来提供动力将鱼雷以要求的入水条件安全地射出发射管。不同类型的发射动力装置其组成的差别较大，需分别讨论，但从功能上看，它由以下四种功能部件组成：

1）安全自检线路或管路。依次检查有关部件是否进入可发射状态，若进入可发射状态，则对下一部件进行检查；若未进入，则发射就不能进行。

2）发射所用工质的储存或生成设备。储存工质或生成工质以供发射使用。

3）工质流注过程的控制组件。在发射过程中用以控制工质向发射管中流注的速率和压强，以便确保鱼雷的出管速度，但又使管内压不会超高。

4）雷重自动补偿组件。在潜艇上鱼雷出管后需自动吸入相当于雷重的海水以防潜艇产生倾差而难于操纵。

　　现今世界各国海军所拥有的潜艇种类繁多，其所配置的发射装置也各不相同。归纳起来，大体上可分为自航式发射装置、气动不平衡式发射装置、液压平衡式发射装置、气动冲压式发射装置、空气涡轮泵式发射装置以及美国正在研制的电磁式鱼雷发射装置等，本书仅对上述几型发射装置的工作原理、主要结构特点及组成予以介绍。

9.10.3.2　自航式鱼雷发射装置

　　自航式鱼雷发射装置，也称"游出"式（Swim‑out）鱼雷发射装置。它是潜艇鱼雷发射装置的始祖，通常配置在潜艇耐压壳体外侧，是一个框架式圆筒形栅状管。其工作原理是，装填好的鱼雷，被制动器卡住，以防止自动滑出栅管。在鱼雷扳机附近的栅管壳体上设置有扳机栓，鱼雷和发射栅管之间有足够大的环形间隙，并布有很多栅孔，使鱼雷完全浸没在水中和海水相通，当鱼雷运动时，能保证充分地"补水"。当鱼雷发射时，射击控制装置先提起鱼雷制动器，然后打开鱼雷扳机，鱼雷动力系统工作，鱼雷螺旋桨产生的推力使鱼雷自动"游出"栅状管。

　　据史料记载，俄国在 1865 年装备了木制的圆筒形栅状发射管。第一次世界大战前后各国海军潜艇上装备的大都是金属制圆筒形栅状管。这种结构简单的栅状管，可保证发射过程无气泡，也无倾差。它没有发射动力系统，所以结构轻巧，使用简便。缺点是鱼雷因长时间浸泡在海水中，不能及时进行必要的保养和维修，使用受到限制。据悉，在一些鱼雷试验靶场的试验船只和一些袖珍潜艇上装有栅状管，如德国 IKL 公司建造的 100 型及 TNSW 公司建造的 MST75/3 型，意大利 Cosmos 公司的 SX506 型及 S756 型等袖珍潜艇。

　　美国装备在刺尾鱼级常规潜艇、鲤鱼级攻击型核潜艇等型潜艇上的 MK55 型、MK57 型和 MK59 型均为口径 533mm 的自航式鱼雷发射装置，大都配置在艇艉部。

　　德国克鲁伯·玛克（Krupp Mak）公司研制的 MAK 型自航式

鱼雷发射装置（见图 9 - 17），其发射管体从管体后部往前做成直径不断增大的几段，这是根据鱼雷在管中运动的内弹道要求而设计的，主要装备在 60 年代研制的 201 型、205 型和 207 型常规潜艇上。改进后，装备在 206 型和 209 型常规潜艇上[3]。

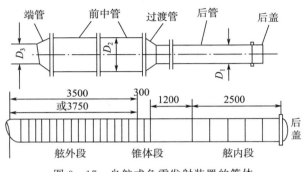

图 9 - 17　自航式鱼雷发射装置的管体

自航式鱼雷发射装置存在三个缺点。其一，不能发射无动力武器，如水雷。其二，不能发射热动力鱼雷。热动力鱼雷的主机通常是在发射离管后按要求延迟启动，绝不允许在发射管里启动工作，同时也不允许鱼雷主机工作时产生的有害气体进入潜艇舱室里。其三，鱼雷出管速度偏低。由于受潜艇吨位和结构尺寸的限制，发射管体（见图 9 - 17）的长度和直径不能太大，致使鱼雷增速不够就出管，造成鱼雷出管速度偏低。德国 MAK 型发射装置的出管速度为 6～6.5 m/s，而美国的 MK55、MK57 和 MK59 型鱼雷发射装置的出管速度只有 5 m/s，从而使得发射鱼雷时的潜艇航速受到限制。

意大利海军为解决自航式鱼雷发射装置不能布放无动力水雷并为防止出现鱼雷不能正常游出发射管外的技术故障，在装备于萨乌罗级常规潜艇的 B512 型自航式鱼雷发射装置中，每具发射管都有一套水缸-滑轮拖车机械辅助机构，使这种自航加助推式的 B512 型发射装置的发射功能增加。它能自航发射 A184 型线导鱼雷与电动力自导鱼雷，亦能用机械辅助机构以助推方式布放水雷。其中，以自航方式发射的鱼雷出管速度为 7.5 m/s，以助推方式发射的出管速度在水下 6 m 时为 4 m/s，在水下 300m 时为 2.5 m/s。

　　为了克服出管速度偏低的缺陷，德国克鲁伯·玛克公司在新型 TR‑1700 型常规潜艇上配置了水压式自航鱼雷发射装置，用于潜艇在水下高速航行时发射鱼雷。从图 9‑18 可看出，在艇艏部发射管的下面裹有一个直径和发射管的口径相近的水缸及蓄压器。当潜艇在水下高速航行时，利用海水的动压使活塞向后运动，活塞后部的海水被压入发射管后部推动自航鱼雷出管。鱼雷离艇后可用蓄压器使水缸活塞复位[3]。

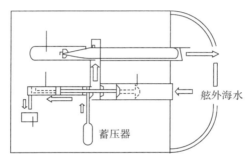

图 9‑18　水压式自航式鱼雷发射装置

9.10.3.3　气动不平衡式鱼雷发射装置

（1）原理

　　气动不平衡式鱼雷发射装置简称气动发射装置，二战时曾被各国潜艇广泛采用。它的特点是采用高压空气作为发射能源，高压空气膨胀做功，使鱼雷克服阻力做功，并获得动能。但是要消耗很大能量用于克服海水背压做功，而且随发射深度的增加，克服背压所消耗的功增大。

　　气动发射装置的工作过程是鱼雷装填在带有前盖和后盖并设置气密环、制动器的筒形发射管中，发射前进行均压，然后开启前盖，发射时，提起制动器，开启发射开关和发射阀，储存于气瓶中的高压空气按一定规律注入发射管后腔，压缩空气膨胀做功，将鱼雷和雷体周围的海水一起推出发射管。

（2）组成

气动发射装置由发射管、空气发射设备、注疏水设备、发射控制设备组成。

鱼雷发射管为钢质圆筒形薄壁焊接件。每根的长度根据所发射的鱼雷结构尺寸而定。在管体后端装有水密性良好的后盖；前端是带有传动和互锁机构的前盖。为了保证艇员安全，通常前后盖不允许同时打开。发射管用于装填和储存待发射的鱼雷（或导弹）并为其提供所需的环境条件（温度、湿度等），在发射时为鱼雷提供运动的通道和条件。为了防止鱼雷在发射管中随潜艇的运动而滑动，在发射管上装有上制动器和后制止器，以及为鱼雷装定射击要素的设定仪器，如深度设定器、方向设定器等。

空气发射设备如图 9-19 所示，包括用于储存发射工质-压缩空气的发射气瓶，用于控制发射能量注入率（即压缩空气进入发射管的速率）的发射阀、发射控制板、自动截止仪及实现无泡无倾差发射的水深状态调整仪、自动通海阀、泄放阀、无泡气瓶等阀门和管路。整个空气发射设备是鱼雷发射装置的核心部分，是实现气动发射原理、完成发射功能的动力和控制机构。它的功能就是保证在水下各种不同的航行深度上都能无泡无倾差地把鱼雷、水雷发射出去，并确保鱼雷具有一定出管速度安全出管离艇，然后靠自身的主机工作而航行[3]。

注疏水设备由注疏水阀、无泡水柜、鱼雷调重水柜和间隙水柜等以及相应的气、水管路组成。其功能是在发射武器之前，根据作战需要在开启发射管前盖时先向发射管内注满海水并进行均压，使发射管内外的海水静压相同，减少开启前盖时所需的能量。发射过程结束关闭前盖，然后打开注疏水阀排干发射阀中的海水，即可打开后盖进行保养或重新装填鱼雷。另外，在发射装置的各个运动部位都装有润滑机构，还有为布放水雷时用的附属装置。

发射控制设备对发射装置实现手动和实时程控操作。发射过程如图 9-20 所示[3]。

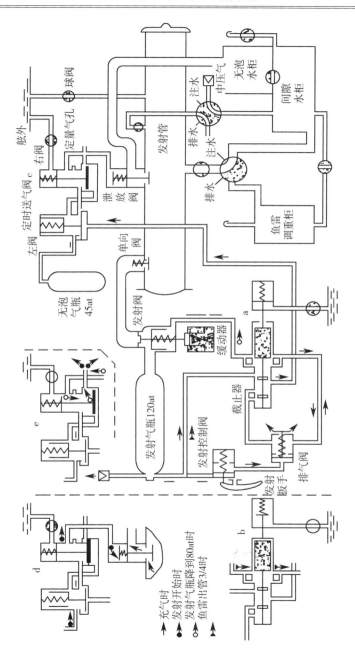

图 9 - 19　气动武鱼雷发射装置空气发射设备和注疏水设备

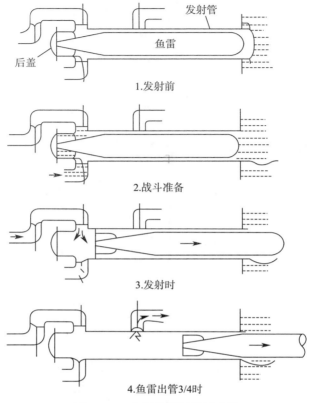

图 9 - 20　鱼雷发射过程示意图

（3）配置

气动发射装置可发射各种类型的鱼雷（即电动力鱼雷、热动力的蒸汽瓦斯鱼雷等），也能布放无动力的水雷以及水声干扰器材。在潜艇上可根据作战需要和潜艇的吨位不同而配置不同的数量，通常的中型潜艇在艇艏配置 4～8 管，在艇艉配置 2～4 管。艇艉部配置的发射装置多用于自卫，因而其发射管的口径也可比艏部的小些，如苏联的大多数潜艇（包括部分核潜艇），在艇艉配置的发射管口径除有标准的 533 mm 外，还有 400 mm 的。同时，随口径减小，其发射管长度自然也短得多，这也有利于在空间比较窄小的艇艉配置。

9.10.3.4　液压平衡式鱼雷发射装置

（1）原理

液压平衡式鱼雷发射装置是一种通过气动发射，采用液压平衡原理，能够大深度发射鱼雷的潜艇鱼雷发射装置。它是在气动不平衡发射装置的基础上发展起来的，基本特点是采用平衡发射，增加了液压平衡系统，使装填在发射管中的鱼雷后部与舷外海水相通，鱼雷前后没有压差。发射时，高压空气膨胀做功，用于克服摩擦阻力做功和获得鱼雷动能，而不用来克服海水背压做功。这样，发射能量基本保持定值，而不随发射深度的增大而增多。

（2）概况

随着反潜和潜艇战（即以潜反潜）日益为各海军大国密切关注，如何解决潜艇在水下大深度航行过程中发现敌舰船，抓住战机，快速隐蔽地发射鱼雷成为问题的关键。自 20 世纪 50 年代中期，美国在研制出世界上第一艘核潜艇的同时，就花费巨大的人力和物力，探索和研制适于核潜艇在深水隐蔽发射鱼雷的新方案，并于 20 世纪 50 年代后期研制出了能在水下 300～600 m 深度发射鱼雷的新型发射装置——液压平衡式鱼雷发射装置。随后不断地改进并提供给英国、日本及其他盟国。这种液压平衡式鱼雷发射装置有 MK54、MK58 等型，1967 年服役的美国鳐鱼级攻击型核潜艇装备了 MK63，1976 年服役的洛杉矶级装备了 MK67 型。英国的史达臣·亨晓公司、德国的克鲁伯·玛克公司也研制出了液压平衡式鱼雷发射装置（见图 9-21），装备在德国 212 型常规潜艇及澳大利亚皇家海军的 471 型常规潜艇上。70 年代末到 80 年代，苏联建造的鲨鱼级（Akula 971）、S 级（945 型）多用途攻击型核潜艇、台风级（941 型）弹道导弹核潜艇、O 级（949）飞航导弹核潜艇上也装备了液压平衡式鱼雷发射装置[3]。

（3）组成

该型发射装置分为内置式和外置式两种总体布局，通常配置在艇艏和艇艏Ⅱ舱的两侧，以便在艏部安置结构尺寸较大的声纳基阵，

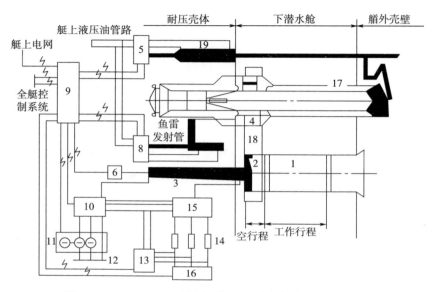

图 9 - 21　Kurpp Mak 液压平衡式鱼雷发射装置组成示意图

1—水缸；2—水缸活塞；3—液压缸；4—液压缸监控器；5—开关前盖的互锁和监控系统；
6—滑阀；7—滑阀的液缸；8—滑阀的操纵、互锁和监控系统；9—发射管控制板（TCP）；
10—阀组；11—泵；12—液压柜；13—压力测量仪；14—液压能储能器组；
15—注入阀和转换开关阀；16—气体监控仪和注入设备；17—环状定位装置；
18—配水水柜；19—驱动前盖的液缸

主要由发射管、气动发射设备、水压平衡设备、液压控制设备、电控设备、注疏水设备等组成。

发射管管体结构和管上各设定、制动仪器均与气动不平衡发射管相同，当采用机械式设定仪器时，发射管后段配置在耐压艇体内操作，维修方便，称为内置式液压平衡式发射装置；当采用电设定仪器时，发射管后段配置在非耐压艇体内，称为外置式液压平衡式发射装置。

气动发射设备和气动不平衡发射装置相比，取消了无泡无倾差系统，同时，系统配置有较大区别。通常左右舷各配置一套空气发射设备，每套系统有 1 个气缸，对应于每舷发射管数量的数个气瓶和数个发射阀，还有发射控制板等。

液压平衡设备为该型发射装置独具特色的设备，它由水缸、水环、双活塞、舷侧管、球阀等组成，功能是将舷外海水引入发射管后部，实现液压平衡发射鱼雷。通常左右舷各配置 1 套液压平衡设备。每套有 1 个水缸和气缸相连的双活塞，两套共用一个发射水舱（发射水道、水管、水环及舷侧管及球阀等）。液压控制设备利用液压伺服系统控制前盖、制动器和疏水阀的开启和关闭；电控设备实现手动控制和实时程控操作；注疏水设备与气动发射装置注疏水设备相同。

9.11　潜射巡航导弹垂直发射装置

美国水下垂直发射战斧巡航导弹始于 1982 年开工的洛杉矶 SSN - 719 号攻击型核潜艇。在艇艏声纳基阵后、耐压壳前加装了 12 具战斧巡航导弹垂直发射装置（如图 9 - 22 和图 9 - 23 所示），因其位于潜艇耐压壳处，又称为外置式垂直发射装置。到目前为止，已建成并服役的 26 艘洛杉矶级攻击型核潜艇都安装了 12 具战斧巡航导弹垂直发射装置。随后的弗吉尼亚核潜艇也装备该垂直发射装置，用于发射战斧导弹。

图 9 - 22　洛杉矶级攻击型核潜艇发射装置

图 9 - 23 洛杉矶级攻击型核潜艇 "一井一弹" 垂直发射装置

　　每个外置式垂直发射装置是钢质的耐压圆筒，具有支持、保护和抛射导弹的功能，可发射常规对地攻击型、反舰型和核对地攻击型三种战斧巡航导弹。座舱由立管、前盖、后盖、垂直支撑装置、侧向支撑垫、发射密封装置和气体发生器等部分组成，如图 9 - 24 和图 9 - 25 所示。发射时，气体发生器产生的高压气体将导弹从座舱式发射系统中弹出，导弹升到水面以后过渡到巡航段飞行[6]。

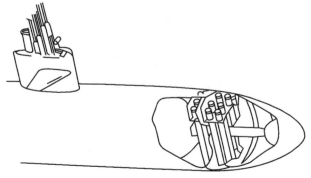

图 9 - 24 外置式垂直发射装置在潜艇中的位置

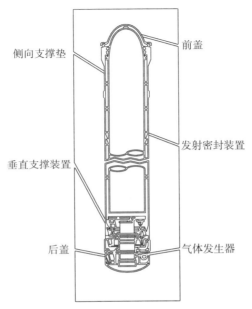

图 9 - 24　外置式垂直发射装置

9.12　潜射战术导弹通用垂直发射装置

9.12.1　概述

　　现代战争呈现出战场空间威胁种类多、战场态势变化快的特点，对海军快速构建作战资源、承担多种作战任务使命提出了更高的要求。攻击型潜艇以其隐蔽性好、攻击能力强、作战方式灵活等特点，已成为海军重要的作战武器。

　　随着战略、战术要求的不断提高，对单艇综合作战能力要求越来越高，潜艇需具备不同环境下的多种作战能力，装备先进的侦察、预警、探测装备和高性能的反舰/对陆、反潜、防空、无人机和诱饵等多种武器。然而，要在空间极其有限的潜艇上装备众多的武器，各武器系统独立配置的代价是难以承受的，必须进行多武器系统的综合设计与配置。有效途径之一就是设计适用于多种潜射武器的大口径水下通用垂直发射系统。

大口径水下通用垂直发射系统可以适装不同潜艇，兼容"冷、热"发射，能够发射各种潜射有效载荷，具有"单一武器多配、不同武器混配、未来武器增配、多型平台适配"的优点，其技术优势具体表现在：

（1）解决潜艇装备效能与设计、费用之间的矛盾

武器型号的更新换代比较快，而潜艇的服役期则相对较长，若装备在潜艇上的发射装置只能发射某一型武器，显然不能适应武器装备发展需求。当新型武器需要装备时，就需要研制与之配套的发射装置，并对潜艇进行改换装，甚至需要研制新型潜艇，效费比无疑很低。而在潜艇上采用大口径水下通用垂直发射装置，通过模块化、标准化设计，兼容发射已有和未来武器，一方面有利于武器的标准化、系列化设计，有利于武器的升级和更新换代，可降低武器装备的研制、采购和维护费用，另一方面也有利于潜艇总体设计，降低潜艇设计复杂性，降低对潜艇空间、排水量和各种保障资源的需求，提高潜艇综合效能。

（2）提高潜艇的作战效能

潜艇一般担负着多种作战任务使命，在遂行作战任务过程中，会面临来自空中、水面、水下等多方面的威胁，必须具有高对抗条件下的反舰、反潜，防空，对陆攻击等多种作战任务的能力。大口径水下通用垂直发射系统可以实现多型武器的装载和发射，同时具有武器装载密度大的优势。潜艇可根据具体的作战任务需要携带相应类型的武器，而且携带武器数量更多，可提高潜艇遂行不同作战任务的使用灵活性，以及整体作战能力。

（3）增强潜艇发射装置的适装性和武器配置的灵活性

大口径水下通用垂直发射系统采用模块化、系列化设计，可以通过改变模块的数量调节潜艇上发射装置的安装尺寸和空间，适应不同潜艇和不同类型导弹的装载需要。

多种规格的模块化发射装置可以满足不同类型武器的装载需求，作战前潜艇可根据作战任务的不同灵活配置各种不同类型的武器装备。

9.12.2　国外潜射战术导弹通用垂直发射装置的发展

（1）美国

从 2002 年 9 月开始，美国为了延长弹道导弹核潜艇的使用寿命，开始对 4 艘退役的俄亥俄级弹道核潜艇进行改装。改装后的每一个弹道导弹发射井可容装 7 枚战斧导弹，如图 9-26 和图 9-27 所示。这样，一艘潜艇上的 22 个弹道导弹发射井就装载了 154 枚战斧导弹，使之成为 21 世纪战斗力最强的常规对地攻击潜艇。目前，已完成了 4 艘退役弹道导弹核潜艇的常规化改装[7,8]。

图 9-26　改装后的俄亥俄级潜艇弹道导弹发射井（不含全备弹）

受俄亥俄级弹道导弹核潜艇改装的启示，美国决定从弗吉尼亚级攻击型核潜艇北达科他号开始采用大口径水下垂直发射装置，在艇艏装载 2 个大口径水下通用垂直发射模块，取代之前的 12 个单管垂直发射井，用于发射战斧巡航导弹、无人水下航行器（UUV）、无人机等导弹武器和新型有效载荷，如图 9-28 和图 9-29 所示。当用于巡航导弹时，装弹量可达 12 枚。

图 9 - 27　改装后的俄亥俄级潜艇弹道导弹发射井（含全备弹）

图 9 - 28　弗吉尼亚级核潜艇艇艏的大口径垂直发射装置

（2）俄罗斯（苏联）

苏联早在 1983 年曾将退役的 Y 级弹道导弹核潜艇改装用于装载石榴石（SS－N－21）潜射巡航导弹，单个发射筒可发射 4 枚巡航导弹，全艇最大载弹量为 40 枚。20 世纪 80 年代，苏联在 V－3 攻击

图 9 - 29　大口径垂直发射装置

型核潜艇上试验过水下通用垂直发射技术，该装置每个大口径发射筒可装载 3～4 枚导弹，如图 9 - 30 所示。俄罗斯亚森级多用途核潜艇首艇北德文斯号于 1993 年 12 月开工，2009 年服役。该艇巡航导弹舱内有 8 座大口径垂直发射筒，按 2 列 4 排布置，每座垂直发射筒内有 3 个垂直发射管，总载弹量达到 24 枚，能发射宝石和俱乐部两大系列的反舰导弹以及俄罗斯后续新研的巡航导弹。

图 9 - 30　　V - 3 攻击型核潜艇大口径发射装置

　　通过对各军事强国潜载大口径垂直发射系统应用现状及发展趋势的研究，可以得出以下启示：

　　1）在新型潜艇设计之初，便以发射装置标准化、通用化和模块化为设计目标，由"一井一弹"装填方式向"一井多弹"方式转变。

　　2）大口径水下通用垂直发射装置适合对弹道导弹核潜艇的常规化改装。

参 考 文 献

［1］ 倪火才，等．潜地弹道导弹发射装置构造［M］．哈尔滨：哈尔滨工程大学出版社，1998．

［2］ 倪火才，田秀英．潜地弹道导弹水下发射系统的发展［J］．舰载武器，1996（4）．

［3］ 李克孚，乔汝椿．国外潜艇鱼雷发射装置的发展［J］．鱼雷技术，1998，6（3）．

［4］ 朱清浩，宋汝刚．美国潜艇鱼雷发射装置使用方式初探［J］．鱼雷技术，2012，20（3）．

［5］ 杨芸．潜艇的鱼雷发射装置［J］．现代军事，1995（5）．

［6］ 倪火才．潜载飞航导弹发射技术的发展［J］．舰载武器，1997（4）．

［7］ 马溢清，李欣．潜射导弹水下垂直发射方式综述［J］．战术导弹技术，2010（3）．

［8］ 杨志宏，李志阔．巡航导弹水下发射技术综述［J］．飞航导弹，2013（6）．

第 10 章　水下发射试验技术

　　从国内外导弹水下发射技术试验验证条件以及潜射导弹研制历程分析，在攻克水下发射技术这一世界性难题的过程中，各国无一例外均采取了充分试验、充分验证的措施。

　　因此，在导弹水下发射技术研究的过程中，特别是针对全新的发射方式，如燃气自排导、大筒集束发射等，必须进行从流体动力特性试验、缩比模型试验、关键技术专项试验、全尺寸模型弹试验到飞行试验的一系列试验，本章针对导弹水下发射研制过程，提出了与之对应的试验体系，为工程研制打下基础。

10.1　国外潜射导弹试验体系

　　潜射导弹发射技术是一项复杂的世界性的技术难题，迄今为止只有美、俄、法等为数不多的几个国家具有潜射导弹的研发能力。尤其是美国和俄罗斯，在多年的发展中，积累了深厚的理论基础，建立了完备的试验验证体系，从理论研究到设计，支撑了潜射导弹的发展。下面对各国的试验体系建设情况进行归纳。

10.1.1　美国试验验证体系情况

　　美国拥有大量分析评估技术研究的人员，投入相当多的资金建立了完善而且庞大的流体动力设计与分析中心，可模拟复杂高海情环境，极大地提高了潜射导弹的研制效率。美国的理论分析能力非常强大，拥有大量针对水动力技术的设计与分析软件，并经过大量试验数据的验证与修正，潜射导弹水下发射、稳定航行直至安全出水整个过程的弹道仿真设计结果具有很高的精度。

美国典型的试验设施包括缩比水池、水下专项试验设施、全尺度静态发射试验场、水下移动式发射平台到发射试验艇的全套试验设施，其水下发射导弹如捕鲸叉、战斧等均经过大量的原理性试验、专项试验、缩比试验和全尺寸试验。

10.1.2 俄罗斯试验验证体系情况

俄罗斯/苏联在水下发射技术研究过程中，以实物试验为基础和验证手段，建立了大量的数字试验软件，涉及的方面包括水动力特性数字试验软件、主动空泡数字试验软件、水弹性数字试验软件、出筒载荷数字试验软件等，可快速地完成给定外形导弹的水动力及载荷求解，在工程研制过程中发挥了重要的作用。

在俄罗斯的试验验证体系中，不仅建设了陆地模拟试验艇、海上试验设施（黑海巴拉克拉瓦靶场）、试验潜艇，还在潜射导弹武器系统设计单位建立了系列化的专项试验台、试验装置。以马克耶夫设计局为例，其研制并开发了大量的专项试验台、试验装置和试验方法，可以进行导弹武器系统整体、导弹以及弹上分系统在各种水下环境下的试验。典型的试验设施包括：

1）开放式水池：用来研究和试验水下航行器和导弹模型的发射和运动过程。长 27 m，宽 3 m，深 12 m，可模拟的发射平台运动速度达到 3 m/s。

2）压力可变化的垂直流体动力台：用来研究导弹模型的水下发射过程。流体台体积为 1 000 m³，直径为 3.2 m，高度为 14 m。

10.1.3 法国试验验证体系情况

法国也建设了一系列潜射导弹水下发射试验设施，在南部土伦海军基地附近建设有著名的 Cetace 试验台，用于 M-51 潜地弹道导弹全尺寸惰性模型弹出水试验；在诺曼底的 Valade Reui 建设有专用水池，用于进行导弹弹射以及水下弹道试验；法国最大的水下发射试验场位于法国南部海滨比斯卡洛斯的导弹靶场，试验水池直径

30 m，深度 50 m。

　　法国在潜射导弹研制过程中充分利用地面试验验证其关键技术，各型号均经过缩比模型弹发射试验—全尺寸模型弹陆上发射试验—用沉箱从水下发射全尺寸模型弹试验—有真实一级发动机的模型弹发射试验—由试验潜艇从水下发射的全程飞行试验。

　　通过以上分析可知，美、俄、法在导弹水下发射技术的研究过程中，十分注重对研究人员配置、试验条件、计算条件的建立，用于研究各种复杂外形潜射导弹的综合流体动力特性，并建立了各具特色的试验设施，以进行不同尺度的原理性试验、专项试验和全尺寸发射试验，强有力地支撑了其潜射导弹的研制和发展。

10.2　导弹水下发射的试验体系

　　导弹水下发射试验体系包括实物试验和数字试验两部分。

　　实物试验主要包括定常水洞试验、缩比弹射/发射试验、水池 1∶1 发射试验、关键技术专项试验和飞行试验，各项试验由简到繁、由专项到总体，先对比多种发射方案，优化发射匹配参数，测量水动力、载荷、流场、水弹道等参数，后考核导弹武器系统分系统和总体方案的正确性、协调性以及对水下发射和飞行环境的适应性。同时，在整个研制过程中，还需稳步进行机理试验研究，为技术发展提供理论支撑。数字试验主要包括数字仿真和虚拟试验，依靠数值模拟、计算分析手段完成水下发射相关问题的分析和验证。图 10-1 给出了战术导弹水下发射试验验证体系框架。

10.2.1　实物试验体系

　　根据导弹水下发射技术的设计特点和难点，需要进行定常水洞试验、缩比弹射/发射试验、水池 1∶1 发射试验、关键技术专项试验、飞行试验等方面的实物试验，下面分别进行介绍。

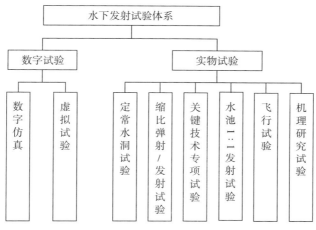

图 10-1　水下发射试验验证体系框架

10.2.1.1　定常水洞试验

定常水洞试验用于导弹弹体外形流体动力特性的探索和研究，支持导弹外形优化，为导弹水下控制规律的设计提供水动力数据，支持发射方案的论证。主要试验项目包括水洞测力试验、测压试验、附加质量试验、旋转导数试验等，典型的试验设施包括水洞、水池等。

10.2.1.2　缩比弹射/发射水弹道试验

缩比弹射/发射试验是将导弹按一定尺度缩比至模型，在水池进行导弹水下弹射/发射、水下运动试验，验证水下发射技术的原理，通过对比确定发射方式，测量弹体表面压力分布、载荷、水弹道数据等。缩比弹射/发射试验项目主要包括水弹道试验、弹体表面压力测量试验、载荷测量试验，试验设施包括不同尺度的能抽真空的减压水池和水面开放式水池。

导弹在出筒、水中及出水运动过程中，由于它与燃气、海水的相互作用，因此涉及自由界面和特殊空泡的非定常流体力学问题，又涉及到导弹姿态的动力学问题。如果单进行理论和分析计算是很难定量地解决水下发射流场与弹道问题，因此，开展试验研究就成为不可缺少的重要手段。

在海上进行全尺寸模型弹及原型导弹在真实海况下的发射试验是水下弹道试验研究的重要方法之一，但是，此方法存在的主要问题是工程艰巨、耗资巨大且只能在研制后期进行，不能满足水下弹道设计与研究的需要。因此产生了用小尺寸模型进行水下弹道试验的迫切需求。因为缩比模型试验研究设备比较简单，易于实施，而且经济、安全。

基于上述原因，目前水下弹道的试验研究，主要是利用一定数量的缩比模型试验数据，结合少量的全尺寸模型水下发射试验结果，进行综合分析整理出一套可供应用的试验数据。

（1）缩比试验相似准则

缩比模型试验在水下发射技术研究中有着重要的作用，是型号研制不可或缺的技术手段。由于缩比模型试验不可避免地存在相似准则的取舍以及模拟技术的实现等难点问题，从而会造成与原型之间存在一定的差异。特别地，对于战术弹采用自动力发射方式，发动机参数以及弹筒复杂结构等因素的影响使得缩比模型试验的难度进一步加大。并且由于流场中存在气液两相流场，对于相似准则的选取也是一个难题。

根据弹道相似，环境流场相似的要求，水下垂直发射出筒过程中，其运动参数随时间变化，从而导致其扰动的周围流场同样随时间变化，即流动是非定常的，于是我们要求 St 数相等。由于导弹的重力，流体的质量力是流场的重要影响因素，因此我们要求 Fr 数相等。同时在发射过程中存在气水二相流场，于是我们要求 Eu 数相等。为了准确模拟发动机喷管流动，要求 Ma 数相等。为了模拟流体黏性摩擦力的影响，要求 Re 数相等。同时，也存在其他一些相似准则数，但由于相似准则数之间不可避免地存在相互矛盾的现象，例如 Re 和 Fr，若模型尺寸比实物缩小 λ 倍，要保持 Re 数相同，则要求缩比速度为原型速度的 λ 倍，而要保持 Fr 数相同，则要求缩比

速度为原型速度的 $1/\sqrt{\lambda}$ 倍,从而无法同时满足 Re 和 Fr 相似。因此,在实际组织试验时,需要根据试验的侧重点有取舍地选择相似准则数,不能同时满足所有参数相似。

基于上述原因,例如选取 St 数、Fr 数、Eu 数作为缩比试验的相似准则数。根据这些相似准则数,可以推导出如下关系。

首先定义模型尺寸的缩比因子为 λ,即 $l/l' = \lambda$,其中 l 为实弹尺寸,l' 为模型尺寸。

1)因 St 数相等,即 $\dfrac{vt}{l} = \dfrac{v't'}{l'}$,所以,$t = \sqrt{\dfrac{l}{l'}}\dfrac{v'}{v}t' = \sqrt{\lambda}\,t'$ 。t 为时间,l 为模型特征长度,v 为速度。

2)因 Fr 数相等,即 $\dfrac{v^2}{l\,\mathrm{g}} = \dfrac{v'^2}{l'\,\mathrm{g}'}$,所以,$V = \sqrt{\dfrac{l}{l'}}v' = \sqrt{\lambda}\,v'$,$\mathrm{g}$ 为重力加速度。

3)因 Eu 数相等,即 $\dfrac{p}{\rho v^2} = \dfrac{p'}{\rho'v'^2}$,所以,$p = \dfrac{\rho}{\rho'}\dfrac{v^2}{v'^2}p' = \lambda p'$。$p$ 为压力,ρ 为密度。

4)发动机喷流质量流量的相似关系,$\dot{m} = \lambda^3 \cdot \dot{m}'$,$\dot{m}$ 为质量流量。

5)发动机推力的相似关系,$F = \lambda^3 F'$, F 为发动机推力。

6)模型加速度的相似关系,因为 $a = \dfrac{v}{t}$,所以有:

$$\frac{a}{a'} = \frac{\dfrac{v}{v'}}{\dfrac{t}{t'}} = \frac{\sqrt{\lambda}}{\sqrt{\lambda}} = 1$$

由上式可得:

$$a = a'$$

（2）试验水池

水下发射试验可先在水池内进行,然后在海洋环境中考核。由于试验水池具有投资少、实施方便、数据处理快、干扰因素可以控制等一系列优点，已广泛用于水下流场与弹道的研究。

下面描述一种典型的缩比试验水池的构造及试验方法。

典型水池的纵向剖面如图 10 - 2 所示[1]，水池的主要设备及功能如下：

1）发射筒。装填模型弹，利用火箭发动机筒内点火或高压气体弹射，将模型弹推出发射筒。

2）拖车。由直流电机-齿轮齿条机构组成，拖动发射筒以模拟发射艇速。

3）捕获网。可捕获模型弹，防止模型弹冲出发射井或掉落发射井底。

4）照明灯。用强光源（碘、溴弧灯）为高速摄影提供照明。

5）高速摄影机。主要对发射系统的筒口流场形态进行录像，录制筒口气泡群演化和模型弹的出筒过程。

6）测试系统。包括压力测量、弹道测量以及温度测量等。

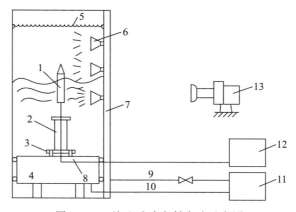

图 10 - 2　缩比试验发射水池示意图

1—模型；2—发射筒；3—拖车；4—浮箱；5—捕获网；6—灯光；7—玻璃窗；

8—水下电缆；9—气路系统；10—电路系统；11—控制台；

12—测量台；13—高速摄影机

（3）试验方法

①前期准备工作

1）缩比模型弹外观、水密检查；

2）发射井的安装，对接密封面的气、水密检查，发射筒的发控电缆连接；

3）有线测量系统地面设备、点火设备安装连接；

4）系统联试。

5）发射筒弹向发射井内吊装，对接密封面的气、水密检查；

6）发射筒的发控电缆连接；

7）拦截网布设。

②缩比模型弹发射

1）人员撤到安全地带，执行岗位负责制；

2）缩比模型弹发射；

3）确认安全后，进行下一步的工作。

③筒弹回收

1）回收模型弹，进行数据提取，再次进行技术准备；

2）地面设备撤收；

3）发射筒回收及清理。

（4）试验测量方法

水下发射试验测量常用外测和内测两种方法。

外测系统主要采用高速摄像、在缩比模型弹外布置压力、温度等传感器测量，数据记录在外测存储器中。测量系统布置相对容易，效率高，成本低，试验结果易判读处理，而且可以看到拍摄的试验实况。

内测系统主要指在缩比模型弹内布置加速度计、压力、温度等传感器，数据记录在弹内存储器，调试准备时间相对较长，成本高。根据试验目的要求，试验模型弹内安装内测系统，主要测量的参数为加速度、姿态角、弹体表面压力。从导弹运动之前开始，所有测量参数均为随时间变化的动态参数。确定测量参数具体如下：

　　1）运动参数。在弹体质心处布置传感器，测量模型运动加速度、姿态角，以获得导弹出筒过程的速度、位移、姿态等。

　　2）压力测量参数，弹体表面压力测点布置沿弹长分布，设置多个测量截面，主要测量弹体迎、背流面的压力及导弹周向、轴向的压力分布。在发射筒及筒口位置布置压力传感器，测量发射过程中发射筒内、筒口的压力变化情况。

10.2.1.3　水池1∶1发射试验

　　前节提到水下发射缩比试验无法同时满足所有不可忽略的相似准则，因而全尺寸试验是水下发射技术研究或工程中不可或缺的一环。

　　水池1∶1发射试验是潜射战术导弹重要的研制阶段，是研制、生产过程十分重要的环节，有着不可替代的作用，对型号研制具有特殊的意义。

　　在方案阶段，水池1∶1发射试验用于多种发射方案对比，优化发射匹配参数，集成验证导弹发射方案的可行性和发射过程的协调性。水池1∶1发射试验还用于进行多种专项试验，如导弹出筒试验、发动机点火情况下弹筒动态解锁试验和发射筒动态开盖特性试验等。

　　在工程研制各阶段，水池1∶1发射试验用于发射系统设备检验和联调，工作性能检验以及发射系统的匹配性检验。在批产阶段，水池1∶1发射试验还要用于发射筒及相关设备的批抽检试验。

　　陆上全尺寸试验水池作为水池1∶1发射试验的主体部分，必须满足试验弹的全尺寸要求，水深满足导弹发射水深要求，试验水池周围需保证一定的安全区域，用于导弹出水后的飞行与回收。图10-3为试验水池和导弹发射试验示意图。

10.2.1.4　关键技术专项试验

　　鉴于导弹水下发射技术的特殊性，需要在其预先研究或工程研

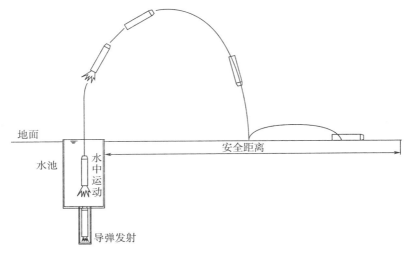

图 10-3　陆上试验水池示意

制过程中进行众多的关键技术专项试验。针对水下发射的某一关键技术、关键部件或关键过程进行专项试验，用于确定关键设计参数、掌握过程规律、验证技术设计和产品特性，是一项技术从基本原理走向工程应用必不可少的步骤。针对水下有动力发射，配套的关键技术专项试验设施包括：

1）助推器水下六分力试车台，用于进行导弹助推器点火试验、工作特性试验、水深影响试验，推力矢量特性试验等。研究助推器点火特性、工作特性、水下点火燃气流的流场、水下推力矢量控制系统工作特性，获取水下推力矢量的控制规律。

2）导弹水下耐压密封试验验证系统，用于进行全尺寸战术导弹在水下的耐压性能和密封性能试验。能够加载水深压力和瞬态压力。

3）弹筒动态解锁试验验证系统，可用于进行全尺寸导弹筒内动态解锁试验，研究导弹锁定机构工作特性、解锁过程规律、解锁对导弹运动特性的影响，确定和验证解锁机构设计参数，考核燃气生成过程，解锁机构解锁稳定性。

4）导弹的弹-筒-井匹配试验验证系统，针对潜射战术导弹发射系统集成化、通用化的要求，搭建通用化的水下导弹发射系统联调环境，用于检验发射系统各设备之间、导弹与发射系统之间电气、通信、机械接口协调性。

10.2.1.5　海上飞行试验

海上飞行试验在海上真实风、浪、涌、流等环境下，全面验证导弹出筒、助推器水下点火、水下弹道控制、出水、保护装置分离、空中飞行及命中全过程的各项性能和指标要求。按照研制阶段可分为助推弹、自控弹、自导弹、定型弹等飞行试验。海上飞行试验设施一般为试验艇或经过改装的装备艇。

10.2.2　数字试验验证体系

鉴于导弹水下发射过程的复杂性，为了顺利开展水下发射出筒、水下航行与出水全过程涉及的关键技术研究以及型号的研制，需要建立导弹水下发射一体化数字试验验证体系，体系框架如图 10 - 4 所示，由多学科协同数字仿真平台、综合设计支撑系统、数字化试验与物理试验综合对比分析平台构成。

10.2.2.1　多学科协同数字仿真平台

多学科协同数字仿真平台是指流体动力学、结构动力学、弹道学、自动控制、水下环境学、导弹发射热力学及动力学等多个学科之间协同开展潜射战术导弹优化设计和数字仿真验证的平台。

多学科协同数字仿真平台是数字化仿真与验证平台的主要部分，包含各专业设计过程需要的多种成熟、高效、高精度的数字化仿真手段和工具，各专业设计过程中无障碍交流网络化协同系统。在系统研究进程中，整体的研究进度取决于各专业的研究进度和专业间交流沟通的流畅程度，因此，各专业的数字化仿真工具都必须满足高效、成熟、高精度、高可靠性的要求，从而保证各专业的设计和仿真工作高效、高准确性进行。

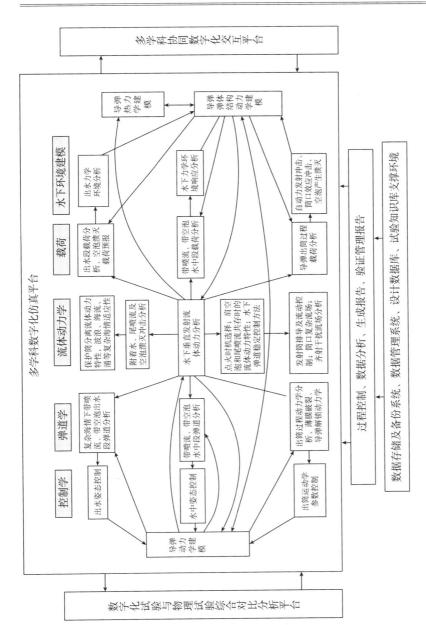

图 10 - 4　数字化仿真与验证平台示意图

10.2.2.2　综合设计支撑系统

综合设计支撑系统分为两个主要部分：支撑环境和过程管理系统。支撑环境包括数据库、知识库以及配套的数据存储及管理系统。仿真过程管理系统包括过程管理、数据分析、生成报告、验证管理报告等。

对于复杂的潜射导弹研制系统而言，各学科的数字化设计和试验研究必将产生海量的数据，需要专门的数据存储及备份系统来进行统一的保存，同时需要数据管理系统进行统一管理。为了使设计过程中形成的方法得以延续和积累，对型号研制提供指导，需要建立设计数据库和试验知识库，综合各专业各阶段的设计方法和试验方法。

仿真过程管理包括数据过程管理、生成报告、验证管理。数据分析管理指对各种单项试验、缩比试验、集成验证试验、演示试验等产生的数据进行系统的分析，同时包括对各专业数字化设计过程中采用数值仿真的手段产生的海量数据进行分析管理；生成报告包括仿真报告生成和技术分析报告生成等；对进行的试验验证工作，形成验证报告。

10.2.2.3　数字化试验与物理试验综合对比分析平台

综合优化设计的结果需要多专业的联合数字化试验进行验证，利用数值模拟的手段检验设计方案的可行性。同时，数字化设计的结果仍需要通过实体试验进行验证，数字化技术的改进也需要试验数据的支持和指导。而无论数字化设计还是试验的结果都会产生海量的试验数据，为了集中精力找出规律，更好地对比各种数据之间的差别，需要在试验数据库和数字化设计数据库的基础上开发数字化试验与实体试验综合对比分析平台，以进一步指导设计工作及优化研究工作。

参 考 文 献

［1］ 黄寿康 . 流体动力·弹道·载荷·环境 ［M］. 北京：宇航出版
社，1991.